Die Lehre von der zusammengesetzten Festigkeit

nebst Aufgaben aus dem Gebiete des Maschinenbaues
und der Baukonstruktion.

Ein Lehrbuch

für Maschinenbauschulen und andere technische Lehranstalten
sowie zum Selbstunterricht und für die Praxis.

Von

Ernst Wehnert,

Ingenieur und Oberlehrer an der Städt. Gewerbe- und Maschinenbauschule in Leipzig.

Mit 142 Textfiguren.

Anastatischer Neudruck 1920.

Berlin.

Verlag von Julius Springer.

1908.

ISBN-13:978-3-642-90529-2   e-ISBN-13:978-3-642-92386-9
DOI: 10.1007/978-3-642-92386-9

Softcover reprint of the hardcover 1st edition   1908

Vorwort.

Die gute Aufnahme meines für Maschinenbauschulen und ähnliche
Lehranstalten bestimmten, die sechs Grundfestigkeiten umfassenden Werkes
„Einführung in die Festigkeitslehre" in den Kreisen der Schule und der Praxis,
sowie die vielseitige Nachfrage nach der Erweiterung und Fortsetzung der Einführung hat mich zur Herausgabe des vorliegenden Werkes über zusammengesetzte Festigkeit veranlaßt, das sich sowohl als ein Lehr- oder Beibuch zum
Unterrichte an höheren technischen Lehranstalten wie auch für den in
der Praxis stehenden Techniker als ein leicht verständliches und schnell
zu übersehendes Hand- und Nachschlagebuch eignen dürfte. Zum größeren
Teile umfaßt das Buch den Lehrstoff, den ich selbst im dritten Semester
meines Unterrichtes in der Festigkeitslehre an der seit etwa zwei Jahren
als höhere technische Lehranstalt ausgebauten Städtischen Maschinenbauschule in Leipzig zugrunde lege.

Da das vorliegende Buch gleich der genannten Einführung nur ein
Lehrbuch sein soll, das ohne Kenntnis der höheren Analysis durchaus
verstanden und verfolgt werden kann, habe ich im Interesse der leichteren
Übersichtlichkeit des Werkes außer den Gleichungen der elastischen Linien,
die den einzelnen Belastungsfällen zugehören, alles das fortgelassen, was
nur einfachen Formel- und Tabellenwert hat, worüber ja die Hütte oder
jeder technische Kalender genugsam Aufschluß gibt. Dagegen habe ich
dem nach Abschnitten und Paragraphen geordneten Lehrbuche in leicht
zu übersehender Weise, worauf besonderer Wert gelegt worden ist, eine
aus 45 praktischen Beispielen bestehende Aufgabensammlung aus dem
Gebiete der Maschinen- und der Baukonstruktion zugefügt, die den Studierenden bei diesbezüglichen Rechnungen als zweckentsprechende Unterlage dienen und ihn zu selbständigen Arbeiten anregen soll. Hierbei habe
ich, wie bei den Aufgaben im ersten Werke, mit Absicht die auf verschiedene Querschnittseinheiten bezogenen Materialspannungen gewählt,
damit der angehende Techniker sich frühzeitig mit den fortgesetzt wechselnden
Rechnungen der Praxis, für welche die technische Schule entsprechend
vorbereiten soll, unter der Anleitung des Lehrers genügend vertraut machen
kann. Auch habe ich bei den vollständig durchgeführten Lösungen der

Aufgaben, den man von Anfang bis Ende leicht folgen kann, Wert auf
die algebraischen Entwickelungen gelegt, auf die an dieser Stelle der Studierende besonders aufmerksam gemacht sei. Man kann natürlich auch
ohne das exakte Lösen zum Ziele gelangen, wenn man sich der zumeist
sehr umständlichen und zeitraubenden Probiermethode bedienen will, deren
Unsicherheit in der mehr oder weniger willkürlichen Resultatschätzung
liegt. Wenn auch in manchen Fällen ein schätzungsweises Vorgehen
bequem und zweckmäßig sein mag, so darf doch ein solch inkorrektes Verfahren ebensowenig zur Regel erhoben werden, als es mit der unter normalen
Verhältnissen nur zur Kontrolle der exakten Rechnung dienenden graphischen
Lösung geschehen soll, die eben nur ein zeichnerisches Verfahren bedeutet.
Im allgemeinen gilt für den Techniker der irrtumlose, mathematische
Rechnungsgang, den anzueignen sich jeder Studierende um so mehr be-
fleißigen sollte, als eine gute mathematische Grundlage in Verbindung mit
einer guten Werkstattpraxis nicht nur zum lückenlosen Studium technischer
Werke gehört, sondern auch unstreitig den Schlüssel zum wirklichen tech-
nischen Denken darstellt.

Im übrigen möchte ich noch darauf hinweisen, daß meines Wissens
nach das vorliegende Buch das erste ist, das auf nur elementarer Grundlage fußend, in möglichst systematischem Aufbau das für jeden technischen
Mittelschulabsolventen Wissenswerteste aus dem Gebiete der zusammengesetzten Festigkeit enthält, ohne deren Kenntnis und Verwertung das volle
Verstehen und die selbständige Durcharbeitung einer Konstruktionsaufgabe,
falls diese nicht nur einzig und allein ein Bild darstellen soll, wohl ausgeschlossen sein dürfte. Vor allem werden dem Studierenden die mit dem
Lehrbuche in ergänzendem Zusammenhang stehenden Anwendungen sehr
willkommen sein.

Ich hoffe deshalb, daß auch dieses Werk innerhalb der gedachten
Kreise auf eine gleich gute Aufnahme rechnen darf, wie sie mein erstes
Werk bereits erfahren hat.

Leipzig, im November 1908.

Ernst Wehnert.

Inhaltsverzeichnis.

Anwendungen.

Einleitung.

Nachdem in den zur Einführung in die Festigkeitslehre dienendem ersten Bande des vorliegenden Werkes die 6 Grundfestigkeiten ihre Erledigung gefunden haben, sollen in diesem zweiten Bande die für die Praxis notwendigen Sätze und Regeln aus dem Gebiete der zusammengesetzten Festigkeit besprochen werden.

Wenn nun streng genommen die bereits im ersten Teile behandelten Festigkeiten der Biegung, der Knickung und der Torsion auch schon Kombinationen der einfachen Festigkeiten — Zug, Druck und Schub — darstellen, so werden sie für gewöhnlich doch nicht unter die zusammengesetzten Festigkeiten gerechnet, mit denen die praktische Technik zu tun hat. Je nachdem es sich also um Biegung, Knickung und Torsion oder um Zusammensetzungen der sechs Grundfestigkeiten handelt, kann man die zusammengesetzten Festigkeiten in zwei Arten einteilen,

    1. in eine natürliche kombinierte Festigkeit oder komb. Festigkeit im engeren Sinne und

    2. in eine künstliche kombinierte Festigkeit oder komb. Festigkeit im weiteren Sinne.

Zu der letzteren Art sind alle sonstigen zwischen den sechs Grundfestigkeiten möglichen Verbindungen zu zählen, die allerdings praktisch nicht alle gleiche Bedeutung haben.

In allen Fällen handelt es sich nun lediglich um die Feststellung der größten Anstrengungen der Materialien, wozu es von vornherein zweckmäßig ist, zu unterscheiden, ob bei einer eben gedachten Schnittfläche eines zu untersuchenden Körpers, für deren Punkte die Anstrengung bestimmt werden soll,

    a) nur verschiedenartige Normalspannungen,

    b) nur verschiedenartige Schubspannungen oder

    c) Normal- und Schubspannungen gleichzeitig

zu berücksichtigen sind. Auf diese Weise gliedert sich der zu behandelnde
Stoff in 3 Gruppen, deren jede sich wiederum mit Rücksicht auf die
Kombinationen der Grundfestigkeiten, soweit sie praktischen Wert haben,
in die folgenden Arten zerlegen läßt, womit gleichzeitig 'die Richt-
schnur für die Stoffverteilung des vorliegenden zweiten Bandes gegeben
sein soll.

> Arten für a): Nur verschiedenartige Normalspannungen.
> Zug oder Druck mit Biegung.
> Arten für b): Nur verschiedenartige Schubspannungen.
> Schub mit Torsion.
> Arten für c): Normal- und Schubspannungen.
> 1. Zug oder Druck mit Schub.
> 2. Zug oder Druck mit Torsion.
> 3. Biegung mit Schub.
> 4. Biegung mit Torsion.

§ 1. Allgemeines über Spannungen.

Die in der Mechanik der starren Körper aufgestellten Sätze für das Gleichgewicht der Körper lassen sich ohne weiteres auch auf die einzelnen Teile oder Elemente der Körper übertragen, an denen die Spannungen als äußere Kräfte wirken (vgl. Einführung: § 13 Abs. 2). Da die Elemente hierbei beliebig abgegrenzt sein können, die Gestalt und Form also willkürlich ist, vermag man auch über die Lage und Richtung der Spannungen zu bestimmen, wodurch sie aber sämtlich der Untersuchung zugänglich werden (vgl. Einführung: § 13 Abs. 4).

Aus den Gleichgewichtsbedingungen, die für jedes Körperelement erfüllt sein müssen, ergeben sich die Beziehungen zwischen den Spannungen nach verschiedenen Richtungen und an verschiedenen Stellen des Körpers, die dann als Grundlage für die weiteren Betrachtungen dienen.

Bei der zusammengesetzten Festigkeit handelt es sich in der Hauptsache um das Zusammensetzen oder Vereinigen von Spannungen zu einer resultierenden, idealen Spannung, was entweder durch einfaches algebraisches Summieren oder nach den Grundsätzen vom Parallelogramm der Kräfte geschehen kann.

Einen diesbezüglichen kurzen Überblick gewähren die folgenden Beispiele.

1. Sollen die in Fig. 1 als Kräfte dargestellten Normalspannungen σ_{z1}, σ_{z2}, σ_{d1} und σ_{d2} zu einer resultierenden Spannung σ_i vereinigt werden, so erhält man unter Beachtung der für Zug und Druck geltenden Vorzeichen plus und minus

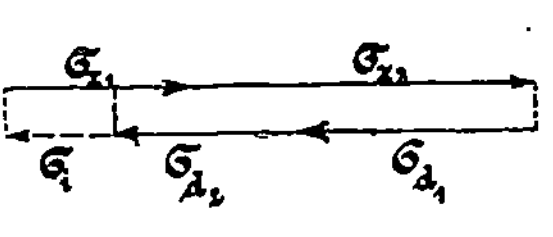

Fig. 1.

$$\sigma_i = \sigma_{z1} + \sigma_{z2} - \sigma_{d1} - \sigma_{d2}.$$

2. Wirken dagegen die in Fig. 2 angegebenen Normalspannungen σ_z und σ_d unter einem Winkel α, so erhält man mit Hilfe des Pythago-

1*

räischen Lehrsatzes die resultierende Spannung

$$\sigma_i = \sqrt{\sigma_z{}^2 + \sigma_d{}^2 + 2\,\sigma_z\,\sigma_d\cos\alpha}.$$

3. Vereinigt sich beispielsweise nach Fig. 3 eine Normalspannung σ mit einer Schubspannung τ so zu der resultierenden Spannung σ_i, daß

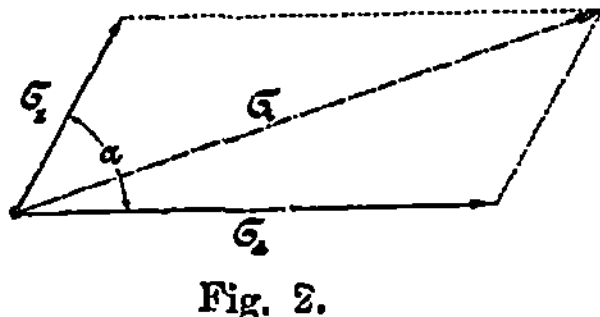

Fig. 2.

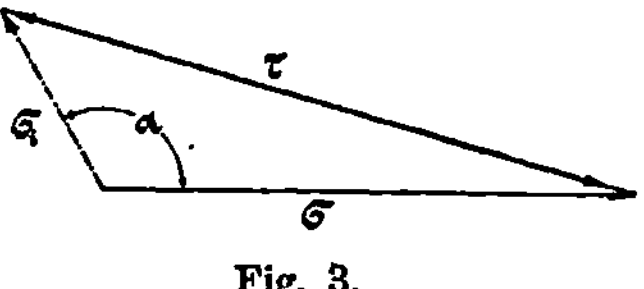

Fig. 3.

die letztere mit der Normalspannung einen Winkel α einschließt, so ist

$$\tau^2 = \sigma^2 + \sigma_i{}^2 \pm 2\,\sigma\,\sigma_i\cos\alpha,$$

woraus sich dann die resultierende Spannung in folgender Weise ergibt:

$$\sigma_i{}^2 \pm 2\,\sigma\cos\alpha\,.\,\sigma_i \qquad\qquad = \tau^2 - \sigma^2,$$

$$\sigma_i{}^2 \pm 2\,\sigma\cos\alpha\,.\,\sigma_i + (\sigma\cos\alpha)^2 = \tau^2 - \sigma^2 + (\sigma\cos\alpha)^2,$$

$$(\sigma_i \pm \sigma\cos\alpha)^2 \qquad\qquad = \tau^2 + \sigma^2(\cos^2\alpha - 1),$$

$$\sigma_i \pm \sigma\cos\alpha \qquad\qquad = \pm\sqrt{\sigma^2(\cos^2\alpha - 1) + \tau^2},$$

oder wenn für $\qquad\qquad\cos\alpha = \mathrm{x}$

und für $\qquad\qquad\cos^2\alpha - 1 = \mathrm{y}^2$ gesetzt wird,

$$\sigma_i \pm \mathrm{x}\,\sigma = \pm\sqrt{\sigma^2\mathrm{y}^2 + \tau^2},$$

$$\sigma_i = \pm\mathrm{x}\,\sigma \pm \sqrt{\left(\sigma^2 + \frac{1}{\mathrm{y}^2}\cdot\tau^2\right)\mathrm{y}^2}$$

$$_{\text{„}} = \pm\mathrm{x}\,\sigma \pm \mathrm{y}\sqrt{\sigma^2 + \frac{1}{\mathrm{y}^2}\cdot\tau^2}.$$

4. Führt man in der letzten Spannungsgleichung die vorläufig noch unbestimmten Faktoren A, B und C ein, so erhält man in der Gleichung

$$\sigma_i = \mathrm{A}\,\sigma \pm \mathrm{B}\sqrt{\sigma^2 + \mathrm{C}\tau^2} \;.\;.\;.\;.\;.\;.\;.\;.\;1$$

einen Ausdruck, der zur Berechnung der resultierenden oder idealen Spannung für alle die in der Gruppe c aufgeführten kombinierten Festigkeiten dienen kann, sofern die genannten Faktoren bekannt sind. (Vergl. § 4.)

§ 2. Der Spannungszustand für einen Körperpunkt.

Nachdem bei der im 3. Abschnitte der Einführung aufgeführten Lehre von der Schubfestigkeit unter § 13 Abs. 2 bereits die Gleichgewichtsbedingungen zwischen den Spannungskomponenten eines Körpers behandelt worden sind, soll nunmehr der Spannungszustand für einen beliebigen innerhalb eines Körpers gelegenen Punkt ermittelt werden.

Hierbei ist unter dem Spannungszustande die Gesamtheit der Spannungen zu verstehen, die für alle durch den Körperpunkt gelegten Flächenelemente auftreten.

Um nun eine Unterlage zu erhalten, wähle man irgend eins von diesen Flächenelementen zur Oberfläche eines unendlich kleinen Körpers und wende auf ihn das im § 1 Gesagte an. Bei der Wahl der Körperform ist man an keine Grenzen gebunden, sämtliche Untersuchungen laufen vielmehr auf ein gemeinschaftliches Endresultat hinaus; dieserhalb ist es zweckmäßig, den anzustellenden Betrachtungen die möglichst einfachste Körperform zugrunde zu legen. Als solche sei das nur von vier ebenen Flächen begrenzte und in Fig. 4 dargestellte Tetraeder gewählt, dessen rechtwinklig aufeinander stehende Kanten AO, BO und CO mit den Achsen x, y, z eines räumlichen Koordinatensystems zusammen fallen. Damit sollen aber auch die Spannungskomponenten als gegeben betrachtet werden, welche in den senkrecht zueinander gerichteten Flächen des Tetraeders wirken. Unter diesen Voraussetzungen sollen nun die, den Achsen parallel laufenden Spannungskomponenten p_x, p_y und p_z der vierten, beliebig geneigten Begrenzungsfläche berechnet werden, deren Normalspannung mit p bezeichnet sein möge.

Scheidet man nun mit bezug auf das Folgende von vornherein etwaige Schwingungsbewegungen des Körperelementes aus, die nach dem d'Alembertschen Prinzip noch eine Trägheitskraft als Gegenkraft erforderlich machen würden, um den Fall der Bewegung (Dynamik) auf den Gleichgewichtsfall (Statik) überzuführen, so wirken an dem genannten Tetraeder fünf äußere Kräfte, die sich gegenseitig das Gleichgewicht halten müssen.

Denkt man weiter daran, daß eine von den fünf Kräften, die von außen her auf die Masse des Elementes wirkende magnetische Fernkraft ist, deren Größe bekanntlich von der Masse bezw. von dem Volumen des Körperelementes proportional abhängt, so kann man mit Rücksicht auf die unendliche Kleinheit des Elementes auch diese Kraft ausscheiden, so daß für gewöhnlich nur noch die auf die vier Begrenzungsflächen des Tetraeders einwirkenden Spannungen für die Gleichgewichtsuntersuchungen in Frage kommen.

Da die geometrische Summe dieser vier Spannungen im Gleichgewichtsfalle gleich Null sein muß, so folgt daraus, daß bei drei gegebenen Spannungen sich auch die Größe und Lage der vierten Spannung sowohl analytisch als auch graphisch ermitteln läßt. Die sonstigen Gleichgewichtsbedingungen gegen eventuelles Drehen des Körpers ergeben sich aus der Einführung: § 13 Abs. 2.

Um nun die bereits genannten Spannungskomponenten p_x, p_y und p_z zu finden, zerlege man in Fig. 4 die in den Schwerpunkten der drei aufeinander senkrecht stehenden Tetraederflächen angreifenden Normalspannungen σ_x, σ_y, σ_z in je zwei parallel zu den Achsen gerichtete Schubspannungen $\tau_{x(y)}$ $\tau_{y(x)}$, $\tau_{x(z)}$ $\tau_{z(x)}$ und $\tau_{y(z)}$ $\tau_{z(y)}$. Schließt dann die von O aus auf die Fläche ABC errichtete Normale ON mit den Koordinatenachsen die Winkel α, β, γ ein, so bilden diese Winkel nach einem Satze der Stereometrie zugleich die Neigungswinkel zwischen der Fläche ABC = f und den Seitenflächen OBC = f_{yz}, OAC = f_{xz} und

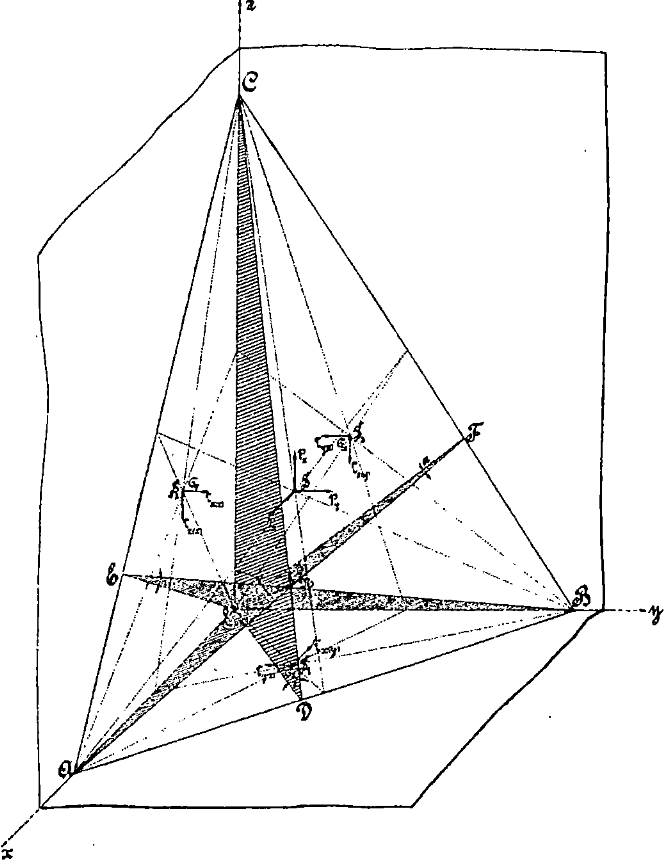

Fig. 4.

OAB = f_{xy}. Die Inhalte der Seitenflächen, welche die Projektionen der Fläche f auf die Koordinatenebenen darstellen, erhält man durch Multiplikation der Fläche f mit dem Kosinus der entsprechenden Neigungswinkel.

Bezeichnen noch P_x, P_y, P_z Kräfte, die auf die Masse des Tetraeders einwirken und deren Richtungssinne mit den Spannungskomponenten p_x,

p_y, p_z übereinstimmen mögen, so ist das vorgelegte Tetraeder im Gleichgewichte, wenn

$$2 \quad \begin{cases}
\text{1. in Richtung der x-Achse:} \\[4pt]
\begin{aligned}
P_x + f p_x &= \sigma_x \cdot f_{yz} &&+ \tau_{x(z)} \cdot f_{xz} &&+ \tau_{x(y)} \cdot f_{xy} \\
&= \sigma_x \cdot f \cos\alpha &&+ \tau_{x(z)} \cdot f \cos\beta &&+ \tau_{x(y)} \cdot f \cos\gamma \\
&= f(\sigma_x \cdot \cos\alpha &&+ \tau_{x(z)} \cdot \cos\beta &&+ \tau_{x(y)} \cdot \cos\gamma),
\end{aligned} \\[10pt]
\text{2. in Richtung der y-Achse:} \\[4pt]
\begin{aligned}
P_y + f p_y &= \tau_{y(z)} \cdot f_{yz} &&+ \sigma_y \cdot f_{xz} &&+ \tau_{y(x)} \cdot f_{xy} \\
&= \tau_{y(z)} \cdot f \cos\alpha &&+ \sigma_y \cdot f \cos\beta &&+ \tau_{y(x)} \cdot f \cos\gamma \\
&= f(\tau_{y(z)} \cdot \cos\alpha &&+ \sigma_y \cdot \cos\beta &&+ \tau_{y(x)} \cdot \cos\gamma),
\end{aligned} \\[10pt]
\text{3. in Richtung der z-Achse:} \\[4pt]
\begin{aligned}
P_z + f p_z &= \tau_{z(y)} \cdot f_{yz} &&+ \tau_{z(x)} \cdot f_{xz} &&+ \sigma_z \cdot f_{xy} \\
&= \tau_{z(y)} \cdot f \cos\alpha &&+ \tau_{z(x)} \cdot f \cos\beta &&+ \sigma_z \cdot f \cos\gamma \\
&= f(\tau_{z(y)} \cdot \cos\alpha &&+ \tau_{z(x)} \cdot \cos\beta &&+ \sigma_z \cdot \cos\gamma)
\end{aligned}
\end{cases}$$

ist. Bei dieser Aufstellung hat das Tetraeder immer noch eine Masse, von der die Kräfte P_x, P_y und P_z abhängig sind. Es fällt also hierbei der Körperpunkt M, für welchen der Spannungszustand festgestellt werden soll, noch nicht mit dem Koordinatenanfangspunkt 0 zusammen.

Da der Spannungszustand aber das Zusammenfallen der beiden Punkte M und 0 bedingt — denn nur so können die vier Ebenen des Tetraeders durch den Körperpunkt M gehen — so reduziert sich das Volumen bis auf Null, womit dann auch die Kräfte P_x, P_y und P_z in Wegfall kommen. Scheidet man deshalb in den vorstehenden Gleichungen die Massenkräfte aus, so ergeben sich durch Division mit f die gesuchten Zustandsgleichungen

$$3 \quad \begin{cases}
\text{1. } p_x = \sigma_x \cdot \cos\alpha + \tau_{x(z)} \cdot \cos\beta + \tau_{x(y)} \cdot \cos\gamma, \\
\text{2. } p_y = \tau_{y(z)} \cdot \cos\alpha + \sigma_y \cdot \cos\beta + \tau_{y(x)} \cdot \cos\gamma, \\
\text{3. } p_z = \tau_{z(y)} \cdot \cos\alpha + \tau_{z(x)} \cdot \cos\beta + \sigma_z \cdot \cos\gamma,
\end{cases}$$

die besonders dann Anwendung finden, wenn die beliebig geneigte Ebene des Tetraeders in die Oberfläche des gegebenen Körpers fällt. In diesem Falle bedeuten die linken Seiten äußere, auf den Körper einwirkende Druckkräfte, die zumeist bekannt, ja vielfach gleich Null sind.

Tritt der letzte Fall ein, so erhält man die zwischen den Spannungskomponenten an der freien Körperoberfläche oder deren Nähe bestehenden Beziehungsgleichungen

$$4 \quad \begin{cases}
\text{1. } \sigma_x \cdot \cos\alpha + \tau_{x(z)} \cdot \cos\beta + \tau_{x(y)} \cdot \cos\gamma = 0, \\
\text{2. } \tau_{y(z)} \cdot \cos\alpha + \sigma_y \cdot \cos\beta + \tau_{y(x)} \cdot \cos\gamma = 0, \\
\text{3. } \tau_{z(y)} \cdot \cos\alpha + \tau_{z(x)} \cdot \cos\beta + \sigma_z \cdot \cos\gamma = 0.
\end{cases}$$

§ 3. Der ebene Spannungszustand.

Der in § 2 behandelte allgemeinste Fall des Spannungszustandes, der überhaupt in einem Körper auftreten kann, findet in der angewandten Festigkeit wenig Verwendung. Bei den praktischen Aufgaben liegen für gewöhnlich die Verhältnisse so vor, daß sämtliche Spannungen in einer ebenen Fläche wirken. Man spricht dieserhalb auch von einem ebenen Spannungszustande, der sich ohne weiteres aus dem allgemeinsten Falle durch Verschwinden der Spannungen nach der x-, y- oder z-Richtung ergibt.

Während im § 13 Abs. 4 der Einführung bereits der einfache oder lineare Spannungszustand für Schub als ein Sonderfall des ebenen Spannungszustandes erledigt worden ist, handelt es sich im vorliegenden Falle um die Festlegung der Schnittrichtung, bezw. des Winkels α, für welchen die Normal- und Schubspannungen ihre größten Werte annehmen.

Zu diesem Zwecke lege man den Betrachtungen ein in den Figuren 5 a und 5 b dargestelltes, unendlich kleines dreiseitiges Prisma zugrunde, dessen Kanten b parallel zur z-Achse gerichtet sein mögen, in deren Richtung der Körper spannungsfrei sein soll. Die aus den genannten Figuren ersichtlichen Spannungen wirken also sämtlich in der Ebene x y des Koordinatensystems x y z. Auf die unter den Winkel α geneigte Fläche wirke die Spannung σ ein, welche durch ihre Seitenkomponenten, nämlich der Normalspannung σ_0 und der Schubspannung τ_0, ersetzt werden kann, wo jede sich dann parallel zur x- und y-Richtung wieder in die Spannungen $\sigma_1 \sigma_2$ bezw. $\tau_1 \tau_2$ zerlegen lassen.

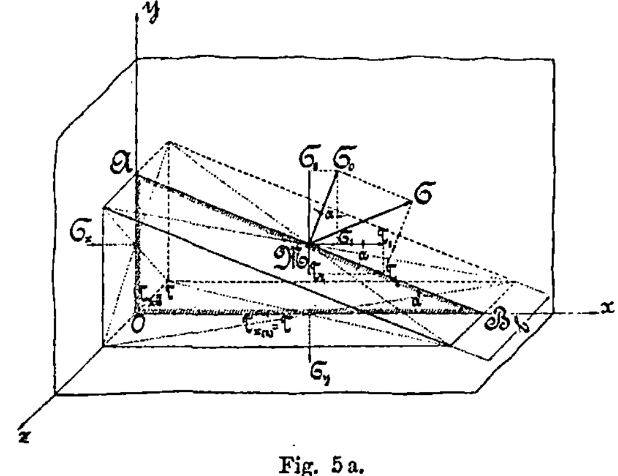

Fig. 5 a.

Die die beiden anderen Flächen des Prismas beanspruchenden Schubspannungen $\tau_{x(z)}$ und $\tau_{y(z)}$ sind nach dem am Schluß des § 13 Abs. 2 der Einführung aufgeführten Lehrsatze gleich groß und können deshalb mit τ benannt werden.

Bezeichnet man nun noch die Inhalte der Flächen $b . \overline{OA}$, $b . \overline{OB}$, $b . \overline{AB}$ mit f_{yz}, f_{xz}, f_0 und denkt man daran, daß die ersten beiden Flächen Projektionen der Fläche f_0 sind, so erhält man, falls ein Verschieben in

Richtung der x- und y-Achse ausgeschlossen sein soll, die beiden Gleich-gewichtsbedingungen

1. in Richtung der x-Achse:

$$f_0 \cdot \sigma_1 \qquad + f_0 \cdot \tau_1 \qquad - f_{yz} \cdot \sigma_x \qquad - f_{xz} \cdot \tau \qquad = 0$$

oder $f_0 \cdot \sigma_0 \sin \alpha + f_0 \cdot \tau_0 \cos \alpha - f_0 \sin \alpha \cdot \sigma_x - f_0 \cos \alpha \cdot \tau = 0$

„ $\quad \sigma_0 \sin \alpha \qquad + \tau_0 \cos \alpha \qquad - \sigma_x \sin \alpha \qquad - \tau \cos \alpha \qquad = 0,$

2. in Richtung der y-Achse:

$$f_0 \cdot \sigma_2 \qquad - f_0 \cdot \tau_2 \qquad - f_{yz} \cdot \tau \qquad - f_{xz} \cdot \sigma_y \qquad = 0$$

oder $f_0 \cdot \sigma_0 \cos \alpha - f_0 \cdot \tau_0 \sin \alpha - f_0 \sin \alpha \cdot \tau - f_0 \cos \alpha \cdot \sigma_y = 0$

„ $\quad \sigma_0 \cos \alpha \qquad - \tau_0 \sin \alpha \qquad - \tau \sin \alpha \qquad - \sigma_y \cos \alpha \qquad = 0,$

aus denen man dann die Normalspannung σ_0 und die Schubspannung τ_0 in folgender Weise erhält.

a) Die Normalspannung σ_0:

1. $\quad \sigma_0 \sin \alpha + \tau_0 \cos \alpha - \sigma_x \sin \alpha - \tau \cos \alpha = 0 \quad | \quad \sin \alpha$

2. $\quad \sigma_0 \cos \alpha - \tau_0 \sin \alpha - \tau \sin \alpha - \sigma_y \cos \alpha = 0 \quad | \quad \cos \alpha$

$$\sigma_0 \sin^2 \alpha + \tau_0 \sin \alpha \cos \alpha - \sigma_x \sin^2 \alpha - \tau \sin \alpha \cos \alpha = 0$$
$$\sigma_0 \cos^2 \alpha - \tau_0 \sin \alpha \cos \alpha - \tau \sin \alpha \cos \alpha - \sigma_y \cos^2 \alpha = 0$$

$$\sigma_0 (\sin^2 \alpha + \cos^2 \alpha) - \sigma_x \sin^2 \alpha - \sigma_y \cos^2 \alpha - 2 \tau \sin \alpha \cos \alpha = 0,$$

und da $\sin^2 \alpha + \cos^2 \alpha = 1$ ist, [1])

$$\sigma_0 - \sigma_x \sin^2 \alpha - \sigma_y \cos^2 \alpha - 2 \tau \sin \alpha \cos \alpha = 0,$$
$$\sigma_0 = \sigma_x \sin^2 \alpha + \sigma_y \cos^2 \alpha + 2 \tau \sin \alpha \cos \alpha.$$

Führt man nun noch den doppelten Winkel mit Hilfe der trigonometrischen Sätze

$$\sin^2 \alpha = \frac{1 - \cos 2a}{2} \quad [2])$$

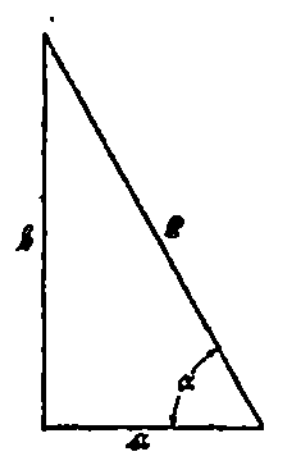

[1]) $\sin \alpha = \dfrac{b}{c}$ oder $\sin^2 \alpha = \dfrac{b^2}{c^2}$

$\cos \alpha = \dfrac{a}{c} \quad$ „ $\quad \cos^2 \alpha = \dfrac{a^2}{c^2}$

$$\sin^2 \alpha + \cos^2 \alpha = \frac{b^2 + a^2}{c^2} = \frac{c^2}{c^2} = 1,$$

woraus $\sin^2 \alpha = 1 - \cos^2 \alpha$

und $\cos^2 \alpha = 1 - \sin^2 \alpha$ folgt.

[2]) $\cos(\alpha + \beta) = \cos \alpha \cos \beta - \sin \alpha \sin \beta,$

für $\beta = \alpha$, ist

$\cos 2\alpha = \cos^2 \alpha - \sin^2 \alpha$

„ $\quad = (1 - \sin^2 \alpha) - \sin^2 \alpha = 1 - 2 \sin^2 a,$

$2 \sin^2 \alpha = 1 - \cos 2\alpha$

$\sin^2 \alpha = \dfrac{1 - \cos 2\alpha}{2}.$

$$\cos^2 \alpha = \frac{1 + \cos 2\alpha}{2} \quad ^{1)} \quad \text{und}$$

$$2 \sin \alpha \cos \alpha = \sin 2\alpha \quad ^{2)}$$

ein, so erhält man

$$\sigma_0 = \sigma_x \frac{1 - \cos 2\alpha}{2} + \sigma_y \frac{1 + \cos 2\alpha}{2} + \tau \sin 2\alpha$$

$$„ = \frac{\sigma_x - \sigma_x \cos 2\alpha + \sigma_y + \sigma_y \cos 2\alpha}{2} + \tau \sin 2\alpha$$

$$„ = \frac{\sigma_x + \sigma_y}{2} - \frac{\sigma_x - \sigma_y}{2} \cos 2\alpha + \tau \sin 2\alpha \quad . \quad . \quad . \quad 5$$

b) Die Schubspannung τ_0:

$$1. \quad \sigma_0 \sin \alpha + \tau_0 \cos \alpha - \sigma_x \sin \alpha - \tau \cos \alpha = 0 \quad | \quad \cos \alpha$$
$$2. \quad \sigma_0 \cos \alpha - \tau_0 \sin \alpha - \tau \sin \alpha - \sigma_y \cos \alpha = 0 \quad | \quad - \sin \alpha$$

$$\sigma_0 \sin \alpha \cos \alpha + \tau_0 \cos^2 \alpha - \sigma_x \cdot \sin \alpha \cos \alpha - \tau \cos^2 \alpha = 0$$
$$- \sigma_0 \sin \alpha \cos \alpha + \tau_0 \sin^2 \alpha + \tau \sin^2 \alpha + \sigma_y \sin \alpha \cos \alpha = 0$$

$$\tau_0 (\sin^2 \alpha + \cos^2 \alpha) - \sigma_x \sin \alpha \cos \alpha + \sigma_y \sin \alpha \cos \alpha - \tau (\cos^2 \alpha - \sin^2 \alpha) = 0$$

und, da wieder $\qquad \sin^2 \alpha + \cos^2 \alpha = 1$,

ferner $\qquad \cos^2 \alpha - \sin^2 \alpha = \cos 2\alpha$ ist,

$$\tau_0 \qquad - (\sigma_x - \sigma_y) \sin \alpha \cos \alpha - \tau \cos 2\alpha = 0,$$

$$\tau_0 = (\sigma_x - \sigma_y) \sin \alpha \cos \alpha + \tau \cos 2\alpha$$

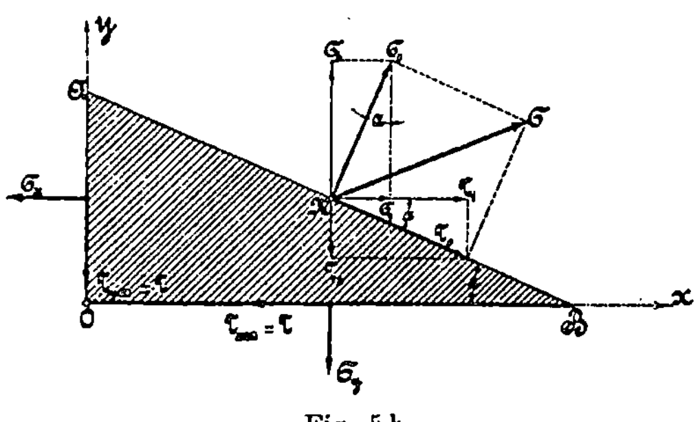

Fig. 5 b.

und, da

$$2 \sin \alpha \cos \alpha = \sin 2\alpha$$

oder

$$\sin \alpha \cos \alpha = \frac{\sin 2\alpha}{2} \quad \text{ist,}$$

$$\tau_0 = (\sigma_x - \sigma_y) \frac{\sin 2\alpha}{2} + \tau \cos 2\alpha$$

$$„ = \frac{\sigma_x - \sigma_y}{2} \sin 2\alpha + \tau \cos 2\alpha \quad . \quad . \quad 6$$

$$^{1)} \quad \cos 2\alpha = \cos^2 \alpha - \sin^2 \alpha = \cos^2 \alpha - (1 - \cos^2 \alpha)$$
$$= 2\cos^2 \alpha - 1,$$
$$\cos^2 \alpha = \frac{1 + \cos 2\alpha}{2}.$$

$$^{2)} \quad \sin (\alpha + \beta) = \sin \alpha \cos \beta + \cos \alpha \sin \beta,$$
$$\text{für } \beta = \alpha, \text{ ist }$$
$$\sin 2\alpha = \sin \alpha \cos \alpha + \cos \alpha \sin \alpha$$
$$„ = 2 \sin \alpha \cos \alpha.$$

Bevor nun zur Bestimmung der Maximal- und Minimalwerte von σ_0 und τ_0 geschritten wird, ist es zweckmäßig, sich erst noch über die, zwischen diesen Werten bestehenden Beziehungen klar zu werden. Zu diesem Zwecke schreibe man die Gleichungen 5 und 6 in der folgenden Weise um:

$$\sigma_0 - \frac{\sigma_x + \sigma_y}{2} = \tau\left(\sin 2\,\alpha - \frac{\sigma_x - \sigma_y}{2\,\tau}\cos 2\,\alpha\right),$$

$$\tau_0 = \tau\left(\cos 2\,\alpha + \frac{\sigma_x - \sigma_y}{2\,\tau}\sin 2\,\alpha\right),$$

und setze den in beiden Gleichungen gemeinschaftlich auftretenden Ausdruck ·

$$\frac{\sigma_x - \sigma_y}{2\,\tau} = \operatorname{tg}\varphi,$$

worin φ einen Hilfswinkel darstellt, so erhält man

$$\sigma_0 - \frac{\sigma_x + \sigma_y}{2} = \tau\,(\sin 2\,\alpha - \operatorname{tg}\varphi\,.\,\cos 2\,\alpha)$$

$$„ = \tau\left(\sin 2\,\alpha - \frac{\sin\varphi}{\cos\varphi}\cdot\cos 2\,\alpha\right)$$

$$„ = \tau\left(\frac{\sin 2\,\alpha\,.\,\cos\varphi - \cos 2\,\alpha\,.\,\sin\varphi}{\cos\varphi}\right)$$

$$„ = \tau\,\frac{\sin(2\,\alpha - \varphi)}{\cos\varphi},$$

und

$$\tau_0 = \tau\,(\cos 2\,\alpha + \operatorname{tg}\varphi\,.\,\sin 2\,\alpha)$$

$$„ = \tau\left(\cos 2\,\alpha + \frac{\sin\varphi}{\cos\varphi}\cdot\sin 2\,\alpha\right)$$

$$„ = \tau\,\frac{\cos 2\,\alpha\,.\,\cos\varphi + \sin 2\,\alpha\,.\,\sin\varphi}{\cos\varphi}$$

$$„ = \tau\,\frac{\cos(2\,\alpha - \varphi)}{\cos\varphi}\,.$$

Da nun der Sinus von $\pm\,0^0$, $\pm\,180^0$, ... den Wert 0,
von $\pm\,90^0$, $\pm\,270^0$, ... den Wert $\pm\,1$
hat, der Kosinus aber von $\pm\,0^0$, $\pm\,180^0$, ... den Wert $\pm\,1$,
von $\pm\,90^0$, $\pm\,270^0$, ... den Wert 0

erreicht, so erkennt man aus den letzten beiden Gleichungen, daß

1. für $(2\,\alpha - \varphi) = \pm\,0^0,\ \pm\,180^0,\ \ldots\ldots$

$$\sigma_0 - \frac{\sigma_x + \sigma_y}{2} = 0 \quad\text{oder}\quad \sigma_0 = \frac{\sigma_x + \sigma_v}{2}$$

wird, während τ_0 seinen Maximal- bezw. Minimalwert

$$\tau_0 = \pm\,\frac{\tau}{\cos\varphi}$$

erhält und, daß dagegen

2. für $\qquad (2\,\alpha - \varphi) = \pm\,90^0,\ \pm\,270^0,\ \ldots\ldots$
$$\tau_0 = 0$$

wird, während σ_0 sein Maximum bezw. Minimum

$$\sigma_0 - \frac{\sigma_x + \sigma_y}{2} = \pm\,\frac{\tau}{\cos\varphi} \cdot \text{ oder } \sigma_0 = \frac{\sigma_x + \sigma_y}{2} \pm \frac{\tau}{\cos\varphi}$$

annimmt.

Entwickelt man noch aus der oben genannten Hilfswinkelgleichung den Kosinus von φ und führt diesen Wert in die letzten Gleichungen ein, so ergeben sich die größten und kleinsten Werte von σ_0 und τ_0 wie folgt:

$$\operatorname{tg}\varphi = \frac{\sigma_x - \sigma_y}{2\,\tau} = \frac{\sin\varphi}{\cos\varphi},$$

woraus man $\quad \cos\varphi = \dfrac{2\,\tau}{\sigma_x - \sigma_y}\ \sin\varphi = \dfrac{2\,\tau}{\sigma_x - \sigma_y}\sqrt{1 - \cos^2\varphi},\quad {}^1)$

oder $\qquad\qquad \cos^2\varphi = \left(\dfrac{2\,\tau}{\sigma_x - \sigma_y}\right)^2 (1 - \cos^2\varphi)$

$$„\quad = \left(\frac{2\,\tau}{\sigma_x - \sigma_y}\right)^2 - \left(\frac{2\,\tau}{\sigma_x - \sigma_y}\right)^2 \cos^2\varphi,$$

$$\cos^2\varphi + \left(\frac{2\,\tau}{\sigma_x - \sigma_y}\right)^2 \cos^2\varphi = \frac{4\,\tau^2}{(\sigma_x - \sigma_y)^2}$$

oder $\qquad\qquad \cos^2\varphi\left(1 + \dfrac{4\,\tau^2}{(\sigma_x - \sigma_y)^2}\right) = \qquad „$

$$„\qquad \cos^2\varphi\,\frac{(\sigma_x - \sigma_y)^2 + 4\,\tau^2}{(\sigma_x - \sigma_y)^2} = \qquad „$$

$$\cos^2\varphi = \frac{4\,\tau^2}{(\sigma_x - \sigma_y)^2} \cdot \frac{(\sigma_x - \sigma_y)^2}{(\sigma_x - \sigma_y)^2 + 4\,\tau^2}$$

oder $\qquad\qquad „\quad = \dfrac{4\,\tau^2}{4\,\tau^2 + (\sigma_x - \sigma_y)^2},$

$$\cos\varphi = \sqrt{\frac{4\,\tau^2}{4\,\tau^2 + (\sigma_x - \sigma_y)^2}}$$

$$„\quad = \frac{2\,\tau}{\sqrt{4\,\tau^2 + (\sigma_x - \sigma_y)^2}}$$

erhält. Diesen Wert oben eingeführt, gibt die Maxima oder Minima der Normal- und Schubspannungen, die man auch als Hauptspannungen bezeichnet.

$^1)$ $\sin^2\varphi + \cos^2\varphi = 1$
$\qquad \sin^2\varphi = 1 - \cos^2\varphi$
$\qquad \sin\varphi = \sqrt{1 - \cos^2\varphi}.$

Es ist

1. die Normalspannung

$$\sigma_{\pm\,max} = \frac{\sigma_x + \sigma_y}{2} \pm \frac{\tau}{\cos\varphi}$$

$$\text{\textquotedbl} \quad = \frac{\sigma_x + \sigma_y}{2} \pm \frac{\tau}{\dfrac{2\,\tau}{\sqrt{4\,\tau^2 + (\sigma_x - \sigma_y)^2}}}$$

$$\text{\textquotedbl} \quad = \frac{\sigma_x + \sigma_y}{2} \pm \frac{1}{2}\sqrt{4\,\tau^2 + (\sigma_x - \sigma_y)^2}, \quad \ldots \ldots \quad 7$$

2. die Schubspannung

$$\tau_{\pm\,max} = \pm\,\frac{\tau}{\cos\varphi} = \pm\,\frac{\tau}{\dfrac{2\,\tau}{\sqrt{4\,\tau^2 + (\sigma_x - \sigma_y)^2}}}$$

$$\text{\textquotedbl} \quad = \pm\,\frac{1}{2}\sqrt{4\,\tau^2 + (\sigma_x - \sigma_y)^2}. \quad \ldots \ldots \ldots \quad 8$$

Die den Hauptspannungen entsprechenden Hauptrichtungen werden indirekt durch den Hilfswinkel φ oder direkt durch den Neigungswinkel α bestimmt, für den sich ein Ausdruck aus der Gleichung 6 für $\tau_0 = 0$ herleiten läßt.

Man erhält

$$0 = \frac{\sigma_x - \sigma_y}{2}\sin 2\alpha + \tau\cos 2\alpha,$$

mit $\cos 2\alpha$ dividiert,

$$0 = \frac{\sigma_x - \sigma_y}{2}\cdot\frac{\sin 2\alpha}{\cos 2\alpha} + \tau\frac{\cos 2\alpha}{\cos 2\alpha}$$

$$0 = \frac{\sigma_x - \sigma_y}{2}\,\mathrm{tg}\,2\alpha + \tau,$$

$$\mathrm{tg}\,2\alpha = -\,\tau\frac{2}{\sigma_x - \sigma_y} = -\frac{2\,\tau}{\sigma_x - \sigma_y} = -\frac{1}{\dfrac{\sigma_x - \sigma_y}{2\,\tau}} = -\frac{1}{\mathrm{tg}\,\varphi}$$

$$\text{\textquotedbl} \quad = -\,\mathrm{cotg}\,\varphi \quad \ldots \ldots \ldots \ldots \ldots \quad 9$$

Setzt man beim ebenen Spannungszustande, bei dem die Richtungen der Hauptspannungen mit den Richtungen der Koordinatenachsen zusammenfallen, eine der beiden Hauptspannungen gleich Null, so erhält man den **linearen Spannungszustand**, für den dann die Gleichungen 5 und 6 die folgenden Formen annehmen:

$$\sigma_0 = \frac{\sigma_x + 0}{2} - \frac{\sigma_x - 0}{2}\cos 2\alpha + 0\cdot\sin 2\alpha$$

$$\dot{\sigma}_0 = \frac{\sigma_x}{2} - \frac{\sigma_x}{2} \cos 2\,\alpha$$

$$„ = \sigma_x \cdot \frac{1 - \cos 2\,\alpha}{2}$$

$$„ = \sigma_x \cdot \sin^2 \alpha, \quad . \quad . \quad . \quad . \quad . \quad . \quad . \quad . \quad . \quad . \quad \textbf{10}$$

$$\dot{\tau}_0 = \frac{\sigma_x - 0}{2} \cdot \sin 2\,\alpha + 0 \cdot \cos 2\,\alpha$$

$$„ = \frac{\sigma_x}{2} \cdot \sin 2\,\alpha = \frac{1}{2}\,\sigma_x \cdot \sin 2\,\alpha \quad . \quad . \quad . \quad . \quad . \quad . \quad \textbf{11}$$

NB. Während man also den ebenen Spannungszustand sich aus zwei gleichzeitig auftretenden linearen Spannungszuständen vorstellen kann, deren Hauptrichtungen senkrecht aufeinander stehen, kann der allgemeinste Spannungszustand aus drei zusammenwirkenden linearen Spannungszuständen bestehend gedacht werden, deren Spannungsrichtungen rechtwinklig zueinander stehen.

§ 4. Die idealen oder reduzierten Spannungen.

Das im § 7 der Einführung unter den Gleichungen 18 aufgeführte lineare Gleichungssystem gibt die Beziehungen zwischen den Spannungen und den Formänderungen (Dehnungen) für den allgemeinsten Spannungszustand an, bei dem die rechtwinklig zueinander gerichteten und parallel den Koordinatenachsen x, y, z laufenden Normalspannungen σ_x, σ_y, σ_z, gleichzeitig auf den Körper einwirkend, die Dehnungen ε_1, ε_2, ε_3 in den Achsenrichtungen hervorrufen.

Das mit Hilfe des Superpositionsgesetzes erhaltene Gleichungssystem setzte voraus, daß die Struktur des beanspruchenden Körpers isotrop, d. h. so beschaffen sein sollte, daß unter sonst gleichen Voraussetzungen die Formänderungen für beliebige Kraftrichtungen dieselben blieben im Gegensatz zu den heterotropen, bei denen in jeder Richtung auch eine andere Formänderung eintritt, so wie es beispielsweise beim Holze der Fall ist, wo in Faserrichtung andere Dehnungen auftreten als senkrecht dazu. In solchen Fällen hat man die zugehörigen Materialspannungen zu berücksichtigen.

Ersetzt man in den genannten Gleichungen die Normalspannungen σ_x, σ_y, σ_z allgemein durch die drei Hauptspannungen σ_1, σ_2, σ_3, so erhält man

$$\varepsilon_1 = \alpha\left(\sigma_1 - \frac{\sigma_2 + \sigma_3}{m}\right) \text{ oder } \frac{\varepsilon_1}{\alpha} = \sigma_1 - \frac{1}{m}(\sigma_2 + \sigma_3),$$

$$\varepsilon_2 = \alpha\left(\sigma_2 - \frac{\sigma_1 + \sigma_3}{m}\right) \quad „ \quad \frac{\varepsilon_2}{\alpha} = \sigma_2 - \frac{1}{m}(\sigma_1 + \sigma_3),$$

$$\varepsilon_3 = \alpha\left(\sigma_3 - \frac{\sigma_1 + \sigma_2}{m}\right) \text{ oder } \frac{\varepsilon_3}{\alpha} = \sigma_3 - \frac{1}{m}(\sigma_1 + \sigma_2).$$

Da nun nach dem **Hooke**schen Gesetze (vergl. § 3 der Einführung)

$$\varepsilon_1 = \alpha\,\sigma_{i1} \text{ oder } \sigma_{i1} = \frac{\varepsilon_1}{\alpha},$$

$$\varepsilon_2 = \alpha\,\sigma_{i2} \quad , \quad \sigma_{i2} = \frac{\varepsilon_2}{\alpha},$$

$$\varepsilon_3 = \alpha\,\sigma_{i3} \quad , \quad \sigma_{i3} = \frac{\varepsilon_3}{\alpha}$$

ist, worin σ_{i1}, σ_{i2} und σ_{i3} die in den einzelnen Hauptrichtungen auftretenden idealen oder reduzierten Spannungen darstellen, so schreiben sich die dem **allgemeinsten Spannungszustande** zugehörenden Gleichungen

$$\left.\begin{aligned}
\sigma_{i1} &= \sigma_1 - \frac{1}{m}(\sigma_2 + \sigma_3), \\
\sigma_{i2} &= \sigma_2 - \frac{1}{m}(\sigma_1 + \sigma_3), \\
\sigma_{i3} &= \sigma_3 - \frac{1}{m}(\sigma_1 + \sigma_2).
\end{aligned}\right\} \quad \ldots \ldots \ldots \quad 12$$

Bei praktischen Rechnungen ist die größte dieser drei Spannungen zu verwenden.

Wird nun eine der drei Hauptspannungen z. B. $\sigma_3 = 0$, so erhält man die **reduzierten Spannungen** für den ebenen Spannungszustand

$$\left.\begin{aligned}
\sigma_{i1} &= \sigma_1 - \frac{1}{m}\,\sigma_2 \\
\text{und } \sigma_{i2} &= \sigma_2 - \frac{1}{m}\,\sigma_1,
\end{aligned}\right\} \quad \ldots \ldots \ldots \quad 13$$

von denen auch nur der größere Wert Bedeutung hat. Die Spannungen σ_1 und σ_2 stellen hierin die in den Gleichungen 7 entwickelten größten und kleinsten Hauptspannungen

$$\sigma_1 = \frac{\sigma_x + \sigma_y}{2} + \frac{1}{2}\sqrt{4\,\tau^2 + (\sigma_x - \sigma_y)^2}.$$

und

$$\sigma_2 = \frac{\sigma_x + \sigma_y}{2} - \frac{1}{2}\sqrt{4\,\tau^2 + (\sigma_x - \sigma_y)^2}$$

dar.

Setzt man in diesen Gleichungen noch $\sigma_y = 0$, was bei den meisten praktischen Anwendungen der Fall ist, so erhalten die Hauptspannungen die Werte

$$\sigma_1 = \frac{1}{2}\,\sigma_x + \frac{1}{2}\sqrt{4\,\tau^2 + \sigma_x^2}$$

und
$$\sigma_3 = \frac{1}{2}\,\sigma_x - \frac{1}{2}\,\sqrt{4\,\tau^2 + \sigma_x^2},$$

welche in die Gleichungen 13 eingeführt, die idealen Hauptspannungen

$$\sigma_{i1} = \sigma_1 - \frac{1}{m}\,\sigma_2$$

$$\text{,,} = \left(\frac{1}{2}\,\sigma_x + \frac{1}{2}\,\sqrt{4\,\tau^2 + \sigma_x^2}\right) - \frac{1}{m}\left(\frac{1}{2}\,\sigma_x - \frac{1}{2}\,\sqrt{4\,\tau^2 + \sigma_x^2}\right)$$

$$\text{,,} = \frac{1}{2}\,\sigma_x + \frac{1}{2}\,\sqrt{4\,\tau^2 + \sigma_x^2} - \frac{1}{2\,m}\,\sigma_x \quad + \frac{1}{2\,m}\sqrt{4\,\tau^2 + \sigma_x^2}$$

$$\text{,,} = \frac{m-1}{2\,m}\,\sigma_x + \frac{m+1}{2\,m}\,\sqrt{\sigma_x^2 + 4\,\tau^2}$$

und $\quad \sigma_{i2} = \sigma_2 - \dfrac{1}{m}\,\sigma_1$

$$\text{,,} = \left(\frac{1}{2}\,\sigma_x - \frac{1}{2}\,\sqrt{4\,\tau^2 + \sigma_x^2}\right) - \frac{1}{m}\left(\frac{1}{2}\,\sigma_x + \frac{1}{2}\,\sqrt{4\,\tau^2 + \sigma_x^2}\right)$$

$$\text{,,} = \frac{1}{2}\,\sigma_x - \frac{1}{2}\,\sqrt{4\,\tau^2 + \sigma_x^2} - \frac{1}{2\,m}\,\sigma_x - \frac{1}{2\,m}\,\sqrt{4\,\tau^2 + \sigma_x^2}$$

$$\text{,,} = \frac{m-1}{2\,m}\,\sigma_x - \frac{m+1}{2\,m}\,\sqrt{\sigma_x^2 + 4\,\tau^2}$$

ergeben.

Da sich diese Spannungen nur im Hauptvorzeichen unterscheiden, so lassen sie sich in der **allgemeinen Gleichung**

$$\sigma_i = \frac{m-1}{2\,m}\,\sigma \pm \frac{m+1}{2\,m}\,\sqrt{\sigma^2 + 4\,\tau^2} \quad . \quad . \quad . \quad . \quad . \quad 14$$

vereinigen, die mit der im § 1 genannten Gleichung 1 vollständig übereinstimmt; den daselbst aufgeführten unbestimmten Faktoren A, B und C entsprechen hierin die Werte

$$\left.\begin{aligned}
&C = 4,\\
&A = \frac{m-1}{2\,m} = 0{,}35 \text{ bezw. } \frac{3}{8}\\
\text{und}\quad &B = \frac{m+1}{2\,m} = 0{,}65 \text{ bezw. } \frac{5}{8},
\end{aligned}\right\} \quad . \quad . \quad . \quad . \quad . \; 14a$$

sofern man für die im § 7 der Einführung erwähnte, nach **Poisson** benannte Konstante m die Werte $\dfrac{10}{3}$ bezw. 4 einsetzt.

Mit diesen Zahlenwerten schreibt sich dann die Gleichung 14

$$\left.\begin{aligned}
&\text{1. für } m = \frac{10}{3}: \quad \sigma_i = 0{,}35\,\sigma \pm 0{,}65\,\sqrt{\sigma^2 + 4\,\tau^2},\\
&\text{2. für } m = 4: \quad \sigma_i = \frac{3}{8}\,\sigma \pm \frac{5}{8}\,\sqrt{\sigma^2 + 4\,\tau^2}.
\end{aligned}\right\} \quad . \quad . \quad . \quad . \quad . \quad 15$$

Obgleich nun die **allgemeine Gleichung** 14, wie bereits am Eingange dieses Paragraphen gesagt worden ist, **nur für isotrope Körper** Geltung hat, läßt sie sich auch ohne weiteres für die übrigen, **heterotropen Körper** verwenden, für die man nur noch die unter der Wurzel stehende Schubspannung τ mit einem **Koeffizienten** α_0 zu multiplizieren hat, der das jeweilige Verhältnis zwischen der Schub- und Normalspannung ausdrückt.

Mit bezug auf die im § 13 Abs. 4 der Einführung genannte Gleichung 53

$$k_s = \frac{m}{m+1}\,k \quad \text{oder} \quad k = \frac{m+1}{m}\,k_s,$$

die sich auch aus der Gleichung 12 für $\tau = 0$ und $\sigma = 0$ herleiten läßt, hat man in

$$\alpha_0 = \frac{k}{\frac{m+1}{m}\,k} = \frac{\text{zulässige Normalspannung}}{\frac{m+1}{m}\cdot\text{zulässige Schubspannung}} \qquad 16$$

das sogenannte A n s t r e n g u n g s v e r h ä l t n i s gebildet.

Führt man nun noch dieses Verhältnis in die Gleichung 14 ein, so erhält man die für **jedes Material gültige Gleichung**

$$\sigma_i = \frac{m-1}{2\,m}\,\sigma \pm \frac{m+1}{2\,m}\sqrt{\sigma^2 + 4\,(\alpha_0\tau)^2} \quad . \quad . \quad . \quad . \quad 17$$

§ 5. Spannungsellipse. Spannungsellipsoid.

a) Die Spannungsellipse.

Für den im § 3 aufgeführten ebenen Spannungszustand kann man mit Hilfe der Gleichungen 5 und 6 die Spannungen σ_0 und τ_0 für alle Neigungswinkel der Schnittfläche AB berechnen.

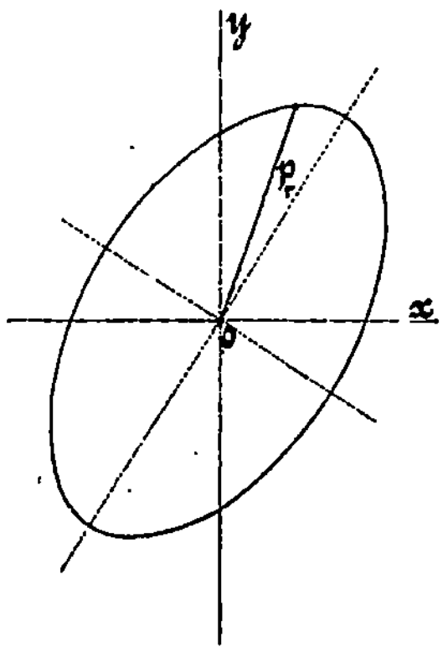

Um eine graphische Übersicht zu erhalten, vereinigt man die zusammengehörenden Spannungswerte zu resultierenden Spannungen p_r, die in einem beliebigen Kräftemaßstabe, von dem Anfangspunkte eines in Fig. 6 dargestellten Koordinatensystems ausgehend, als Strahlen aufgetragen werden. Hierbei entspricht jeder Schnittrichtung ein Strahl, deren Endpunkte im allgemeinen eine Ellipse bilden, wie aus dem Folgenden zu erkennen ist. Der Einfachheit halber wähle man in Fig. 7 das Koordinatensystem so, daß die Achsen mit den Hauptspannungen zu-

Fig. 6.

sammen fallen, dann ist der Gleichgewichtszustand gewahrt, wenn

1. in Richtung der x-Achse:

$$p_x \cdot b\overline{AB} = \sigma_x \cdot b\overline{OA}, \text{ woraus } p_x = \sigma_x \frac{\overline{OA}}{\overline{AB}} = \sigma_x \sin \alpha \text{ folgt,}$$

und

2. in Richtung der y-Achse:

$$p_y \cdot b\overline{AB} = \sigma_y \cdot b\overline{OB},$$

woraus

$$p_y = \sigma_y \frac{\overline{OB}}{\overline{AB}} = \sigma_y \cos \alpha \text{ folgt,}$$

ist.

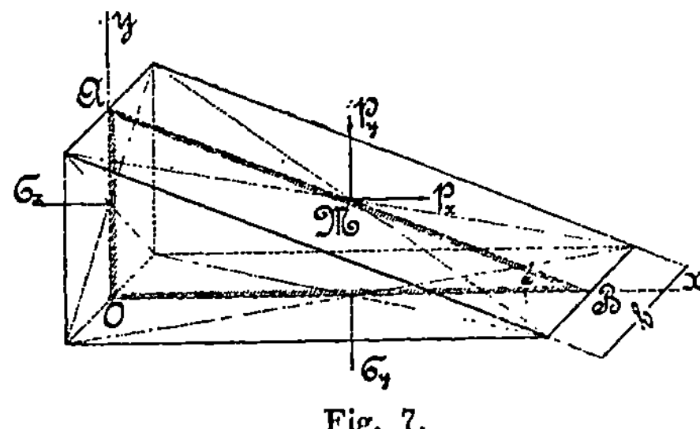

Fig. 7.

Löst man nun die beiden Zustandsgleichungen nach

$$\sin \alpha = \frac{p_x}{\sigma_x} \text{ und } \cos \alpha = \frac{p_y}{\sigma_y}$$

auf, und führt man diese Werte in die im § 3, a unter 1 angemerkte Gleichung

$$\sin^2 \alpha + \cos^2 \alpha = 1$$

ein, so ergibt sich in dem Ausdrucke

$$\left(\frac{p_x}{\sigma_x}\right)^2 + \left(\frac{p_y}{\sigma_y}\right)^2 = 1 \quad . \; 18$$

eine Gleichung, welche die **Mittelpunktsgleichung einer Ellipse** darstellt. Die Spannungen σ_x und σ_y bilden die beiden Halbachsen der in Fig. 8 verzeichneten Ellipse.

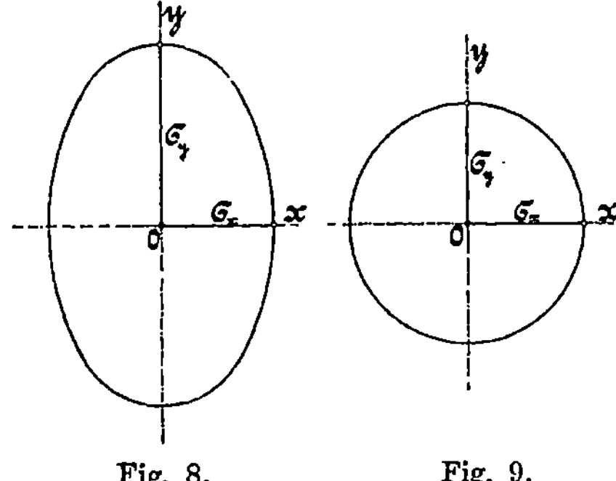

Fig. 8.   Fig. 9.

Für den Fall, daß $\sigma_x = \sigma_y$ wird, geht die Spannungsellipse in einen Kreis über, wie aus der Fig. 9 ersichtlich ist.

b) Das Spannungsellipsoid.

Für den im § 2 behandelten allgemeinen Spannungszustand hat man in den Gleichungen 3 die Hilfsmittel, mit denen man ebenso wie vorher für jede Schnittrichtung eine resultierende Spannung ermitteln kann, die dann wieder, von dem Anfangspunkte eines Koordinatensystems ausgehend, als Strahlen oder Vektoren angetragen werden können, deren Endpunkte auf einer Fläche zweiten Grades liegen, welche die Oberfläche eines Ellipsoides bilden.

Sollen wieder die Hauptspannungen des Ellipsoides mit den Koordinaten-Achsen zusammenfallen, so müssen die Schubspannungen in den Gleichungen 3 gleich Null werden; dann ist aber

1. $p_x = \sigma_x \cos \alpha$, woraus man $\cos \alpha = \dfrac{p_x}{\sigma_x}$ erhält,

2. $p_y = \sigma_y \cos \beta$, „ „ $\cos \beta = \dfrac{p_y}{\sigma_y}$ „ ,

3. $p_z = \sigma_z \cos \gamma$, „ „ $\cos \gamma = \dfrac{p_z}{\sigma_z}$ „ .

Diese Werte in die der analytischen Geometrie angehörende Gleichung

$$\cos^2 \alpha + \cos^2 \beta + \cos^2 \gamma = 1 \;^1)$$

eingesetzt, gibt den Ausdruck

$$\left(\frac{p_x}{\sigma_x}\right)^2 + \left(\frac{p_y}{\sigma_y}\right)^2 + \left(\frac{p_z}{\sigma_z}\right)^2 = 1, \quad \ldots \ldots \quad 19$$

der die **Mittelpunktsgleichung des Spannungsellipsoides** darstellt. Die Spannungen σ_x, σ_y und σ_z bilden die Halbachsen des Körpers, der in eine Kugel übergeht, falls die drei Hauptspannungen gleich groß sind.

$^1)$ 1. Nach dem Pythagoräischen Lehrsatze ist nach der beistehenden Figur

$$p_r^2 = p_x^2 + a^2, \text{ worin } a^2 = p_y^2 + p_z^2 \text{ ist,}$$
$$„ = p_x^2 + p_y^2 + p_z^2.$$

2. Ferner ist

$$\cos \alpha = \frac{p_x}{p_r} \text{ oder } \cos^2 \alpha = \left(\frac{p_x}{p_r}\right)^2,$$
$$\cos \beta = \frac{p_y}{p_r} \quad „ \quad \cos^2 \beta = \left(\frac{p_y}{p_r}\right)^2,$$
$$\cos \gamma = \frac{p_z}{p_r} \quad „ \quad \cos^2 \gamma = \left(\frac{p_z}{p_r}\right)^2.$$

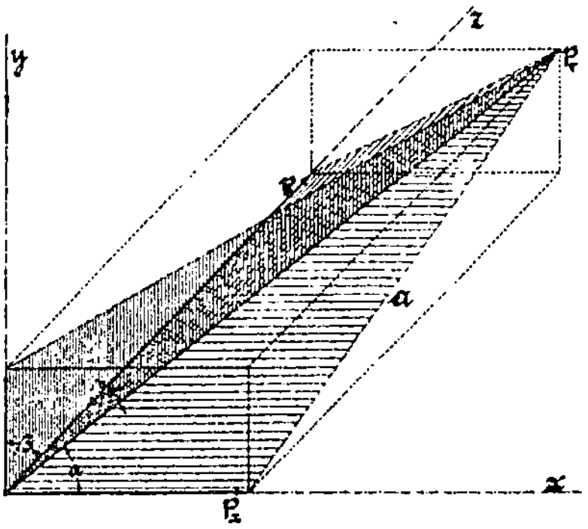

Durch Addition der letzten drei Gleichungen erhält man:

$$\cos^2 \alpha + \cos^2 \beta + \cos^2 \gamma =$$
$$\left(\frac{p_x}{p_r}\right)^2 + \left(\frac{p_y}{p_r}\right)^2 + \left(\frac{p_z}{p_r}\right)^2$$
$$\cos^2 \alpha + \cos^2 \beta + \cos^2 \gamma =$$
$$\frac{p_x^2 + p_y^2 + p_z^2}{p_r^2}.$$

Für den Zähler den unter 1 aufgestellten Wert p_r^2 eingeführt, gibt

$$\cos^2 \alpha + \cos^2 \beta + \cos^2 \gamma = \frac{p_r^2}{p_r^2} = 1.$$

Zweiter Abschnitt.

§ 6. Die Trägheitsmomente ebener Flächen, die sich auf verschieden gerichtete Schwerpunktsachsen beziehen.

a) Die Trägheitsmomente.

Mit dem im § 15 Abs. 2 der Einführung genannten reduzierten Trägheitsmomente war ein Mittel gegeben, die Trägheitsmomente für alle außerhalb des Schwerpunktes einer ebenen Fläche (s. Fig. 10) gelegenen Achsen auf einfache Weise angeben zu können, falls die Trägheitsmomente der zugehörigen **parallelen** Schwerpunktsachsen bekannt waren.

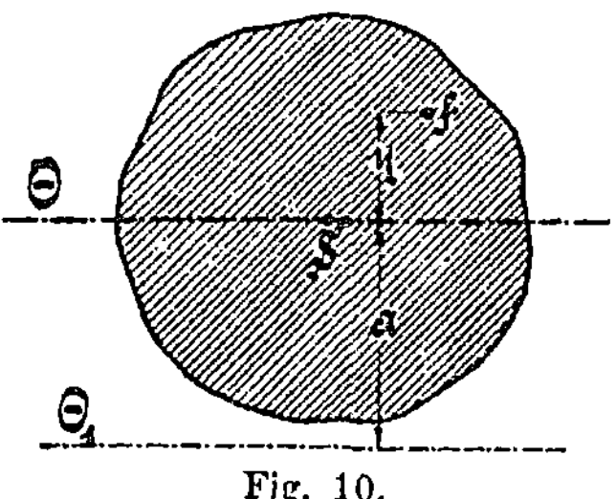

Fig. 10.

Im vorliegenden Paragraphen sollen nun vergleichende Betrachtungen zwischen den Trägheitsmomenten angestellt werden, die sich auf **beliebig gerichtete Achsen** beziehen, welche sämtlich durch den Schwerpunkt der Fläche gehen.

Zu diesem Zwecke seien in Fig. 11 zwei Koordinatensysteme vorgelegt, deren Koordinaten x und ξ bezw. y und η den Winkel α einschließen. Ein Element f des vorliegenden Querschnittes habe von den Achsen der beiden Systeme die Abstände x y, bezw. ξ η, die untereinander in folgenden Beziehungen stehen:

1. $\eta = a - b$

   „ $= y \cos \alpha - x \sin \alpha$

2. $\xi = c + d$

   „ $= x \cos \alpha + y \sin \alpha$.

Bildet man nun nach § 15 Abs. 1 der Einführung für die Achsen ξ und η die Trägheitsmomente Θ_ξ und Θ_η, so ergibt sich

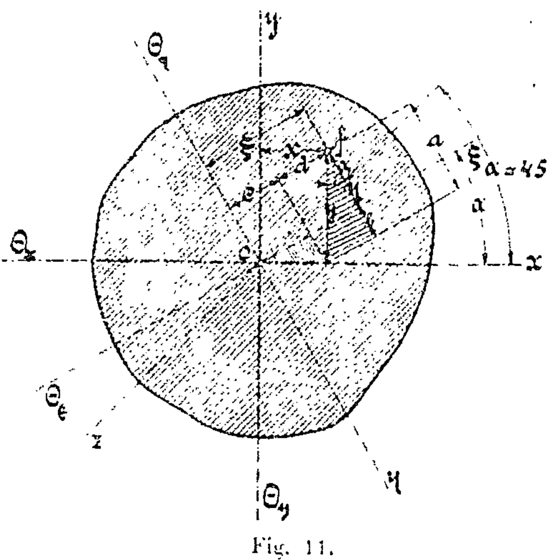

Fig. 11.

$$1. \quad \Theta_\xi = \Sigma f \eta^2 = \Sigma f (y \cos \alpha - x \sin \alpha)^2$$
$$\text{"} \qquad\qquad = \Sigma f (y^2 \cos^2 \alpha + x^2 \sin^2 \alpha - 2xy \sin \alpha \cos \alpha)$$
$$\text{"} \qquad\qquad = \Sigma f y^2 \cos^2 \alpha + \Sigma f x^2 \sin^2 \alpha - \Sigma f \, 2xy \sin \alpha \cos \alpha,$$

und, da nach § 15 Abs. 1 der Einführung

$$\Sigma f \eta^2 = \Theta_x,$$
$$\Sigma f x^2 = \Theta_y,$$
$$\Sigma f xy = \Delta_{xy},$$

und nach § 3 a, Anmerkung 4

$$2 \sin \alpha \cos \alpha = \sin 2\alpha \text{ ist,}$$

$$\Theta_\xi = \Theta_x \cos^2 \alpha + \Theta_y \sin^2 \alpha - \Delta_{xy} \sin 2\alpha, \quad \ldots \ldots 20$$

$$2. \quad \Theta_\eta = \Sigma f \xi^2 = \Sigma f (x \cos \alpha + y \sin \alpha)^2$$
$$\text{"} \qquad\qquad = \Sigma f (x^2 \cos^2 \alpha + y^2 \sin^2 \alpha + 2xy \sin \alpha \cos \alpha)$$
$$\text{"} \qquad\qquad = \Sigma f x^2 \cos^2 \alpha + \Sigma f y^2 \sin^2 \alpha + \Sigma f \, 2xy \sin \alpha \cos \alpha$$
$$\text{"} \qquad\qquad = \Theta_x \sin^2 \alpha + \Theta_y \cos^2 \alpha + \Delta_{xy} \sin 2\alpha, \quad \ldots \ldots 21$$

worin $\Sigma f xy = \Delta_{xy}$ das sogenannte **Zentrifugal-** oder **Deviationsmoment** für die Koordinatenachsen x und y bezeichnet, welches, gleich den Trägheitsmomenten, ein **Moment zweiter Ordnung** ist.

Addiert man die Gleichungen 20 und 21, so erhält man

$$1. \quad \Theta_\xi = \Theta_x \cos^2 \alpha + \Theta_y \sin^2 \alpha - \Delta_{xy} \sin 2\alpha$$
$$2. \quad \Theta_\eta = \Theta_x \sin^2 \alpha + \Theta_y \cos^2 \alpha + \Delta_{xy} \sin 2\alpha$$
$$\overline{\Theta_\xi + \Theta_\eta = \Theta_x (\sin^2 \alpha + \cos^2 \alpha) + \Theta_y (\sin^2 \alpha + \cos^2 \alpha),} \quad .$$

und, da nach § 3 a, Anmerkung 1

$$\sin^2 \alpha + \cos^2 \alpha = 1 \text{ ist,}$$

$$\Theta_\xi + \Theta_\eta = \Theta_x + \Theta_y. \quad \ldots \ldots \ldots 22$$

Die letzte Gleichung sagt, daß die Summe der Trägheitsmomente für irgend zwei aufeinander senkrecht stehende Achsen immer konstanten Wert hat, sofern die Achsen durch einen gemeinschaftlichen Punkt gehen. Die Werte Θ_ξ und Θ_η sind von dem Winkel α abhängig, erreichen also zwischen $\alpha = 0^0$ und $\alpha = 90^0$ einen größten bezw. kleinsten Wert. Der letzte Fall tritt ein, wenn das auf die Koordinatenachsen ξ, η bezogene Zentrifugalmoment $\Delta_{\xi\eta}$ gleich Null wird.

Bildet man dieses Moment, so erhält man

$$\Delta_{\xi\eta} = \Sigma f \xi \eta = \Sigma f (x \cos \alpha + y \sin \alpha)(y \cos \alpha - x \sin \alpha)$$
$$\text{"} \qquad\qquad = \Sigma f (xy \cos^2 \alpha - x^2 \sin \alpha \cos \alpha + y^2 \sin \alpha \cos \alpha - xy \sin^2 \alpha)$$
$$\text{"} \qquad\qquad = \Sigma f [(y^2 - x^2) \sin \alpha \cos \alpha + xy (\cos^2 \alpha - \sin^2 \alpha)],$$

und, da nach § 3 a, Anmerkung 2

$$\cos^2 \alpha - \sin^2 \alpha = \cos 2\alpha \text{ ist,}$$

$$\Delta_{\xi\eta} = \Sigma f \left[(y^2 - x^2) \frac{\sin 2\alpha}{2} + xy \cos 2\alpha \right]$$

$$\text{"} \quad = (\Sigma f y^2 - \Sigma f x^2) \frac{\sin 2\alpha}{2} + \Sigma f xy \cos 2\alpha$$

$$\varDelta_{\xi\eta} = \frac{\Theta_x - \Theta_y}{2} \sin 2\alpha + \varDelta_{xy} \cos 2\alpha. \quad \ldots \ldots \quad 23$$

Diesen Ausdruck gleich Null gesetzt, gibt

$$\frac{\Theta_x - \Theta_y}{2} \sin 2\alpha + \varDelta_{xy} \cos 2\alpha = 0$$

oder, mit $\cos 2\alpha$ dividiert,

$$\frac{\Theta_x - \Theta_y}{2} \operatorname{tg} 2\alpha + \varDelta_{xy} = 0,$$

woraus dann

$$\operatorname{tg} 2\alpha = -\frac{2\varDelta_{xy}}{\Theta_x - \Theta_y} = \frac{2\varDelta_{xy}}{\Theta_y - \Theta_x}. \quad \ldots \ldots \quad 24$$

folgt.

Die Gleichung 24 bestimmt nun den Winkel α, unter dem die Hauptachsen des ebenen Querschnittes zu finden sind.

Wird z. B. $\varDelta_{xy} = 0$, so ist $\operatorname{tg} 2\alpha = 0$
oder der Winkel $\alpha = 0^0$,
womit das Zusammenfallen der Haupt- und Koordinatenachsen bedingt wird.

Ist dagegen $\varDelta_{xy} = 0$ und gleichzeitig $\Theta_x = \Theta_y$, so ist

$$\operatorname{tg} 2\alpha = \frac{0}{0},$$

womit gesagt wird, daß jede Schwerpunktsachse eine Hauptachse ist, was z. B. bei allen regelmäßigen Querschnitten der Fall ist.

b) Die Zentrifugalmomente.

Wie bereits im Abschnitt a dieses Paragraphen gesagt, sind die Zentrifugal- oder Deviationsmomente, gleich den Trägheitsmomenten, **Momente zweiter Ordnung**, deren Kenntnis die Anwendung der Gleichungen 20 bis 24 voraussetzen.

Die Bestimmung dieser Momente kann graphisch und analytisch geschehen. Die erste Form hat mehr bei komplizierten Querschnitten Bedeutung, bei einfachen Flächen führt meist die Rechnung schneller zum Ziele.

Im letzten Falle kommt es nun ganz darauf an, was für Mittel zur Verfügung stehen. So kann man z. B. die Zentrifugalmomente mit und ohne Kenntnis der Hauptträgheitsmomente oder der Schwerpunktsabstände berechnen, wie aus folgendem zu ersehen ist.

1. Die direkte Entwickelung des Zentrifugalmomentes für den rechteckigen Querschnitt, der mit einer Achse eines beliebig gelegenen Koordinatensystems gleichgerichtet ist.

Nach den im vorhergehenden Abschnitt aufgeführten Gleichungen 20 und 21 versteht man unter dem Zentrifugalmoment $\varDelta_{xy}$ der Koordinatenachsen xy den Ausdruck

$$\varDelta_{xy} = \Sigma f x y,$$

worin f ein Flächenelement des vorliegenden Querschnittes darstellt, für das die Werte x und y die Koordinaten bezeichnen.

Der Entwickelung sei das in Fig. 12 gezeichnete Rechteck zugrunde gelegt, das oberhalb der x-Achse zu beiden Seiten der y-Achse liegt. Den auf der linken Seite der y-Achse befindlichen Flächenteil zerlege man beispielsweise in gleiche, rechteckige Flächenelemente

$$f_1 = b \delta_1 = b \frac{h_1}{n},$$

den rechts gelegenen Flächenteil dagegen in gleiche, rechteckige Elemente

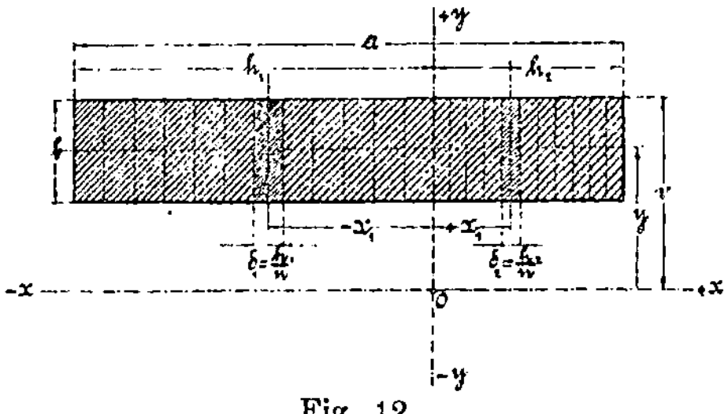

Fig. 12.

$$f_2 = b \delta_2 = b \frac{h_2}{n}.$$

Die ersteren Elemente haben die von der y-Achse aus gemessenen Abszissen

$$-x_1 = -\frac{1}{2}\delta_1 = -\frac{1}{2}\frac{h_1}{n},$$

$$-x_2 = -\frac{3}{2}\delta_1 = -\frac{3}{2}\frac{h_1}{n},$$

$$-x_3 = -\frac{5}{2}\delta_1 = -\frac{5}{2}\frac{h_1}{n},$$

$$\cdot \qquad \cdot \qquad \cdot$$
$$\cdot \qquad \cdot \qquad \cdot$$
$$\cdot \qquad \cdot \qquad \cdot$$

die letzteren Elemente dagegen

$$x_1 = \frac{1}{2}\delta_2 = \frac{1}{2}\frac{h_2}{n},$$

$$x_2 = \frac{3}{2}\delta_2 = \frac{3}{2}\frac{h_2}{n},$$

$$x_3 = \frac{5}{2}\,\delta_2 = \frac{5}{2}\,\frac{h_2}{n},$$

$$\cdot \quad \cdot \quad \cdot$$
$$\cdot \quad \cdot \quad \cdot$$
$$\cdot \quad \cdot \quad \cdot$$

Die von der x-Achse aus gemessenen Ordinaten sind bei sämtlichen Flächenelementen der linken und rechten Seite des Querschnittes gleich, nämlich

$$y = v - \frac{b}{2}.$$

Führt man nun die genannten Werte in obige Gleichung ein, so erhält man das für den rechteckigen Querschnitt gültige Zentrifugalmoment

$$\Delta_{xy} = \Sigma fxy$$
$$\text{''} \quad = \Sigma f_1(-x)y + \Sigma f_2 xy$$
$$\text{''} \quad = y\,[f_1\,\Sigma(-x) + f_2\,\Sigma x]$$
$$\text{''} \quad = y\left[f_1\left(-\frac{1}{2}\frac{h_1}{n} - \frac{3}{2}\frac{h_1}{n} - \frac{5}{2}\frac{h_1}{n} - \dots\right) + \right.$$
$$\left. + f_2\left(\frac{1}{2}\frac{h_2}{n} + \frac{3}{2}\frac{h_2}{n} + \frac{5}{2}\frac{h_2}{n} + \dots\right)\right]$$
$$\text{''} \quad = y\left[-f_1\frac{h_1}{2n}(1 + 3 + 5 + \dots) + f_2\frac{h_2}{2n}(1 + 3 + 5 + \dots)\right]$$
$$\text{''} \quad = y\left[-f_1\frac{h_1}{2n} + f_2\frac{h_2}{2n}\right](1 + 3 + 5 + \dots).^{1)}$$

Da die in der zweiten Klammer stehende arithmetische Reihe für n-Glieder den Wert n^2 hat, so erhält man, unter Einführung der vorgenannten Werte, für y, f_1 und f_2 die Gleichung

$$\Delta_{xy} = y\,\frac{1}{2n}\,[f_2 h_2 - f_1 h_1]\,n^2$$

$$\text{''} \quad = \left(v - \frac{b}{2}\right)\frac{1}{2n}\left[b\frac{h_2}{n}\cdot h_2 - b\frac{h_1}{n}\cdot h_1\right]n^2$$

---

1) Soll die arithmetische Reihe aus n-Gliedern bestehen, so muß das letzte Glied der Reihe $(2n - 1)$ sein. Die Summe bildet sich dann in folgender Weise:

$$s = \quad 1 \quad + \quad 3 \quad + \quad 5 \quad + \dots + (2n - 5) + (2n - 3) + (2n - 1)$$
$$s = (2n - 1) + (2n - 3) + (2n - 5) + \dots + \quad 5 \quad + \quad 3 \quad + \quad 1$$
$$\overline{2s = \quad 2n \quad + \quad 2n \quad + \quad 2n \quad + \dots + \quad 2n \quad + \quad 2n \quad + \quad 2n}$$
$$\text{''} = 2n \cdot n,$$
$$s = \frac{2n^2}{2} = n^2.$$

$$\Delta_{xy} = \frac{2\,v - b}{2} \cdot \frac{b}{2\,n^2}\,(h_2{}^2 - h_1{}^2)\,n^2$$

$$\text{„} \quad = \frac{1}{4}\,b\,(2\,v - b)\,(h_2{}^2 - h_1{}^2). \quad \ldots \ldots \ldots \quad F_1$$

2. Berechnung des Zentrifugalmomentes Δ_{xy} direkt aus den Trägheitsmomenten Θ_x, Θ_y und Θ_z.

Kennt man von einem Querschnitt die beiden Hauptträgheitsmomente Θ_x und Θ_y, als auch das Trägheitsmoment Θ_z, bezogen auf eine unter 45^0 geneigte Achse z (s. Fig. 11), so erhält man das Zentrifugalmoment Δ_{xy} aus der Gleichung 20

$$\Theta_\xi = \Theta_x \cos^2 \alpha + \Theta_y \sin^2 \alpha - \Delta_{xy} \sin 2\,\alpha,$$

wenn man den Winkel $\alpha = 45^0$ und $\Theta_\xi = \Theta_z$ einführt. Damit folgt

$$\Theta_z \quad = \Theta_x \cos^2 45^0 + \Theta_y \sin^2 45^0 - \Delta_{xy} \sin 2\,.\,45^0$$
$$\text{„} \quad = \Theta_x\, 0{,}707^2 + \Theta_y\, 0{,}707^2 - \Delta_{xy}\,.\,1$$
$$\text{„} \quad = 0{,}707^2\,(\Theta_x + \Theta_y) - \Delta_{xy}$$
$$\text{„} \quad = 0{,}5\,(\Theta_x + \Theta_y) - \Delta_{xy},$$
$$\Delta_{xy} = 0{,}5\,(\Theta_x + \Theta_y) - \Theta_z. \quad \ldots \ldots \ldots \quad F_2$$

3. Berechnung des Zentrifugalmomentes Δ_{xy} direkt aus dem Querschnitt und den Schwerpunktsabständen.

a) Es sei in Fig. 13 zunächst angenommen, daß das Zentrifugalmoment $\Delta_{x_1 y_1}$ einer Fläche in bezug auf zwei sich rechtwinklig schneidende Achsen $x_1 y_1$ bekannt ist. Hieran schließt sich die Frage nach dem Zentrifugalmoment Δ_{xy} dieser Fläche, bezogen auf die parallelen Koordinatenachsen x y, von denen der Schwerpunkt S die Abstände $\xi\,\eta$ habe.

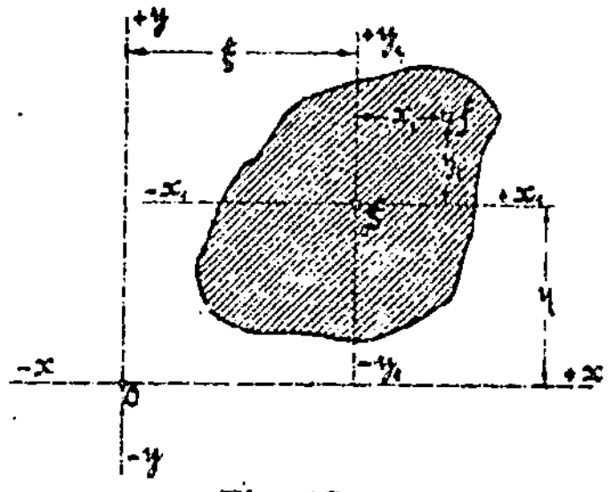

Nach der Definition des Zentrifugal- oder Deviationsmomentes ist an Hand der Fig. 13 das gesuchte Moment

$$\Delta_{xy} = \Sigma f(x_1 + \xi)(y_1 + \eta)$$
$$\text{„} \quad = \Sigma f x_1 y_1 + \Sigma f x_1 \eta + \Sigma f \xi y_1 + \Sigma f \xi \eta$$
$$\text{„} \quad = \Delta_{x_1 y_1} + \eta \Sigma f y_1 + \xi \Sigma f x_1 + \xi \eta \Sigma f,$$

worin die statischen Momente der vorliegenden Fläche F

$$\Sigma f x_1 = 0 \quad \text{und} \quad \Sigma f y_1 = 0$$

ist.

Da ferner

$$\Sigma f = F$$

den ganzen Querschnitt darstellt, so erhält man das gesuchte Zentrifugalmoment

Fig. 13.

$$\varDelta_{xy} = \varDelta_{x_1 y_1} + F \xi \eta, \quad \ldots \ldots \ldots \quad F_3$$

welcher Ausdruck der Form nach mit dem in § 15 Abs. 2 der Einführung genannten reduzierten Trägheitsmomente übereinstimmt.

b) Bilden nun die Achsen x und y die Hauptachsen des Querschnittes F, so wird das Zentrifugalmoment

$$\varDelta_{x_1 y_1} = 0,$$

womit dann die Gleichung F_3 die einfachere Form

$$\varDelta_{xy} = F \xi \eta \quad \ldots \ldots \ldots \ldots \quad F_4$$

annimmt.

c) Besteht der Querschnitt F aus einzelnen Flächenteilen F_1, F_2, F_3 etc., welche die Schwerpunkte S_1, S_2, S_3 etc. mit den Abständen $\xi_1 \eta_1$, $\xi_2 \eta_2$, $\xi_3 \eta_3$ etc. haben, so kann man die unter a und b genannten Gleichungen in der Summenform

$$\varDelta_{xy} = \sum_{1}^{n} (\varDelta_{x_1 y_1} + F_1 \xi_1 \eta_1). \quad \ldots \ldots \ldots \quad F_5$$

$$\text{und} \quad \varDelta_{xy} = \sum_{1}^{n} F_1 \xi_1 \eta_1 \quad \ldots \ldots \ldots \ldots \quad F_6$$

darstellen, wie es bei den Trägheitsmomenten im § 15 Abs. 3 der Einführung geschehen ist. Allerdings hat man hierbei genau auf die Vorzeichen der Koordinaten zu achten.

NB. Mit Hilfe der in diesem Abschnitt aufgeführten Gleichungen kann man bei einfachen Querschnittsformen sehr schnell das Zentrifugalmoment berechnen.

4. Berechnung des Zentrifugalmomentes $\varDelta_{xy}$ und der Trägheitsmomente Θ_x, Θ_y ohne Kenntnis der Lage des Schwerpunktes S der Fläche.

Der vorliegenden Betrachtung sei beispielsweise ein aus zwei Teilen gebildeter, in Fig. 14 dargestellter Querschnitt zugrunde gelegt, dessen Inhalt sich aus F_1 und F_2 zusammensetzt. Die Schwerpunkte S_1 und S_2 der einzelnen Flächen mit den parallel gerichteten Schwerpunktsachsen $x_1 y_1$ und $x_2 y_2$ sind gegeben, ebenso sind die darauf bezogenen Trägheits- und Zentrifugalmomente Θ_{x_1}, Θ_{y_1}, $\varDelta_{x_1 y_1}$ bezw. Θ_{x_2}, Θ_{y_2}, $\varDelta_{x_2 y_2}$ als bekannt angenommen.

Gesucht sollen dagegen die Trägheitsmomente Θ_x, Θ_y und das Zentrifugalmoment $\varDelta_{xy}$ des Querschnittes F für die Schwerpunktsachsen x y werden, die den ersteren Achsen gleich gerichtet sind.

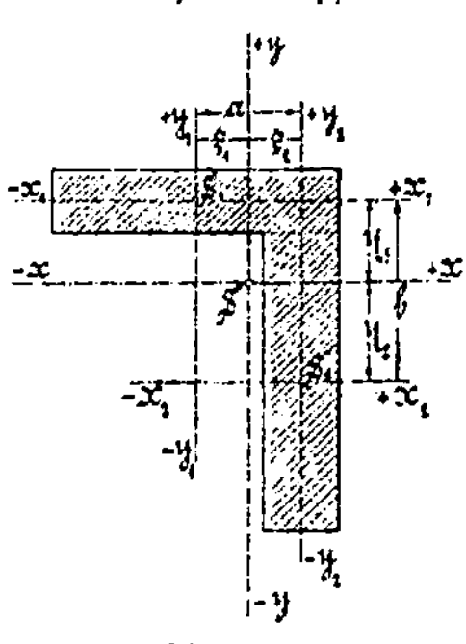

Fig. 14.

Die Trägheitsmomente Θ_x und Θ_y betragen nach § 15 Gleichung 68 der Einführung

$$\Theta_x = \Theta_{x1} + \Theta_{x2} + F_1 \eta_1{}^2 + F_2 \eta_2{}^2$$

und

$$\Theta_y = \Theta_{y1} + \Theta_{y2} + F_1 \xi_1{}^2 + F_2 \xi_2{}^2.$$

Nach der Lehre vom Schwerpunkt erhält man

$$F_1 \eta_1 = F_2 \eta_2 \quad \text{bezw.} \quad F_1 \xi_1 = F_2 \xi_2$$

und nach Fig. 14

$$\eta_1 + \eta_2 = b \quad \text{bezw.} \quad \xi_1 + \xi_2 = a,$$

woraus die Abstände

$$\eta_1 + \frac{F_1 \eta_1}{F_2} = b \qquad \text{bezw.} \qquad \xi_1 + \frac{F_1 \xi_1}{F_2} = a,$$

$$F_2 \eta_1 + F_1 \eta_1 = F_2 b \quad \text{,,} \quad F_2 \xi_1 + F_1 \xi_1 = F_2 a,$$

$$\eta_1 (F_2 + F_1) = F_2 b \quad \text{,,} \quad \xi_1 (F_2 + F_1) = F_2 a,$$

$$\eta_1 = \frac{F_2 b}{F_1 + F_2} \quad \text{,,} \quad \xi_1 = \frac{F_2 a}{F_1 + F_2},$$

und in gleicher Weise

$$\eta_2 = \frac{F_1 b}{F_1 + F_2} \qquad \text{bezw.} \quad \xi_2 = \frac{F_1 a}{F_1 + F_2}$$

folgen.

Bildet man nun die Summen

$$F_1 \eta_1{}^2 + F_2 \eta_2{}^2 = F_1 \left(\frac{F_2 b}{F_1 + F_2} \right)^2 + F_2 \left(\frac{F_1 b}{F_1 + F_2} \right)^2$$

$$\text{,,} \quad = \frac{F_1 F_2 b^2}{(F_1 + F_2)^2} (F_1 + F_2)$$

$$\text{,,} \quad = \frac{F_1 F_2 b^2}{F_1 + F_2}$$

und

$$F_1 \xi_1{}^2 + F_2 \xi_2{}^2 = F_1 \left(\frac{F_2 a}{F_1 + F_2} \right)^2 + F_2 \left(\frac{F_1 a}{F_1 + F_2} \right)^2$$

$$\text{,,} \quad = \frac{F_1 F_2 a^2}{(F_1 + F_2)^2} (F_1 + F_2)$$

$$\text{,,} \quad = \frac{F_1 F_2 a^2}{F_1 + F_2},$$

so erhält man nach Einsetzen dieser Werte in die obige Gleichung die
gesuchten Trägheitsmomente

$$\left. \begin{aligned} \Theta_x &= \Theta_{x1} + \Theta_{x2} + \frac{F_1 F_2 b^2}{F_1 + F_2} \\ \Theta_y &= \Theta_{y1} + \Theta_{y2} + \frac{F_1 F_2 a^2}{F_1 + F_2}, \end{aligned} \right\} \quad \cdots \cdots \quad F_7$$

und

In gleicher Weise bildet sich mit bezug auf die Gleichungen F_3
und F_5 dieses Paragraphen das gesuchte Zentrifugalmoment

$$\Delta_{xy} = \Delta_{x1 y1} + \Delta_{x2 y2} + \frac{F_1 F_2 a b}{F_1 + F_2} \quad \cdots \cdots \quad F_8$$

Sind die Achsen $x_1 y_1$ und $x_2 y_2$ Hauptachsen der Flächenteile F_1 und F_2, so sind die Zentrifugalmomente $\varDelta_{x_1 y_1}$ und $\varDelta_{x_2 y_2}$ gleich Null und man erhält die Gleichung

$$\varDelta_{xy} = \frac{F_1 F_2\, a\, b}{F_1 + F_2} \quad . \quad . \quad . \quad . \quad . \quad . \quad . \quad \textbf{F}_9$$

§ 7. Trägheitsellipse. Zentralellipse.

a) Die Trägheitsellipse.

Um den im vorangegangenen Paragraphen besprochenen Beziehungen noch eine bildliche Erläuterung zu geben, sei in Fig. 15 ein rechtwinkliges Achsenkreuz dargestellt, dessen Schnittpunkt O an beliebiger Stelle des vorgelegten Querschnittes liegen möge.

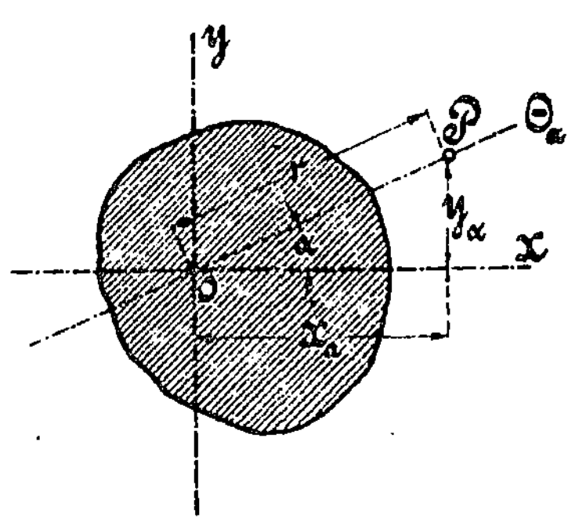

Fig. 15.

Die das Trägheitsmoment für eine unter dem Winkel α geneigte Achse ergebende Gleichung 20

$$\Theta_\xi = \Theta_x \cos^2\alpha + \Theta_y \sin^2\alpha - \varDelta_{xy} \sin 2\alpha,$$

worin für $\Theta_\xi = \Theta_\alpha$ gesetzt sein soll, liefert dann für

$$r = \sqrt{\frac{1}{\Theta_\alpha}}, \quad \text{woraus} \quad \Theta_\alpha = \frac{1}{r^2} \text{ folgt,}$$

einen auf der geneigten Achse liegenden Punkt P, der die Koordinaten

$$x_\alpha = r \cos\alpha \quad \text{und} \quad y_\alpha = r \sin\alpha$$

besitzt.

Werden nun die Werte oben eingeführt, so erhält man in der Beziehung

$$\frac{1}{r^2} = \Theta_x \cos^2\alpha + \Theta_y \sin^2\alpha - \varDelta_{xy} \sin 2\alpha$$

oder nach § 3a, Anmerkung 4, für „$\sin 2\alpha = 2\sin\alpha\cos\alpha$" gesetzt,

$$1 = \Theta_x r^2 \cos^2\alpha + \Theta_y r^2 \sin^2\alpha - \varDelta_{xy}\, 2\, r^2 \sin\alpha \cos\alpha$$

oder $\quad 1 = \Theta_x x_\alpha^2 \quad + \Theta_y y_\alpha^2 \quad - 2\,\varDelta_{xy}\, x_\alpha\, y_\alpha \quad . \quad . \quad . \quad . \quad \textbf{24a}$

eine Gleichung, die eine Ellipse darstellt, deren Mittelpunkt der O-Punkt ist.

Diese Ellipse bildet nun den geometrischen Ort aller derjenigen Punkte P, welche sich für alle zwischen 0^0 und 360^0 liegenden Achsenwinkel α in der oben genannten Weise berechnen und auftragen lassen.

Umgekehrt lassen sich aber auch wieder mit Hilfe der Ellipse die Trägheitsmomente für alle Achsen des Querschnittes angeben, weshalb man diese Ellipse auch die Trägheitsellipse genannt hat.

Da nun jede Ellipse zwei senkrecht aufeinanderstehende Hauptachsen hat, deren Lagen sich nach der Gleichung 24 angeben lassen, deren Nullpunkt aber an jeder beliebigen Stelle des Querschnittes liegen kann, so geht daraus hervor, daß ein Querschnitt unzählig viele Hauptachsen und Hauptträgheitsmomente hat.

b) Die Zentralellipse.

Legt man den 0-Punkt des Achsenkreuzes in den Schwerpunkt der Fläche, so nennt man die Trägheitsellipse auch noch Zentralellipse, die nun für die praktische Anwendung fast nur allein Bedeutung hat. In Fig. 16 ist diese Ellipse für den Fall dargestellt, wo die Hauptachsen derselben mit den Koordinatenachsen zusammenfallen. Hierbei wird nach den letzten Ausführungen des § 6 das Zentrifugalmoment gleich Null. Die Gleichung 20

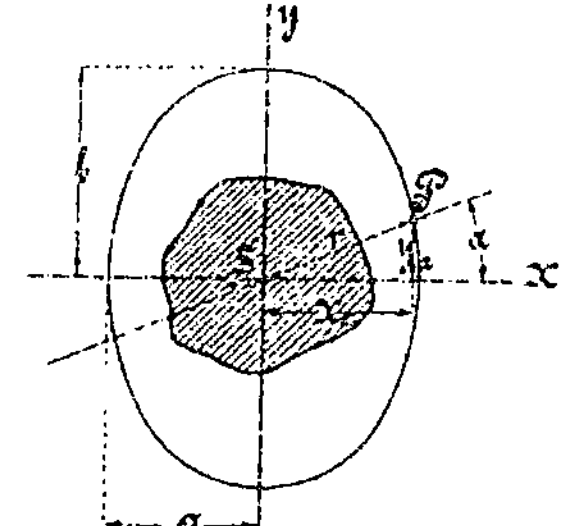
Fig. 16.

$$\Theta_\xi = \Theta_x \cos^2 \alpha + \Theta_y \sin^2 \alpha - \varDelta_{xy} \sin 2\alpha$$

schreibt sich dann, für Θ_ξ wieder Θ_α gesetzt,

$$\Theta_\alpha = \Theta_x \cos^2 \alpha + \Theta_y \sin^2 \alpha. \qquad . \quad . \quad \mathbf{25}$$

1. Um nun die Zentralellipse aufzeichnen und die elliptische Eigenschaft besser übersehen zu können, führe man an Stelle der Trägheitsmomente Θ_α, Θ_x und Θ_y die Werte

$$\Theta_\alpha = \frac{1}{r^2} \text{ oder } r^2 = \frac{1}{\Theta_\alpha}, \text{ bezw. } r = \sqrt{\frac{1}{\Theta_\alpha}},$$

$$\Theta_x = \frac{1}{a^2} \quad , \quad a^2 = \frac{1}{\Theta_x}, \quad , \quad a = \sqrt{\frac{1}{\Theta_x}},$$

$$\Theta_y = \frac{1}{b^2} \quad , \quad b^2 = \frac{1}{\Theta_y}, \quad , \quad b = \sqrt{\frac{1}{\Theta_y}}$$

unter Beachtung der Koordinaten

$$x_\alpha = r \cos \alpha, \text{ woraus } \cos \alpha = \frac{x_\alpha}{r} \text{ folgt,}$$

$$y_\alpha = r \sin \alpha, \quad , \quad \sin \alpha = \frac{y_\alpha}{r} \quad , \quad ,$$

in die Gleichung 25 ein, so erhält man in der Beziehung

$$\Theta_\alpha = \Theta_x \cos^2 \alpha + \Theta_y \sin^2 \alpha$$

oder

$$\frac{1}{r^2} = \frac{1}{a^2} \left(\frac{x_\alpha}{r}\right)^2 + \frac{1}{b^2} \left(\frac{y_\alpha}{r}\right)^2$$

oder, mit r^2 multipliziert,

$$1 = \frac{x_\alpha^2}{a^2} + \frac{y_\alpha^2}{b^2} \quad . \quad . \quad . \quad . \quad . \quad . \quad . \quad . \quad . \quad \mathbf{26}$$

eine Gleichung, welche die **Mittelpunktsgleichung der Zentralellipse** darstellt.

Die den Hauptträgheitsmomenten Θ_x und Θ_y umgekehrt proportionalen Strecken oder **Trägheitsarme a** und **b** bilden die beiden Halbachsen der Ellipse.

2. Will man zur Konstruktion der Zentralellipse die Trägheitsradien benutzen, die sich aus dem Verhältnis der Trägheitsmomente und dem Querschnitte ergeben, so berechnet man nach der Gleichung 20

$$\Theta_\xi = \Theta_\alpha = \Theta_x \cos^2 \alpha + \Theta_y \sin^2 \alpha - \Delta_{xy} \sin 2\alpha$$

die Trägheitsmomente für 3 beliebig angenommene Schwerpunktsachsen, bildet daraus mit Hilfe der Gleichung

$$r^2 = \frac{\Theta_\alpha}{F} \cdot \qquad \ldots \qquad \ldots \qquad \ldots \qquad \mathbf{F}$$

die **Trägheitsradien,** welche nach Fig. 17 zu beiden Seiten des Schwerpunktes senkrecht zu den zugehörigen Achsenrichtungen aufgetragen werden.

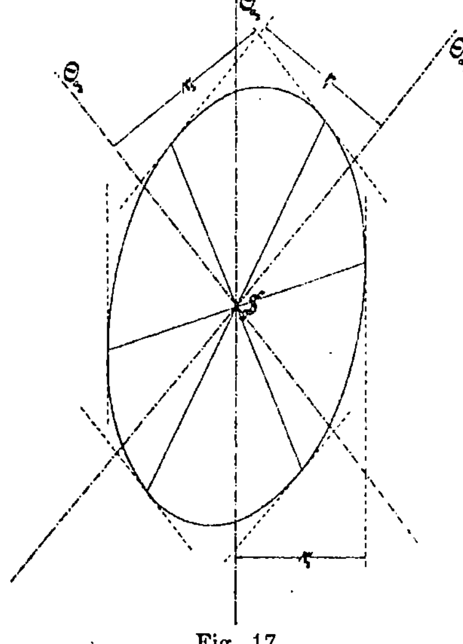

Fig. 17.

Zieht man nun in den erhaltenen 3 Punkt-Paaren die Parallelen zu den Achsen, so bilden sie 6 Tangenten der gesuchten Zentralellipse.

Die Zahl der die Ellipse einhüllenden Tangenten kann man nun nach einem der analytischen Geometrie angehörenden Satze von Brianchon in einfachster Weise konstruieren.

3. Handelt es sich um die Konstruktion der Zentralellipse für Querschnitte, die eine Symmetrieachse haben, so sind von vornherein die Richtungen der Hauptachsen bekannt. In diesem Falle hat man nur noch nötig, die entsprechenden Trägheitsmomente zu bilden, um daraus die Hauptträgheitsradien und Hauptachsen zu erhalten.

Man kann aber auch mit den unter 1 genannten Trägheitsarmen operieren.

NB. Da für die in der Praxis täglich vorkommenden Walzeisenprofile die Richtungen der Hauptachsen nebst den zugehörigen Trägheitsmomenten bezw. Trägheitshalbmessern tabellarisch vorliegen, so kann man im Bedarfsfalle die entsprechenden Zentralellipsen sehr schnell auftragen.

§ 8. Die unsymmetrische oder schiefe Belastung.

Die im § 14, 1 der Einführung aufgestellte Biegungsgleichung ,,$M_b = W . k_b$" setzt voraus, daß die Ebene der äußeren Kräfte eines auf Biegung beanspruchten Körpers stets mit einer Hauptachse des Querschnittes zusammenfällt, während die zweite Hauptachse zugleich die neutrale Achse bildet.

Diese Annahme trifft nun aber nicht immer bei den in der Praxis vorkommenden Konstruktionen zu. Vorwiegend im Dach- und Eisenkonstruktionsbau treten Belastungsfälle auf, wo die Kraft oder Momentenebene mit den Hauptachsen des Querschnittes beliebige Winkel einschließt. In solchen Fällen spricht man von schiefen Belastungen, bei denen von vornherein die beiden Möglichkeiten

1. ob die einen Körper auf Biegung beanspruchenden Kräfte sämtlich in einer gemeinschaftlichen Ebene liegen oder,
2. ob die angreifenden Kräfte in verschiedenen Ebenen auftreten

zu unterscheiden sind.

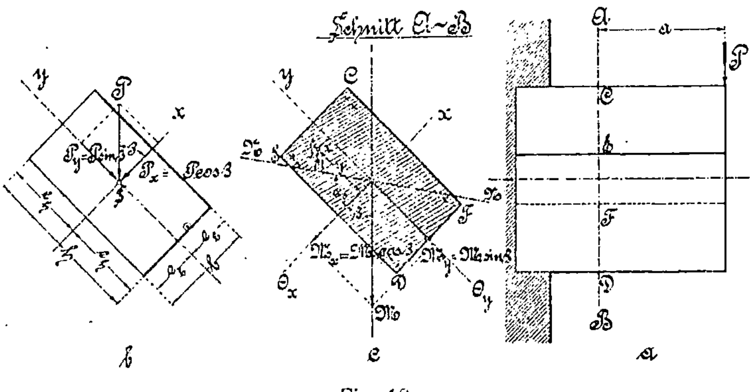

Fig. 18.

Liegt der erste Fall vor, so zerlegt man jede Kraft in zwei den beiden Hauptachsen des Querschnittes parallel gerichtete Komponenten, die dann in jeder Achsenrichtung ein resultierendes Biegungsmoment ergeben, für welches das im § 14 der Einführung Gesagte gültig ist. Im anderen Falle kann man das resultierende Biegungsmoment in zwei Momente zerlegen, deren Ebenen in die Hauptrichtungen fallen.

Da es nun auf die Querschnittsform als auf die Art des auf Biegung beanspruchten Körpers nicht ankommt, sei den weiteren Betrachtungen der in Fig. 18 dargestellte rechteckige Querschnitt eines Freiträgers zugrunde gelegt, dessen Hauptrichtungen mit den Koordinatenachsen x y zusammenfallen mögen. Die am freien Ende des Trägers wirkende Kraft P, die mit der x-Achse den Winkel β einschließt, liefert nach Fig. 18b die beiden Komponenten P_x und P_y, zwischen denen nach dem Pythagoräischen Lehrsatze die Beziehung

$$P^2 = P_x^2 + P_y^2$$

besteht. Multipliziert man die Gleichung mit a^2, so gibt

$$(P\,a)^2 = (P_x\,a)^2 + (P_y\,a)^2$$

mit bezug auf Fig. 18a eine Bestätigung dafür, daß

$$M^2 = M_x^2 + M_y^2 \ . \quad . \quad . \quad . \quad . \quad . \quad . \quad 27$$

ist, d. h., daß man, wie Fig. 18c zeigt, auch das mit der x-Achse den Winkel β bildende Biegungsmoment M ebenso wie die Kraft P in die beiden Komponenten M_x und M_y zerlegen kann.

a) Die Lage der neutralen Achse.

1. Würde das Moment M_x den Querschnitt allein beanspruchen, so würde die y-Achse die neutrale Achse darstellen, wobei das oberhalb liegende Material des Querschnittes auf Zug ($+$), das unterhalb liegende auf Druck ($-$) beansprucht wird.

2. Für M_y, als das allein wirkende Moment, bildet die x-Achse die neutrale Achse und das oberhalb derselben liegende Material wird auf Zug ($+$), das unterhalb liegende auf Druck ($-$) in Anspruch genommen.

3. Wirken dagegen, wie es im vorliegenden Falle zutrifft, beide Momente gleichzeitig auf den Querschnitt ein, so lassen die in Fig. 18c angegebenen Vorzeichen erkennen, daß der obere Querschnittsteil C nur auf Zug, der untere Teil D dagegen nur auf Druck, während die beiden links und rechts gelegenen Teile E und F gleichzeitig auf Zug und Druck beansprucht werden, was nur dann möglich sein kann, wenn die neutrale Achse N N durch die beiden Felder hindurchgeht. Damit ist nun aber die Lage der genannten Achse festgelegt; sie bilde mit der x-Achse den Winkel α_0, der sich dann auf folgende Weise bestimmen läßt.

Für ein beliebiges in Fig. 18c dargestelltes Querschnittselement f, das von der neutralen Achse den Abstand η, von den beiden Hauptachsen x y aber die Entfernungen y und x hat, erhält man nach der im § 14, 3 der Einführung aufgeführten Gleichung 59

$$\varrho = \frac{e}{\alpha\,k_b}, \text{ woraus } k_b = \frac{e}{\alpha\varrho} \text{ folgt,}$$

den Spannungswert σ aus

$$\sigma = \frac{\eta}{\alpha\varrho} = \frac{1}{\alpha\varrho}\,\eta,$$

sofern für k_b und e die Werte σ und η gesetzt werden.

Wird nun nach § 6, 1 der Wert η durch „$y \cos \alpha_0 - x \sin \alpha_0$" ersetzt, so beträgt die Spannung

$$\sigma = \frac{1}{\alpha\varrho}\,(y\cos\alpha_0 - x\sin\alpha_0),$$

die oberhalb der neutralen Achse positiv, unterhalb dagegen negativ ist.

Nach den Ausführungen im § 14, 1 der Einführung ergeben sich dann die Momente der inneren Kräfte für die beiden Hauptachsen x y zu

$$1.\quad M_x = -\Sigma px = -\Sigma f\sigma\,.\,x = -\Sigma f\,\frac{y\cos\alpha_0 - x\sin\alpha_0}{\alpha\varrho}\,x$$

$$\text{,,}\quad = -\frac{1}{\alpha\varrho}\Sigma f\,(y\cos\alpha_0 - x\sin\alpha_0)\,x$$

$$\text{,,}\quad = -\frac{1}{\alpha\varrho}\,(\Sigma fy\cos\alpha_0\,.\,x - \Sigma fx\sin\alpha_0\,.\,x)$$

$$\text{,,}\quad = -\frac{\cos\alpha_0}{\alpha\varrho}\Sigma fxy + \frac{\sin\alpha_0}{\alpha\varrho}\Sigma fx^2 = \frac{\sin\alpha_0}{\alpha\varrho}\,\Theta_y - \frac{\cos\alpha_0}{\alpha\varrho}\,\Delta_{xy},$$

$$2.\quad M_y = +\Sigma py = \Sigma f\sigma\,.\,y = \Sigma f\,\frac{y\cos\alpha_0 - x\sin\alpha_0}{\alpha\varrho}\,y$$

$$\text{,,}\quad = \frac{1}{\alpha\varrho}\Sigma f\,(y\cos\alpha_0 - x\sin\alpha_0)\,y = \frac{1}{\alpha\varrho}\,(\Sigma fy\cos\alpha_0\,.\,y - \Sigma fx\sin\alpha_0\,.\,y)$$

$$\text{,,}\quad = \frac{\cos\alpha_0}{\alpha\varrho}\Sigma fy^2 - \frac{\sin\alpha_0}{\alpha\varrho}\Sigma fxy = \frac{\cos\alpha_0}{\alpha\varrho}\,\Theta_x - \frac{\sin\alpha_0}{\alpha\varrho}\,\Delta_{xy}.$$

Da aber nach dem im § 6 Gesagten die Zentrifugal- oder Deviationsmomente für die Hauptachsen den Wert Null haben, so vereinfachen sich die vorgenannten Momente zu

$$1.\quad M_x = \frac{\sin\alpha_0}{\alpha\varrho}\,\Theta_y,$$

$$2.\quad M_y = \frac{\cos\alpha_0}{\alpha\varrho}\,\Theta_x.$$

Die Division beider Momente liefert mit Bezugnahme auf Fig. 18c

$$\frac{M_x}{M_y} = \frac{\dfrac{\sin\alpha_0}{\alpha\varrho}\,\Theta_y}{\dfrac{\cos\alpha_0}{\alpha\varrho}\,\Theta_x} = \frac{\sin\alpha_0}{\cos\alpha_0}\,.\,\frac{\Theta_y}{\Theta_x} = \operatorname{tg}\alpha_0\,\frac{\Theta_y}{\Theta_x},$$

und da $\dfrac{M_x}{M_y} = \operatorname{cotg}\beta$ ist,

so ist $\operatorname{cotg}\beta = \dfrac{\Theta_y}{\Theta_x}\,\operatorname{tg}\alpha_0$

$$\text{oder}\quad \operatorname{tg}\alpha_0 = \frac{\Theta_x}{\Theta_y}\,\operatorname{cotg}\beta, \quad . \quad . \quad . \quad . \quad . \quad . \quad 28$$

womit für jedes beliebig gerichtete Gesamtmoment, d. h. für jeden schiefen Belastungsfall, die genaue Lage der neutralen Achse bestimmt ist.

b) Die größte Materialspannung.

Wie bereits vorher gesagt, sonst aber auch aus Fig. 18 c zu ersehen ist, wird der Querschnitt oberhalb der neutralen Achse auf Zug, unterhalb auf Druck beansprucht.

Die auf beiden Seiten der Nullinie NN liegenden Querschnittselemente werden entsprechend ihren Abständen von der Achse NN verschieden beansprucht; die von Null anfangenden Spannungen erreichen ihren größten Wert in den äußersten Fasern C und D des Querschnittes. An diesen Stellen addieren sich einfach die größten Zug- bezw. Druckspannungen, welche durch die in den Hauptachsen wirkenden Momente

$$M_x = M \cos \beta \quad \text{und} \quad M_y = M \sin \beta$$

erzeugt worden sind.

Die Einzelspannungen erhält man aus

$$1. \ M_x = W_y \, \sigma_y \ \text{zu} \ \sigma_y = \frac{M_x}{W_y} = \frac{M \cos \beta}{\dfrac{\Theta_y}{x}} = \frac{M \cos \beta}{\Theta_y} x,$$

$$2. \ M_y = W_x \, \sigma_x \ \text{,,} \ \sigma_x = \frac{M_y}{W_x} = \frac{M \sin \beta}{\dfrac{\Theta_x}{y}} = \frac{M \sin \beta}{\Theta_x} y,$$

deren Summe dann die Gesamtspannung

$$\sigma = \sigma_x + \sigma_y = \frac{M \sin \beta}{\Theta_x} y + \frac{M \cos \beta}{\Theta_y} x \ . \ . \ . \ . \ . \ 29$$

bildet.

Mit bezug auf Fig. 18 c erhält man die größte Spannung

$$\sigma_{max} = \frac{M \sin \beta}{\Theta_x} e_h + \frac{M \cos \beta}{\Theta_y} e_b$$

$$\text{,,} \ = M \left(\frac{\sin \beta}{\Theta_x} e_h + \frac{\cos \beta}{\Theta_y} e_b \right). \ \ . \ . \ . \ . \ . \ 30$$

Wird in der letzten Gleichung $\beta = 0^0$, 90^0, 180^0 etc., so erhält man wieder die im § 14, 1 der Einführung, für den einfachen Biegungsfall aufgestellte Gleichung 58.

Beispiel. Führt man in die Gleichung 30 die Abmessungen des in Fig. 18 vorliegenden rechteckigen Querschnittes, nämlich

$$\Theta_y = \frac{h\,b^3}{12}$$

$$\Theta_x = \frac{b\,h^3}{12},$$

$$e_b = \frac{b}{2}$$

ınd

$$e_h = \frac{h}{2}$$

ıin, so ist

$$\sigma_{max} = M\left(\frac{\sin\beta}{\frac{bh^3}{12}} \cdot \frac{h}{2} + \frac{\cos\beta}{\frac{hb^3}{12}} \cdot \frac{b}{2}\right)$$

$$\text{,,} \quad = M\left(\frac{6\sin\beta}{bh^2} + \frac{6\cos\beta}{hb^2}\right)$$

$$\text{,,} \quad = \frac{6M}{b^2h^2}(b\sin\beta + h\cos\beta).$$

Fig. 19.

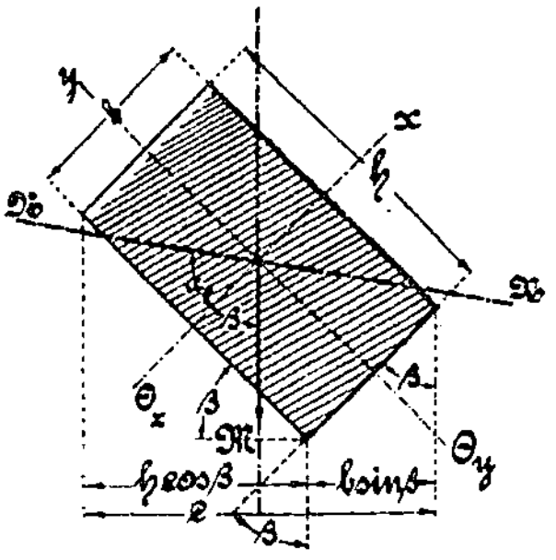

Da der Klammerwert die aus Fig. 19 ersichtliche Horizontalprojektion des Querschnittes darstellt, so ergibt sich die größte Spannung

$$\sigma_{max} = \frac{6Mc}{b^2h^2}.$$

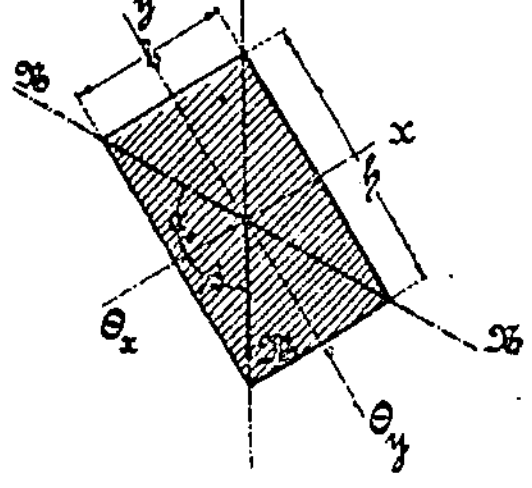

Die Lage der neutralen Achse NN ist bestimmt durch die Gleichung 28

$$\operatorname{tg}\alpha_0 = \frac{\Theta_x}{\Theta_y}\operatorname{cotg}\beta = \frac{\frac{bh^3}{12}}{\frac{hb^3}{12}}\operatorname{cotg}\beta = \frac{h^2}{b^2}\operatorname{cotg}\beta.$$

NB. Liegt der Fall vor, daß das resultierende Biegungsmoment M, wie Fig. 20 zeigt, mit der Richtung der einen Diagonale des Querschnittes zusammenfällt, so ist

$$\operatorname{tg}\alpha_0 = \frac{h^2}{b^2}\operatorname{cotg}\beta = \frac{h^2}{b^2}\frac{\frac{b}{2}}{\frac{h}{2}} = \frac{h^2 b}{b^2 h} = \frac{h}{b},$$

womit gesagt wird, daß die neutrale Achse NN mit der zweiten Diagonale zusammenfällt.

Fig. 20.

c) Die Zentralellipse.

Nach den Ausführungen des § 7, b läßt sich auch im vorliegenden schiefen Belastungsfalle die Zentralellipse konstruieren.

Führt man z. B. in die Gleichung 28 die Werte

$$a = \sqrt{\frac{1}{\Theta_x}} \quad \text{oder} \quad \Theta_x = \frac{1}{a^2},$$

$$b = \sqrt{\frac{1}{\Theta_y}} \quad \text{,,} \quad \Theta_y = \frac{1}{b^2}$$

ein und bezeichnet sie als die Halbmesser oder die Halbachsen der Ellipse, so erhält man die Gleichung

$$\operatorname{tg} \alpha_0 = \frac{\Theta_x}{\Theta_y} \operatorname{cotg} \beta = \frac{\dfrac{1}{a^2}}{\dfrac{1}{b^2}} \operatorname{cotg} \beta = \frac{b^2}{a^2} \operatorname{cotg} \beta,$$

die nach einem Satze der analytischen Geometrie tatsächlich die **Mittel punktsgleichung einer Ellipse** darstellt.

Um die Zentralellipse für den in Fig. 18 und 19 angegebenen rechteckigen Querschnitt zu erhalten, verzeichne man zunächst die beiden Hauptachsen x y des Querschnittes als Koordinaten eines rechtwinkligen Achsenkreuzes. Hierauf bestimme man aus den Haupt- trägheitsmomenten Θ_x und Θ_y die Trägheitshalbmesser

$$a = \sqrt{\frac{\Theta_y}{F}} \quad \text{und} \quad b = \sqrt{\frac{\Theta_x}{F}}$$

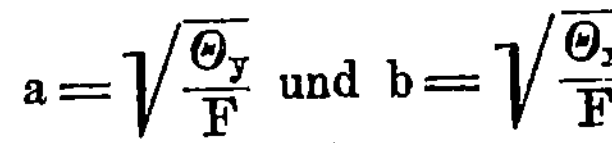

und trage sie auf den entsprechenden Koordinaten auf. Über diesen Achsen konstruiere man dann nach bekannten Regeln die Ellipse.

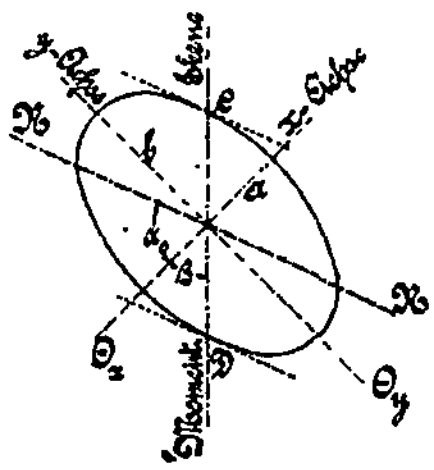

Träget man nun unter dem von vornherein gegebenen Winkel β die Richtung des resultierenden Biegungsmomentes (die Momentenebene) auf, welche die Ellipse in den Punkten C und D schneidet, so ergibt sich die Nullinie N N als die Parallele zu den in C und D errichteten Tangenten.

Die Linie N N nennt man den konjugierten Durchmesser von C D, d. h. der Durchmesser N N halbiert sämtliche Sehnen der Ellipse, die mit dem Durchmesser C D gleiche Richtung haben, und umgekehrt halbiert der Durchmesser C D alle mit N N gleichlaufenden Sehnen.

Auf andere Weise kann man auch aus Gleichung 28 den Winkel α_0 feststellen, womit dann ebenfalls die neutrale Achse N N bestimmt ist.

Im übrigen kann man auch für die letztere Achse das Trägheitsmoment nach der im § 7, b aufgeführten Gleichung 25 finden.

Fig. 21.

Dritter Abschnitt.

§ 9. Exzentrische Zug- oder Druckbelastung. Kernfläche.

1. Die exzentrische Belastung.

Wird ein beliebiger Querschnitt außerhalb der geometrischen Achse belastet, wie es beispielsweise bei den Grundplatten der freistehenden Krane und bei mehr oder weniger einseitig belasteten Säulen, insbesondere aber bei den Unterstützungen im Mauerwerk beliebig belasteter Freiträger der Fall ist (vergl. Beispiel 55 der Einführung), und liegt der Angriffspunkt der Last P, wie Fig. 22 b zeigt, in einer Hauptachse, so wird der Querschnitt nach Fig. 22 c neben Biegung auch noch auf Druck, im umgekehrten Falle der Kraftrichtung aber auf Zug beansprucht, denn man kann sich. im Schwerpunkte S des Querschnittes zwei neue Kräfte angebracht bezw. wirkend denken, die der im Punkt A angreifenden gegebenen Last P parallel gerichtet und gleich groß sind.

Das mit entgegengesetzten Pfeilen versehene Kräftepaar liefert das Biegungsmoment „$M_b =$ $P \cdot \lambda$“, während die übrigbleibende dritte Kraft P den Querschnitt auf Druck beansprucht und im Materiale eine in Fig. 22 d bildlich dargestellte, gleichmäßig verteilte Druckspannung σ_d hervorruft.

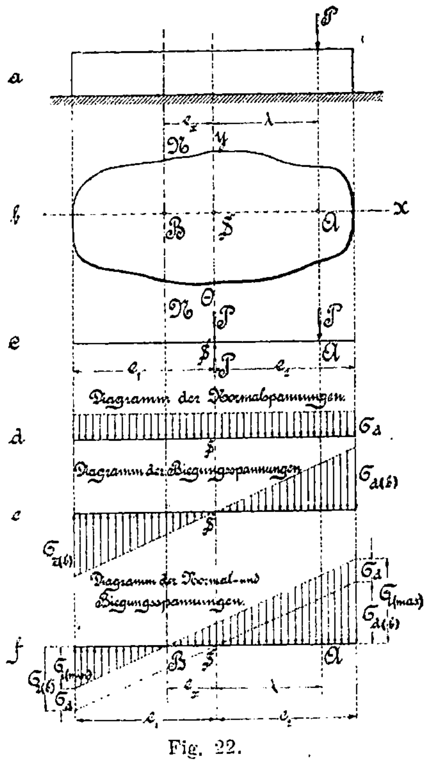

Fig. 22.

Das allein wirkende Biegungsmoment M_b erzeugt auf der Lastseite oder rechts der durch den Schwerpunkt gehenden neutralen Achse Druckspannungen, auf der linken Seite dagegen Zugspannungen, wie es die in Fig. 22 e dargestellte Spannungsverteilung zeigt.

Da nun im vorliegenden Belastungsfalle die genannten Normal- und Biegungsspannungen gleichzeitig auftreten, so braucht man nur die in Fig. 22d und 22e aufgeführten Diagramme zu vereinigen, was in Fig. 22f geschehen ist.

Aus dem letzten Bilde ist zu erkennen, daß sich die neutrale Achse NN aus dem Schwerpunkt S nach B, also um die Strecke e_x, verschoben hat. Diese Verschiebung ist abhängig vom Abstande λ des Angriffspunktes A der Last P bis zum Schwerpunkte S des Querschnittes.

Die Abhängigkeit zeigt am einfachsten folgende Betrachtung, bei der die Biegungsspannung auf der Zug- und Druckseite kurzweg mit σ_b, die Normalspannung mit σ bezeichnet werden soll.

Aus den in Fig. 22f schraffierten Dreiecken folgt

$$\sigma : \sigma_b = e_x : e,$$

$$e_x = e\,\frac{\sigma}{\sigma_b}. \qquad . \quad . \quad . \quad . \quad . \quad . \quad . \quad 31$$

Nach der im § 14, 1 der Einführung aufgeführten Gleichung 58 ist

$$M_b = \frac{\Theta}{e}\,\sigma_b \quad \text{oder} \quad \sigma_b = \frac{M_b\,e}{\Theta},$$

und nach § 2 daselbst

$$P = f\sigma \quad \text{oder} \quad \sigma = \frac{P}{f}.$$

Die beiden Spannungswerte oben eingesetzt, gibt die Verschiebung

$$e_x = e\,\frac{\dfrac{P}{f}}{\dfrac{M_b\,e}{\Theta}} = \frac{P\Theta}{f\,.\,M_b} = \frac{P\Theta}{f\,.\,P\lambda} = \frac{\Theta}{f\lambda}, \qquad . \quad . \quad . \quad . \quad 32$$

die

1. für $\lambda = 0$ den Wert $e_x = \infty$,
2. „ $\lambda = \infty$ „ „ $e_x = 0$

liefert, woraus die Tatsache folgt, daß

1. für relativ kleine Werte von λ (vergl. Fig. 23a) die neutrale Achse außerhalb des Querschnittes fällt, wobei letzterer nur Zug oder Druck auszuhalten hat,
2. für verhältnismäßig große Werte von λ die Lage der neutralen Achse innerhalb des Querschnittes liegt, wobei gleichzeitig Zug und Druck auftritt (vergl. Fig. 23b) und daß
3. die neutrale Achse mit der Querschnittsgrenze zusammenfällt, wenn die Verschiebung e_x gleich dem Faserabstande e auf der entsprechenden Seite des Querschnittes, also „$e_x = e$“, ist (vergl. Fig. 23c). In diesem Falle wird der Querschnitt nur einerlei Spannungen ausgesetzt, worauf bei der Verwendung mancher

Materialien besonders zu achten ist. Mauerwerk z. B. sollte man immer nur auf Druck beanspruchen, da es gegen Zug fast widerstandslos ist.

Aus den Spannungs-
diagrammen der Fig. 23 ergibt sich ohne weiteres die
zusammengesetzte, größte
und kleinste Spannung σ_i aus

$$\sigma_i = -(\sigma \pm \sigma_b), \quad . \ 33$$

worin das Vorzeichen $+$ für die rechte Seite, — dagegen für die linke Seite des Querschnittes Geltung hat.

In der Mitte des Querschnittes tritt immer die Normalspannung σ auf.

NB. Trifft die Ebene des Biegungsmomentes nicht eine Hauptachse des Querschnittes, d. h. liegt der Angriffspunkt A der Last

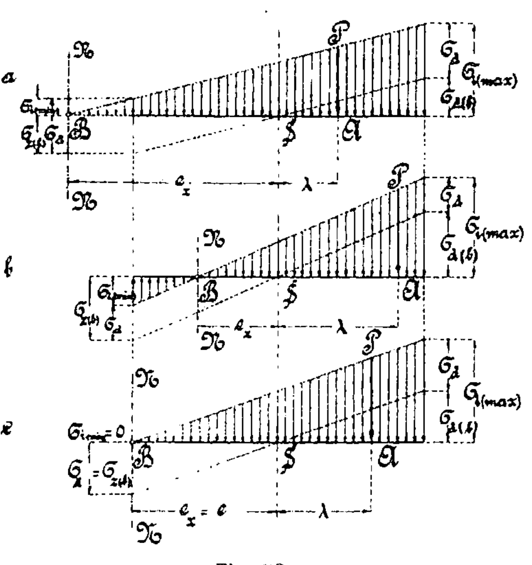

Fig. 23.

P auf keiner Hauptachse, so liegt ein Fall schiefer Belastung vor. Hierbei hat man das unter § 8 Gesagte mit zu berücksichtigen.

2. Die Kernfläche.

Wie im vorhergehenden Abschnitte bereits gesagt worden ist, hängt der vom Schwerpunkt S des Querschnittes aus gemessene Abstand e_x der spannungslosen oder neutralen Achse N N von der Außermittelstellung oder Exzentrizität λ der den Querschnitt beanspruchenden Normalkraft P ab.

Bei mehrfachen Belastungen gilt die resultierende Kraft als angreifende Kraft.

In der Gleichung 32

$$e_x = \frac{\Theta}{f \lambda}$$

$$\text{oder} \quad e_x . \lambda = \frac{\Theta}{f} = r^2 ,$$

bezeichnet r den im § 7 Abs. b, 2 genannten Trägheitshalbmesser oder, was dasselbe ist, den quadratischen Mittelwert der Abstände aller Flächenelemente des Querschnittes von der Schwerpunktsachse.

Die Gleichung erinnert an das der analytischen Geometrie angehörende, der Weitläufigkeit halber aber hier nicht näher begründete Doppelverhältnis zwischen P o l und P o l a r e , nach dem die aus Fig. 24 a zu ersehenden 4 Punkte Q_1, B, Q_2, A eine harmonische Punktgruppe bilden, in der die Punkte Q_1 Q_2 und B A einander zugeordnet sind.

Für diese Punkte besteht die Proportion

$$\overline{Q_1 B} : \overline{B Q_2} = \overline{Q_1 A} : \overline{Q_2 A},$$

woraus unter Einführung des Halbmessers $\overline{Q_1 S} = r$ das zwischen Pol und Polare bestehende Gesetz

$$\overline{BS} . \overline{AS} = \overline{Q_1 S}^2$$
$$\text{oder } e_x . \lambda = r^2 \quad . \quad . \quad . \quad . \quad . \quad . \quad . \quad . \quad \textbf{34}$$

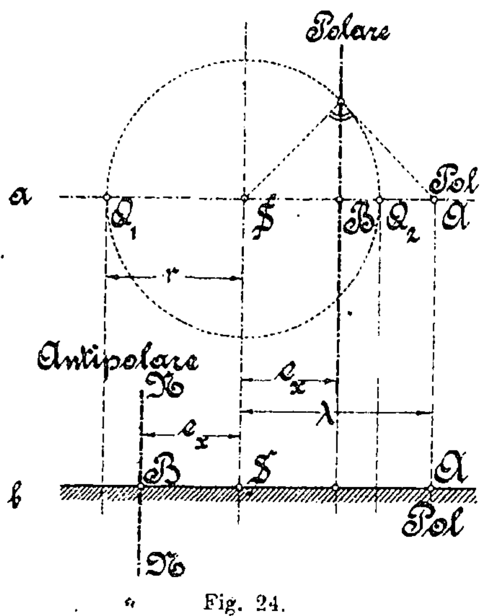

Fig. 24.

folgt, das mit der vorgenannten Gleichung 32 samt der zugehörigen Fig. 24 b in den absoluten Werten vollständig übereinstimmt. Verschieden ist nur die Lage des Punktes B, der in Fig. 24 a um die Strecke e_x rechts von dem Punkte S liegt, während er in Fig. 24 b um die gleiche Strecke links von S zu finden ist.

In der ersten Figur heißen die Punkte A und B einander zugeordnete Pole in bezug auf den Kreis vom Radius r, im letzten Bilde nennt man den diametral gelegenen Punkt B den Antipol, und die neutrale Achse N N die Antipolare des Poles A.

Charakteristisch ist die Bewegung der Polaren um den festliegenden Punkt, sofern sich der zugehörige Pol A längs einer Geraden bewegt, die in A senkrecht auf $\overline{AB}$ steht und umgekehrt.

Durchläuft andererseits der Punkt A einen gegebenen Streckenzug oder eine begrenzte Figur, so umhüllt seine sich mitbewegende Polare eine andere ebenfalls begrenzte Figur und zwar entspricht jeder Seite der Grundfigur ein Eckpunkt der erzeugten, bezw. jedem Eckpunkte der ersten Figur eine Seite der zweiten und umgekehrt.

Für die Praxis ist nur der Fall von Interesse, wo die Polare N N den beliebig vorliegenden Querschnitt tangiert (vergl. Fig. 23 c); der zugeordnete Angriffspunkt oder Pol A beschreibt hierbei für alle Lagen der

Polaren eine begrenzte Figur, deren Fläche man als **Kern oder Kernfläche** des Querschnittes bezeichnet.

So lange also der Angriffspunkt A in dieser Fläche bleibt, so lange
tritt auch die neutrale Achse N N nicht in den Querschnitt ein, der hierbei nur auf Zug oder auf Druck beansprucht wird. Es ist deshalb bei
solchen Materialien, die nur einerlei Spannung vertragen oder ausgesetzt
werden sollen, die Kernfläche von Wichtigkeit.

§ 10. Bestimmung des Kernes einiger Querschnitte.

Die Ermittlung des Kernes eines beliebigen Querschnittes kann mit
Hilfe der Gleichung 32 bezw. 34 analytisch und graphisch erfolgen.

Bei einfachen Querschnitten, z. B. beim Kreis, Rechteck und Dreieck, ferner bei allen regelmäßigen Polygonen, ist die Rechnung so einfach,
daß es immer zweckmäßig ist, diesen Weg einzuschlagen, bei den übrigen
Querschnitten dagegen führt zumeist das zeichnerische Verfahren schneller
zum Ziele.

Zur Konstruktion benutzt man

1. nach M o h r , den Haupt- und Trägheitshalbmesser und

2. nach R. L a n d , den Trägheitskreis.

Im folgenden seien einige Kernbestimmungen analytisch durchgeführt.

a) Mit Hilfe des Gesetzes zwischen Pol und Polare.

1. Für den Kreisquerschnitt.

Da der in Fig. 25 vorgelegte Querschnitt einen Kreisbogen zum
Umriß hat und jedem Punkte B der den Kreis umhüllenden, tangierenden
Polaren oder neutralen Achse N N ein Pol A ent-
spricht, so müssen auch alle Punkte A auf einem
Kreise liegen, der den Radius λ hat.

Nach Gleichung 32 erhält man

$$e_x \cdot \lambda = \frac{\Theta}{f}, \text{ worin } \Theta = \frac{d^4 \pi}{64} = \frac{r^4 \pi}{4},$$

$$f = \frac{d^2 \pi}{4} = r^2 \pi$$

und $e_x = r$ ist.

Der Radius λ des Kernes beträgt dann

$$\lambda = \frac{\Theta}{f \cdot e_x} = \frac{\frac{r^4 \pi}{4}}{r^2 \pi \cdot r} = \frac{r}{4} = \frac{1}{4} r.$$

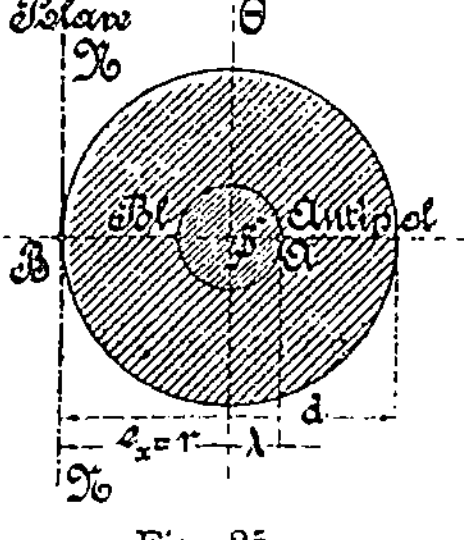

Fig. 25.

2. Für den Kreisringquerschnitt.

Auch für den in Fig. 26 vorliegenden Querschnitt ist der Kern eine Kreisfläche, dessen Radius λ sich ebenfalls aus Gleichung 32 bestimmen läßt.

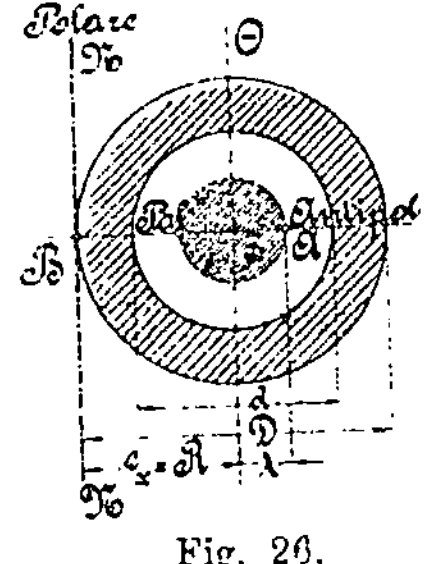

Fig. 26.

Er beträgt

$$e_x . \lambda = \frac{\Theta}{f}, \quad \text{worin} \quad \Theta = (D^4 - d^4)\frac{\pi}{64} = (R^4 - r^4)\frac{\pi}{4},$$

$$f = (D^2 - d^2)\frac{\pi}{4} = (R^2 - r^2)\pi$$

und $e_x = R$ ist.

$$\lambda = \frac{\Theta}{f . e_x} = \frac{(R^4 - r^4)\frac{\pi}{4}}{(R^2 - r^2)\pi . R} = \frac{R^2 + r^2}{4 R}$$

3. Für das Quadrat.

Da nach § 9, 2 jeder Ecke des Querschnittes eine gerade Linie des Kernes entspricht und umgekehrt, jeder Seite des Quadrates eine Ecke des Kernes zugehört, so muß die Kernfläche wieder ein Quadrat sein.

Nach Gleichung 32 erhält man dann die aus der Fig. 27 ersichtlichen Abstände λ_1 und λ_2 aus

$$e_{x1} . \lambda_1 = \frac{\Theta_1}{f}$$

und

$$e_{x2} . \lambda_2 = \frac{\Theta_2}{f}, \quad \text{worin} \quad \Theta_1 = \Theta_2 = \frac{a^4}{12},$$

$$f = a^2,$$

$$e_{x1} = \frac{a}{2}$$

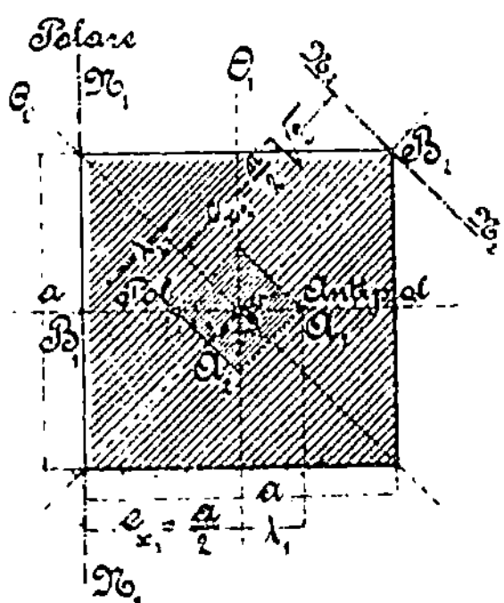

Fig. 27.

und

$$e_{x2} = \sqrt{2\left(\frac{a}{2}\right)^2} = \frac{a}{2}\sqrt{2} \text{ ist.}$$

Damit erhält man

$$\lambda_1 = \frac{\Theta}{f . e_{x1}} = \frac{\frac{a^4}{12}}{a^2 . \frac{a}{2}} = \frac{a}{6} = 0,1667\,a$$

und

$$\lambda_2 = \frac{\Theta}{f . e_{x2}} = \frac{\frac{a^4}{12}}{a^2 . \frac{a\sqrt{2}}{2}} = \frac{a}{6\sqrt{2}} = 0,1179\,a.$$

4a. Für das Rechteck.

Der rechteckigen Grundfigur entsprechend wird die Kernfläche ein verschobenes Parallelogramm, zu deren Festlegung die beiden aus Fig. 28 ersichtlichen, in die Hauptachsen fallenden Abstände λ_1 und λ_2 genügen.

Dieselben ergeben sich nach Gleichung 32 zu

$$e_{x1} \cdot \lambda_1 = \frac{\Theta_1}{f}$$

und
$$e_{x2} \cdot \lambda_2 = \frac{\Theta_2}{f}, \quad \text{wo für} \quad \Theta_1 = \frac{b a^3}{12},$$

$$\Theta_2 = \frac{a b^3}{12},$$

$$f = ab,$$

$$e_{x1} = \frac{a}{2},$$

und
$$e_{x2} = \frac{b}{2}$$

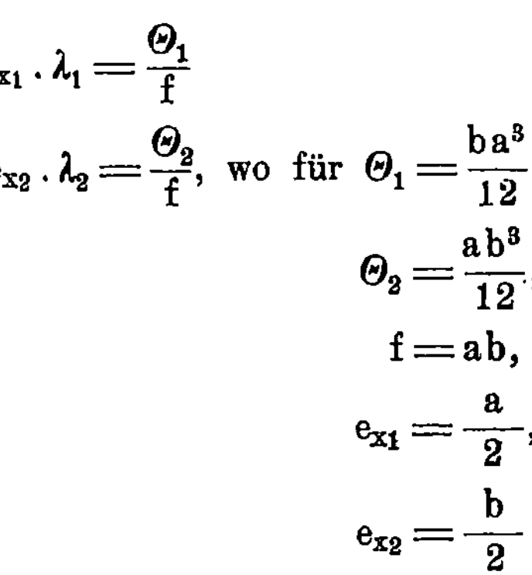
Fig. 28.

zu setzen ist. Damit ergeben sich nun die gesuchten Abstände

$$\lambda_1 = \frac{\Theta_1}{f \cdot e_{x1}} = \frac{\dfrac{b a^3}{12}}{ab \cdot \dfrac{a}{2}} = \frac{a}{6} = 0,1667\,a$$

und
$$\lambda_2 = \frac{\Theta_2}{f \cdot e_{x2}} = \frac{\dfrac{a b^3}{12}}{ab \cdot \dfrac{b}{2}} = \frac{b}{6} = 0,1667\,b.$$

NB. Im übrigen kann man ebenso einfach für die Diagonalrichtung oder auch für jede beliebige andere Richtung den zugehörigen Abstand λ ermitteln. Man hat nur immer darauf zu achten, daß die Richtung von λ oder e_x senkrecht auf der entsprechenden umhüllenden Polaren NN stehen muß.

So ist z. B. der unter dem beliebigen Winkel α gegenüber der x-Achse zu messende Abstand λ für den aus Fig. 29 ersichtlichen Angriffs- oder Grenzpunkt A des Kernes

$$\lambda \cdot e_x = \frac{\Theta}{f}$$

oder
$$\lambda = \frac{\Theta}{f \cdot e_x}.$$

Hierin bedeutet

$$f = ab,$$

$$e_x = \overline{SB'} \cdot \cos\beta$$

und nach der im § 6 aufgeführten Gleichung 21

$$\Theta = \Theta_x \sin^2\alpha + \Theta_y \cos^2\alpha.$$

Der Hilfswinkel β ergibt sich aus der trigonometrischen Gleichung

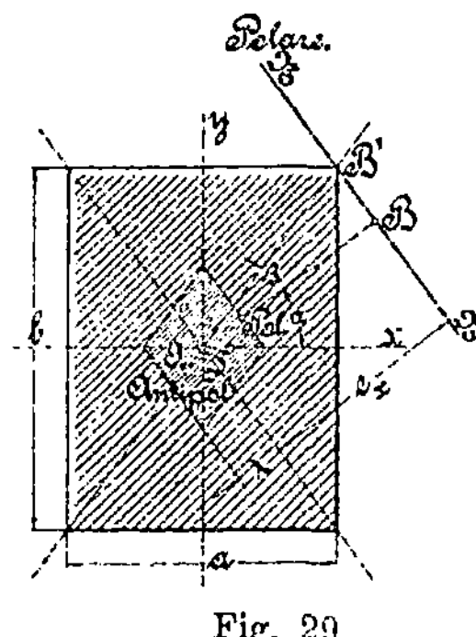

Fig. 29.

woraus dann

$$1. \quad \operatorname{tg}(\alpha + \beta) = \frac{\operatorname{tg}\alpha + \operatorname{tg}\beta}{1 - \operatorname{tg}\alpha \operatorname{tg}\beta} \;{}^{1)}$$

und nach Fig. 29

$$2. \quad \operatorname{tg}(\alpha + \beta) = \frac{\dfrac{b}{2}}{\dfrac{a}{2}} = \frac{b}{a}$$

durch Gleichsetzen der rechten Seiten der Gleichungen zu

$$\frac{\operatorname{tg}\alpha + \operatorname{tg}\beta}{1 - \operatorname{tg}\alpha \operatorname{tg}\beta} = \frac{b}{a},$$

$$\operatorname{tg}\alpha + \operatorname{tg}\beta = \frac{b}{a}(1 - \operatorname{tg}\alpha \operatorname{tg}\beta)$$

$$\text{''} \quad = \frac{b}{a} - \frac{b}{a}\operatorname{tg}\alpha \operatorname{tg}\beta,$$

$$\operatorname{tg}\beta + \frac{b}{a}\operatorname{tg}\alpha \operatorname{tg}\beta = \frac{b}{a} - \operatorname{tg}\alpha,$$

$$\operatorname{tg}\beta\left(1 + \frac{b}{a}\operatorname{tg}\alpha\right) = \quad \text{''}$$

$$\operatorname{tg}\beta \frac{a + b\operatorname{tg}\alpha}{a} = \frac{b - a\operatorname{tg}\alpha}{a},$$

${}^{1)}$ Nach der im § 29 angeführten Bemerkung 4 und 2 ist
$$\sin(\alpha + \beta) = \sin\alpha \cos\beta + \cos\alpha \sin\beta,$$
$$\cos(\alpha + \beta) = \cos\alpha \cos\beta - \sin\alpha \sin\beta.$$
Beide Gleichungen dividiert, gibt
$$\operatorname{tg}(\alpha + \beta) = \frac{\sin\alpha \cos\beta + \cos\alpha \sin\beta}{\cos\alpha \cos\beta - \sin\alpha \sin\beta}.$$
Den Zähler und Nenner mit $\cos\alpha \cos\beta$ dividiert, liefert
$$\operatorname{tg}(\alpha + \beta) = \frac{\dfrac{\sin\alpha \cos\beta}{\cos\alpha \cos\beta} + \dfrac{\cos\alpha \sin\beta}{\cos\alpha \cos\beta}}{\dfrac{\cos\alpha \cos\beta}{\cos\alpha \cos\beta} - \dfrac{\sin\alpha \sin\beta}{\cos\alpha \cos\beta}}$$
$$= \frac{\operatorname{tg}\alpha + \operatorname{tg}\beta}{1 - \operatorname{tg}\alpha \operatorname{tg}\beta}.$$

$$\operatorname{tg}\beta\,(\mathrm{a}+\mathrm{b}\operatorname{tg}\alpha)=\mathrm{b}-\mathrm{a}\operatorname{tg}\alpha,$$

$$\operatorname{tg}\beta=\frac{\mathrm{b}-\mathrm{a}\operatorname{tg}\alpha}{\mathrm{a}+\mathrm{b}\operatorname{tg}\alpha}$$

folgt.

b) Mit Hilfe der Zentralellipse.

4b. Für das Rechteck.

Nach den Ausführungen des § 7, Abs. b konstruiere man zunächst die Zentralellipse, indem man die in die beiden Hauptachsenrichtungen fallenden Trägheitsradien

$$r_1=\sqrt{\frac{\Theta_1}{f}}=\sqrt{\frac{\dfrac{\mathrm{b}\,\mathrm{a}^3}{12}}{\mathrm{a}\,\mathrm{b}}}=\sqrt{\frac{\mathrm{a}^2}{12}}=\frac{1}{\sqrt{12}}\,\mathrm{a}=0{,}289\,\mathrm{a}$$

und

$$r_2=\sqrt{\frac{\Theta_2}{f}}=\sqrt{\frac{\dfrac{\mathrm{a}\,\mathrm{b}^3}{12}}{\mathrm{a}\,\mathrm{b}}}=\sqrt{\frac{\mathrm{b}^2}{12}}=\frac{1}{\sqrt{12}}\,\mathrm{b}=0{,}289\,\mathrm{b}$$

als Halbachsen der aus Fig. 30 ersichtlichen Ellipse aufträgt und darüber die Zentralellipse in bekannter Weise aufzeichnet. Hierauf kann man mit Hilfe der Gleichung 34 bezw. 32

$$e_x\cdot\lambda_x=r^2,\quad\text{worin}\ r^2=\frac{\Theta}{f}\ \text{ist,}$$

den vom Schwerpunkt S des Querschnittes aus gemessenen Abstand λ_x für sämtliche Kernpunkte A bestimmen.

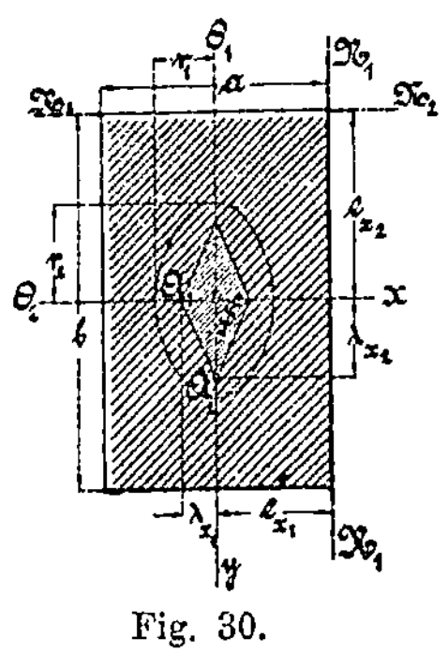

Fig. 30.

Die Strecke ϵ_x ist hierbei immer der lotrechte Abstand der Polaren oder Nullinie N N, die den gesuchten Kernpunkt A zum Antipol hat.

Unter r ist stets der Trägheitshalbmesser verstanden, der mit e_x und λ_x gleiche Richtung hat.

Wie bereits unter Abschnitt a gesagt, genügt es vollständig, die auf den Hauptachsen liegenden Kernpunkte A_1 und A_2 festzulegen; sie sind bestimmt durch

$$1.\ \lambda_{x1}\cdot e_{x1}=r_1{}^2,$$

$$\lambda_{x1}=\frac{r_1{}^2}{e_{x1}}=\frac{\dfrac{\mathrm{a}^2}{12}}{\dfrac{\mathrm{a}}{2}}=\frac{\mathrm{a}}{6}$$

und

$$2.\ \lambda_{x2} \cdot e_{x2} = r_2{}^2,$$

$$\lambda_{x2} = \frac{r_2{}^2}{e_{x2}} = \frac{\dfrac{b^2}{12}}{\dfrac{b}{2}} = \frac{b}{6}.$$

5. Für das gleichschenklige Dreieck.

Auch hier in Fig. 31 muß die Kernfläche eine der Grundfigur ähnliche Figur sein. Für die Polare oder neutrale Achse $N_1 N_1$ findet man den Antipol A_1 bezw. den Abstand λ_1 nach der Gleichung 32.

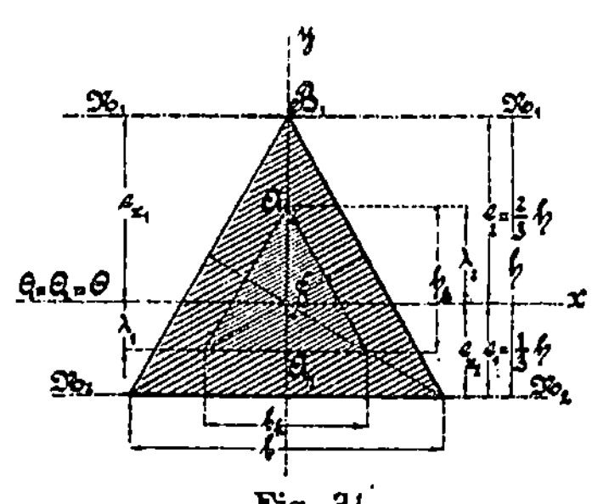

Fig. 31.

$$\lambda_1 \cdot e_{x1} = \frac{\Theta_1}{f},$$

$$\lambda_1 = \frac{\Theta_1}{f \cdot e_{x1}}, \quad \text{worin } \Theta_1 = \Theta = \frac{b\,h^3}{36},$$

$$f = \frac{b\,h}{2}$$

$$\text{und } e_{x1} = \frac{2\,h}{3}$$

beträgt.

Die Werte eingesetzt, liefert

$$\lambda_1 = \frac{\dfrac{b\,h^3}{36}}{\dfrac{b\,h}{2} \cdot \dfrac{2}{3}\,h} = \frac{h}{12} = \frac{1}{12}\,h.$$

In diesem Abstande wird die Kernfläche von einer Geraden begrenzt, die zur Grundlinie b oder Hauptachse x bezw. zu der neutralen Achse $N_1 N_1$ parallel läuft.

Für die mit der Grundlinie b zusammenfallende Polare oder neutrale Achse $N_2 N_2$ erhält man nach derselben Gleichung 32 den Antipol A_2 bezw. den Abstand λ_2 zu

$$e_{x2} \cdot \lambda_2 = \frac{\Theta_2}{f},$$

$$\lambda_2 = \frac{\Theta_2}{f \cdot e_{x2}}, \quad \text{worin für } \Theta_2 = \Theta = \frac{b\,h^3}{36},$$

$$f = \frac{b\,h}{2}$$

$$\text{und } e_{x2} = \frac{1}{3}\,h$$

zu setzen ist. Damit wird

$$\lambda_2 = \frac{\Theta}{f \cdot e_{x_2}} = \frac{\dfrac{b\,h^3}{36}}{\dfrac{b\,h}{2} \cdot \dfrac{1}{3}\,h} = \frac{h}{6} = \frac{1}{6}\,h.$$

Die Höhe der Kernfläche beträgt mithin

$$h_k = \lambda_1 + \lambda_2 = \frac{1}{12}\,h + \frac{1}{6}\,h = \frac{3}{12}\,h = \frac{1}{4}\,h.$$

Die Grundlinie oder Breite b_k des der Grundfigur ähnlichen Kerndreieckes folgt dann aus der Proportion

$$h_k : h = b_k : b ,$$

$$b_k = \frac{h_k \cdot b}{h} = \frac{\dfrac{1}{4}\,h \cdot b}{h} = \frac{b}{4} = \frac{1}{4}\,b.$$

6. Für das allgemeine Dreieck.

Mit bezug auf die Ähnlichkeit der Kernfläche mit dem vorgelegten Dreieck braucht man in Fig. 32 nur einen Eckpunkt des Kernes zu bestimmen, von dem aus die beiden Parallelen zu den entsprechenden Seiten der Grundfigur gezeichnet werden, die dann in den Durchschnitten der Seitenhalbierenden die beiden übrigen Eckpunkte des Kerns ergeben.

Um nun z. B. den Kernpunkt A zu ermitteln, der den Antipol für die mit der Dreieckseite b zusammenfallende Polare oder neutrale Achse NN darstellt, denke man zunächst daran, daß der Punkt auf der Seitenhalbierenden $B_1\,S$ liegt, die mit der zur Seite b parallel gerichteten Schwerpunktsachse EF die schiefwinkligen Koordinatenachsen bildet, für die das Zentrifugalmoment des Querschnittes gleich Null ist.

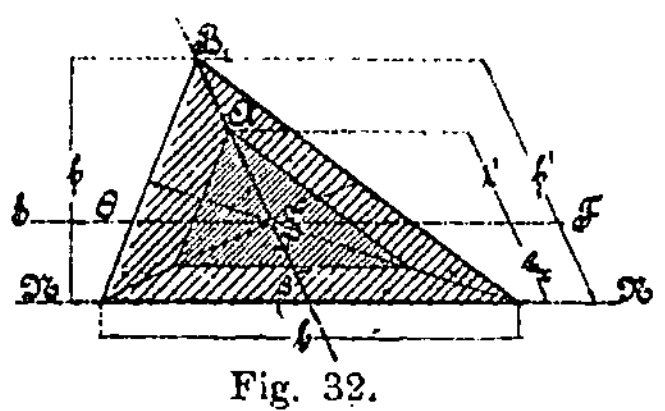

Fig. 32.

Der Abstand λ' des Punktes A vom Schwerpunkte S ergibt sich dann nach der Gleichung 32 zu.

$$\lambda' \cdot e'_x = \frac{\Theta'}{f} ,$$

$$\lambda' = \frac{\Theta'}{f \cdot e'_x}, \quad \text{worin } \Theta' = \Theta \cdot \operatorname{cosec}^2 \beta,\ [1]$$

$$\Theta = \frac{b\,h^3}{36} = \frac{b(h' \sin \beta)^3}{36} ,$$

$$e'_x = \frac{1}{3}\,h'.$$

$$\text{und} \quad f = \frac{b\,h}{2} = \frac{b\,.\,h^{\scriptsize|}\sin\beta}{2} \quad \text{ist.}$$

Damit erhält man

$$\lambda^{\scriptsize|} = \frac{\Theta\,.\,\cos ec^2\beta\,.}{f\,.\,e^{\scriptsize|}_x} = \frac{\dfrac{b(h^{\scriptsize|}\sin\beta)^3}{36}\,.\,\dfrac{1}{\sin^2\beta}}{\dfrac{b\,h^{\scriptsize|}\sin\beta}{2}\,.\,\dfrac{1}{3}\,h^{\scriptsize|}}$$

$$_\text{''} = \frac{b(h^{\scriptsize|})^3\sin^3\beta\,.\,6}{b(h^{\scriptsize|})^2\sin^3\beta\,.\,36} = \frac{h^{\scriptsize|}}{6},$$

womit der Kern vollständig bestimmt ist.

Im übrigen können in gleicher Weise die beiden anderen Eckpunkte des Kerns analytisch festgelegt werden, deren Polaren oder Nullachsen mit den entsprechenden Seiten des vorgelegten Dreieckes zusammenfallen.

Einführung schiefwinkliger Koordinaten.

Ist ein Querschnitt anfänglich auf ein rechtwinkliges Koordinatensystem x y bezogen und dreht man z. B. die y-Achse, bei festliegender x-Achse, um den Winkel $(90^0 - \beta)$ in die Lage y', so ergeben sich nach Fig. 33 die schiefwinkligen Koordinaten

$$x^{\scriptsize|} = x - y \cot g\,\beta$$

$$\text{und} \quad y^{\scriptsize|} = \frac{y}{\sin\beta} = y\,\frac{1}{\sin\beta} = y \cos ec\,\beta.$$

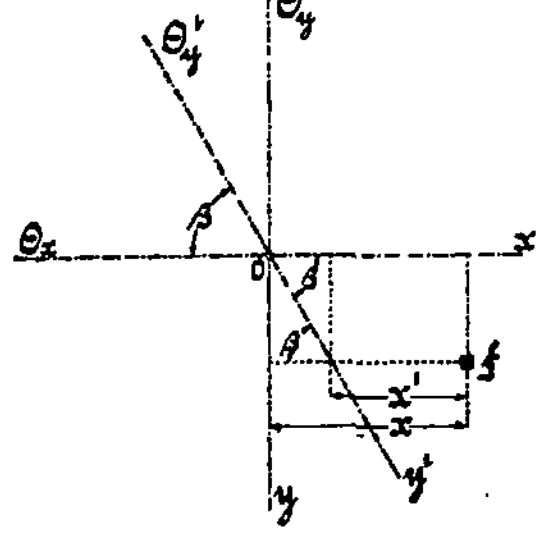

Fig. 33.

Die für das rechtwinklige Achsenkreuz gültigen Momente 2. Ordnung

$$\Theta_x = \Sigma f y^2; \quad \Theta_y = \Sigma f x^2 \quad \text{und} \quad \Delta_{xy} = \Sigma f x y$$

gehen für die schiefen Achsen über in

$$\begin{aligned}
\Theta_{x_|} &= \Sigma f(y^{\scriptsize|})^2 = \Sigma f(y \cos ec\,\beta)^2 = \cos ec^2\beta\,\Sigma f y^2 = \Theta_x \cos ec^2\beta, \\
\Theta_{y_|} &= \Sigma f(x^{\scriptsize|})^2 = \Sigma f(x - y \cot g\,\beta)^2 \quad \text{und} \\
\Delta_{x_|y_|} &= \Sigma f x^{\scriptsize|} y^{\scriptsize|} = \Sigma f(x - y \cot g\,\beta)\,.\,y \cos ec\,\beta \\
_\text{''} &= \cos ec\,\beta\,(\Sigma f x y - \Sigma f y^2 \cot g\,\beta) \\
_\text{''} &= \cos ec\,\beta\,(\Delta_{xy} - \Theta_x \cot g\,\beta).
\end{aligned} \qquad \Biggr\} \quad 35$$

Das letzte Zentrifugalmoment erreicht für

$$\cot g\,\beta = \frac{\Delta_{xy}}{\Theta_x} \quad . \quad . \quad . \quad . \quad . \quad . \quad . \quad 36$$

den Wert Null, woraus dann auch der Winkel β ermittelt werden kann.

7. Für den I-Querschnitt.

Da der in Fig. 34 vorliegende Querschnitt in bezug auf die beiden Hauptachsen x y symmetrisch ist und die Eckpunkte der Kernfläche auf den Hauptachsen liegen, genügt es, die Abstände λ_y und λ_x für die entsprechenden Nullinien $N_1 N_1$ und $N_2 N_2$ zu bestimmen.

Die Gleichung 32 liefert für $N_1 N_1$ den auf der x-Achse liegenden Kernpunktsabstand λ_y

$$\lambda_y \cdot e_y = \frac{\Theta_x}{f},$$

$$\lambda_y = \frac{\Theta_x}{e_y \cdot f},$$

worin $e_y = \frac{h}{2}$,

$$f = bh - b_1 h_1$$

und $\Theta_x = \frac{1}{12}(bh^3 - b_1 h_1^3)$ ist.

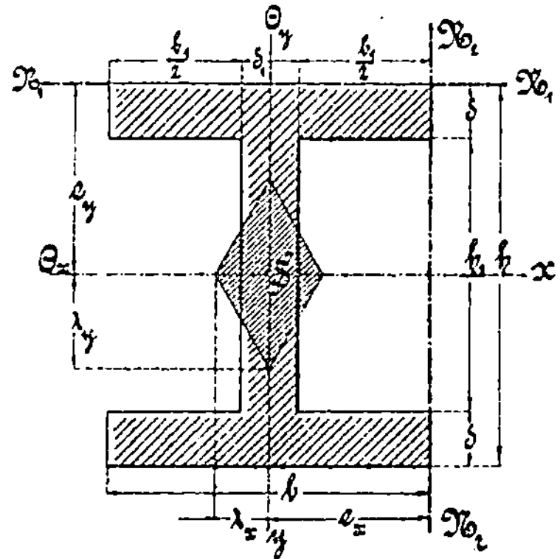

Fig. 34.

Die Werte eingeführt, gibt

$$\lambda_y = \frac{\frac{1}{12}(bh^3 - b_1 h_1^3)}{\frac{h}{2}(bh - b_1 h_1)} = \frac{1}{6h} \frac{bh^3 - b_1 h_1^3}{bh - b_1 h_1}.$$

Für $N_2 N_2$ erhält man den Abstand λ_x zu

$$\lambda_x \cdot e_x = \frac{\Theta_y}{f},$$

$$\lambda_x = \frac{\Theta_y}{e_x \cdot f}, \quad \text{worin } e_x = \frac{b}{2}$$

und $\Theta_y = \frac{1}{12}(2 \delta b^3 + h_1 \delta_1^3)$ ist,

$$\text{,,} = \frac{\frac{1}{12}(2 \delta b^3 + h_1 \delta_1^3)}{\frac{b}{2}(bh - b_1 h_1)} = \frac{1}{6b} \frac{2 \delta b^3 - h_1 \delta_1^3}{bh - b_1 h_1}.$$

8. Für die Ellipse.

Der Antipol oder Kernpunkt A beschreibt für alle, die gegebene Querschnittsfläche umhüllenden Polaren NN wieder eine Ellipse, die der ersteren ähnlich ist.

Die Halbachsen λ_x und λ_y der Kernfläche erhält man unter Benutzung der in Fig. 35 punktierten Zentralellipse, deren Trägheitshalbmesser

$$r_x = \sqrt{\frac{\Theta_y}{f}} = \sqrt{\frac{a\dfrac{b^3}{4}\pi}{a\,b\,\pi}} = \sqrt{\frac{b^2}{4}} = \frac{b}{2}$$

und

$$r_y = \sqrt{\frac{\Theta_x}{f}} = \sqrt{\frac{b\dfrac{a^3}{4}\pi}{a\,b\,\pi}} = \sqrt{\frac{a^2}{4}} = \frac{a}{2}$$

sind, in gleicher Weise wie beim Rechteck.

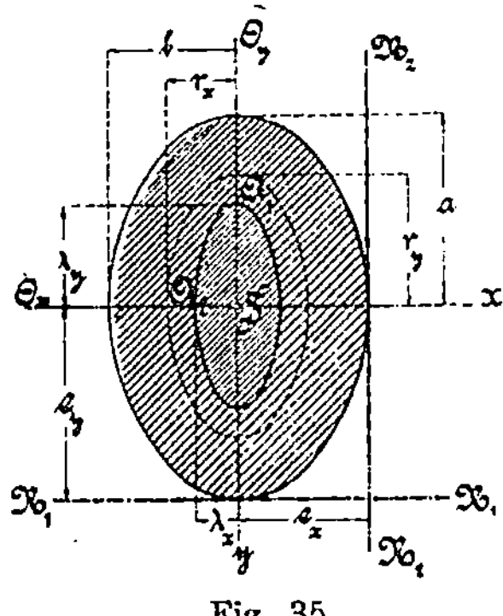

Fig. 35.

Für die Polare $N_2\,N_2$ ist der Antipol bestimmt mit

$$\lambda_x \cdot e_x = r_x{}^2,$$

$$\lambda_x = \frac{r_x{}^2}{e_x} = \frac{\left(\dfrac{b}{2}\right)^2}{b} = \frac{b}{4}.$$

Der zur Polaren $N_1\,N_1$ gehörige Antipol A_1 ergibt sich aus

$$\lambda_y \cdot e_y = r_y{}^2,$$

$$\lambda_y = \frac{r_y{}^2}{e_y} = \frac{\left(\dfrac{a}{2}\right)^2}{a} = \frac{a}{4}.$$

§ 11. Berechnung der Biegungsspannung mit Hilfe des Kernes.

Während im § 8 Abs. b die Materialbeanspruchungen für den schiefen Belastungsfall bereits behandelt worden sind, soll nunmehr im vorliegenden Paragraphen eine Lösung angegeben werden, wie man mit Hilfe der Kernfläche und der Zentralellipse die Biegungsspannungen für jeden beliebigen Querschnitt ermitteln kann.

Zur Erläuterung sei wieder der im § 8 in den Fig. 18 bis 20 dargestellte rechteckige Querschnitt gewählt. Die Momentenebene sei in Fig. 36 durch die Spur $K\,K$ bezeichnet, in der das Kräftepaar vom Biegungsmomente M wirken möge. Dieses Moment kann man sich aus einer unendlich fernwirkenden Kraft von unendlich kleiner Größe bestehend denken, deren Angriffspunkt daher der unendlich ferne Punkt der mit dem Querschnitt zusammenfallenden Spur $K\,K$ ist. Für diesen Punkt bildet dann die durch den Schwerpunkt des Querschnittes gehende neutrale Achse $N\,N$ die Antipolare (vergl. § 9), die nach § 8 Abs. c mit der Richtung des zur Spur $K\,K$ konjugierten Durchmessers der Zentralellipse zusammenfällt.

Hat man also für den vorliegenden Querschnitt die Zentralellipse konstruiert, so ergibt sich die Richtung der neutralen Achse NN, als Parallele zu den in den Schnittpunkten C und D errichteten Tangenten.

Nach § 8 Abs. b tritt nun die größte Materialspannung σ_{max} an den Kanten auf, die den größten Abstand e von der Nullinie haben. Bezeichnet man mit Θ_N das Trägheitsmoment des Querschnittes in bezug auf die neutrale Achse NN, das darauf bezogene Biegungsmoment mit $M \sin \delta$, so ist nach Gleichung 58 der Einführung

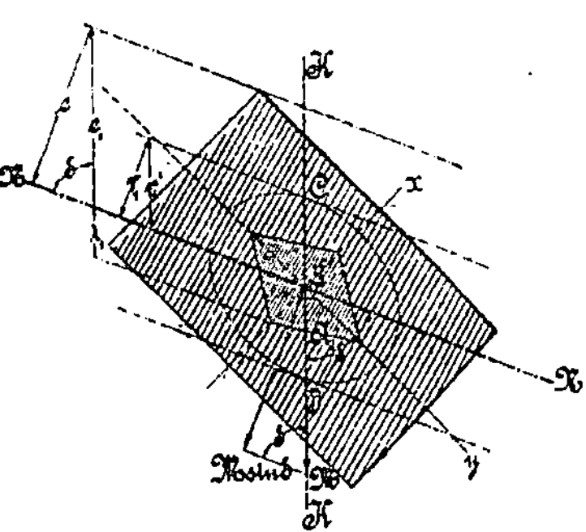

Fig. 36.

$$M \sin \delta = \frac{\Theta_N}{e}\, \sigma_{max}.$$

Weiter ist nach Gleichung 32 bezw. 34 mit bezug auf die in Fig. 36 eingeführten, mit der Spur KK parallel laufenden Bezeichnungen λ_1, e_1 und $r_1{}'$

$$\lambda_1 \cdot e_1 = (r_1{}')^2,$$

oder unter Einführung der zu NN lotrechten Abmessungen

$$r_1 = r_1{}' \sin \delta, \quad \text{woraus } r_1{}' = \frac{r_1}{\sin \delta} \text{ folgt,}$$

$$\text{und } e = e_1 \sin \delta, \quad \text{„} \quad e_1 = \frac{e}{\sin \delta} \text{ „ ,}$$

$$\lambda_1 \cdot \frac{e}{\sin \delta} = \left(\frac{r_1}{\sin \delta}\right)^2$$

oder

$$\lambda_1 \cdot e \sin \delta = r_1{}^2,$$

worin $r_1 = \sqrt{\dfrac{\Theta_N}{f}}$ den Trägheitshalbmesser darstellt.

Den letzten Wert eingesetzt, gibt

$$\lambda_1 \cdot e \sin \delta = \frac{\Theta_N}{f},$$

woraus man

$$\Theta_N = \lambda_1\, e f \sin \delta$$

erhält. Diesen Wert in die obere Biegungsgleichung eingeführt, liefert die größte Spannung

$$M \sin \delta = \frac{\lambda_1\, e f \sin \delta}{e}\, \sigma_{max},$$

$$M = \lambda_1\, f \sigma_{max},$$

$$\sigma_{max} = \frac{M}{\lambda_1 f} = \frac{M}{W} \quad . \quad . \quad . \quad . \quad . \quad . \quad . \quad . \quad 37$$

In dieser Gleichung bezeichnet **W** das bereits im § 14, 1 der Einführung genannte **Widerstandsmoment des Querschnittes**, welches hier als das **Produkt aus Querschnitt f und Kernpunktsabstand** λ_1 **definiert** ist.

Die Richtigkeit der letzten Definition ergibt sich aus dem folgenden: Nach § 14, 1 der Einführung

$$W = \frac{\Theta}{e} .$$

Nach Gleichung 32 bezw. 34

$$\lambda \cdot e = r^2 = \frac{\Theta}{f} ,$$

woraus man

$$\Theta = \lambda\, e\, f$$

erhält. Diesen Wert in die erste Gleichung eingesetzt, gibt

$$W = \frac{\Theta}{e} = \frac{\lambda\, e\, f}{e} = \lambda\, f . \quad\quad\quad\quad\quad 37\,a$$

NB. Aus dem vorstehenden ist zu ersehen, daß, falls die Kernfläche eines Querschnittes bereits gegeben sein sollte, die Bestimmung der größten Materialspannung bedeutend einfacher und schneller geschehen kann, als es im § 8 Abs. b möglich ist.

Vierter Abschnitt.

§ 12. Die Schubspannungen im gebogenen Balken.

Wie bereits in der Einleitung des § 23 der Einführung angedeutet, treten bei einem auf Biegung beanspruchten Körper neben den Normalspannungen auch Schubspannungen auf, die nach den Ausführungen des § 13, 2 der Einführung immer nur **paarweise** und zwar **senkrecht zueinander** gerichtet auftreten können. Der Geringfügigkeit halber konnten aber innerhalb der Lehre von der Biegungsfestigkeit die Schubspannungen vernachlässigt werden, was nunmehr bei der zusammengesetzten Festigkeit, wo die Schubspannungen unter Umständen sehr beträchtliche Werte annehmen können, nicht immer angängig ist.

Es soll deshalb der vorliegende, zugleich als **Ergänzung der Biegungsfestigkeit** dienende Paragraph die Schubspannungsverhältnisse im gebogenen Körper für den Normalfall erläutern, bei dem die Kraftebene des biegenden Momentes die Symmetrieachse des Querschnittes darstellt.

a) Der Querschnitt des auf Biegung beanspruchten Körpers sei ein Rechteck.

An die Ausführungen des § 14 der Einführung anschließend, sei der weiteren Betrachtung wieder ein in Fig. 37 dargestellter Freiträger gewählt, der beispielsweise am äußersten Ende mit einer Einzellast P belastet ist.

In den Querschnittselementen oberhalb der neutralen Faserschicht NN treten bei der Biegung des Trägers Zugspannungen, unterhalb dagegen Druckspannungen auf, die die entsprechenden Fasern verlängern oder verkürzern. Vergl. die Fig. 48 und 88 in den § 14 und 20 der Einführung.

Wie bereits im § 14, 1 daselbst gesagt, stehen diese Spannungen und Dehnungen im proportionalen Zusammenhang mit den von der neutralen Achse aus gemessenen zugehörigen Faserabständen.

Andererseits wachsen aber auch die Spannungen und Dehnungen mit der Zunahme des Biegungsmomentes, d. h. mit der Länge des Hebelarmes der Kraft P.

Um nun die Schubspannung τ zu finden, die in einem, im Abstande η von der neutralen Faserschicht NN aus gelegenen Längsquerschnitte auftritt, denke man

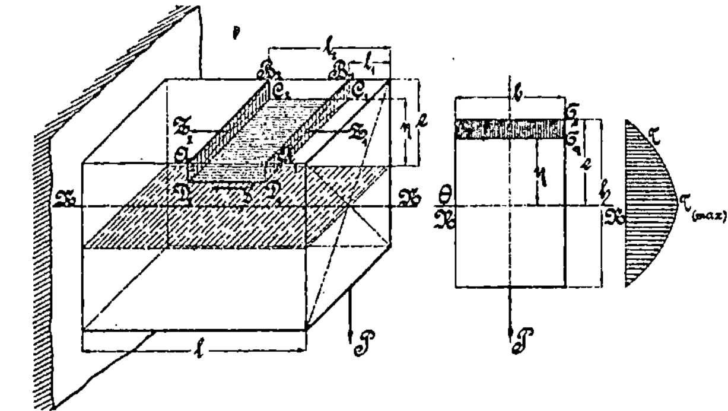

Fig. 37.

sich, wie Fig. 37 zeigt, zwei über die Trägerbreite b reichende und parallel der Stirnfläche gerichtete Querschnitte

$$f_1 = A_1 B_1 C_1 D_1 \quad \text{und} \quad f_2 = A_2 B_2 C_2 D_2,$$

in deren Schwerpunkten die Zugkräfte

$$Z_1 = f_1 \sigma_1 = b(e - \eta) \cdot \frac{\sigma_{e1} + \sigma_{\eta 1}}{2}$$

und

$$Z_2 = f_2 \sigma_2 = b(e - \eta) \cdot \frac{\sigma_{e2} + \sigma_{\eta 2}}{2}$$

wirken, sobald die am Trägerende angreifende Kraft P zu wirken anfängt. Da nun im vorliegenden Falle

$$Z_2 > Z_1$$

ist und das zwischen den Flächen f_1 und f_2 liegende Material heraus-
geschnitten gedacht werden kann., so bleibt nur noch die rechteckige
Fläche

$$f = C_1 C_2 D_1 D_2$$

zur Aufnahme der Differenzkraft übrig, welche dann die Kraft S darstellt, mit der die Fläche auf **Abscherung** beansprucht wird. Diese Schubkraft beträgt

$$S = Z_2 - Z_1 = b(e - \eta)\frac{\sigma_{e2} + \sigma_{\eta 2}}{2} - b(e - \eta)\frac{\sigma_{e1} + \sigma_{\eta 1}}{2}$$

$$„ = \frac{b(e - \eta)}{2}(\sigma_{e2} + \sigma_{\eta 2} - \sigma_{e1} - \sigma_{\eta 1}),$$

worin nach Gleichung 58 der Einführung mit bezug auf Fig. 37

$$1. \quad M_{b1} = \frac{\Theta}{e}\sigma_{e1} \text{ bezw. } \sigma_{e1} = \frac{e}{\Theta}M_{b1} = \frac{e}{\Theta}Pl_1$$

$$\text{oder} \quad „ = \frac{\Theta}{\eta}\sigma_{\eta 1} \quad „ \quad \sigma_{\eta 1} = \frac{\eta}{\Theta}M_{b1} = \frac{\eta}{\Theta}Pl_1,$$

$$2. \quad M_{b2} = \frac{\Theta}{e}\sigma_{e2} \text{ bezw. } \sigma_{e2} = \frac{e}{\Theta}M_{b2} = \frac{e}{\Theta}Pl_2$$

$$\text{oder} \quad „ = \frac{\Theta}{\eta}\sigma_{\eta 2} \quad „ \quad \sigma_{\eta 2} = \frac{\eta}{\Theta}M_{b2} = \frac{\eta}{\Theta}Pl_2$$

ist. Führt man die letzten Werte ein, so ergibt sich die Schubkraft S aus

$$S = \frac{b(e - \eta)}{2}\left(\frac{e}{\Theta}Pl_2 + \frac{\eta}{\Theta}Pl_2 - \frac{e}{\Theta}Pl_1 - \frac{\eta}{\Theta}Pl_1\right)$$

$$„ = \frac{b(e - \eta)}{2}\frac{P}{\Theta}\{l_2(e + \eta) - l_1(e + \eta)\}$$

$$„ = \frac{b(e - \eta)}{2}\frac{P}{\Theta}(e + \eta)(l_2 - l_1)$$

$$„ = \frac{P}{2\Theta}(l_2 - l_1)(e^2 - \eta^2)b.$$

Da nun andererseits die Schubkraft S nach Gleichung 40 der Einführung den Wert

$$S = f \cdot \tau = b(l_2 - l_1) \cdot \tau$$

hat, so erhält man durch Gleichsetzen der beiden S-Werte die gesuchte
Schubspannung τ zu

$$b(l_2 - l_1)\tau = \frac{P}{2\Theta}(l_2 - l_1)(e^2 - \eta^2)b,$$

$$\tau = \frac{P}{2\Theta}(e^2 - \eta^2), \quad \ldots \ldots \ldots \ldots 38$$

worin $$\Theta = \frac{bh^3}{12}$$ ist.

Diese Gleichung läßt erkennen, daß
für $\eta = e$, die Schubspannung den Wert Null, dagegen
„ $\eta = 0$, „   „   „ größten Wert erreicht.

Der Maximalwert der Schubspannung für das vorliegende Rechteck
beträgt somit

$$\tau_{max} = \frac{P}{2\frac{bh^3}{12}}(e^2 - 0) = \frac{6P}{bh^3}\left(\frac{h}{2}\right)^2 = \frac{3}{2}\frac{P}{bh} = \frac{3}{2}\cdot\frac{P}{f},$$

worin f den Querschnitt des rechteckigen Trägers darstellt.

Bestimmt man nach Gleichung 38 für sämtliche Werte von η, d. h.
von $\eta = 0$ bis $\eta = e$, die zugehörigen Schubspannungen und trägt man
sie graphisch auf, wie es in Fig. 37 geschehen ist, so liefert die Begrenzungslinie eine Parabel.

NB. Während die vorstehend betrachteten Schubspannungen in der
Längsrichtung des Trägers wirken, treten diese nach § 13, 2 der Einführung — **nach dem Schubspannungen immer nur paarweise auftreten können** — auch gleichzeitig in der Querschnittsrichtung auf, so
daß die Gleichung 38 auch hierfür gültig ist.

b) Der Querschnitt sei von beliebiger Form.

Man wähle wie vorher wieder zwei parallele Querschnitte, die vom
äußeren Ende des Trägers die Abstände l_1 und l_2 haben. Diese Querschnitte sollen unter der Belastung des Trägers von den Zugkräften Z_1 und
Z_2 beansprucht werden. (S. Fig. 38.)

Für eine beispielsweise im ersten Querschnitt liegende Faserschicht
vom Inhalte f_y, die einen Ab-
stand η_y von der neutralen Faser
N N hat, beträgt die Zugkraft p

$$p = f_y \sigma_y,$$

worin nach § 14, 1 der Einführung

$$\sigma_y : \sigma_{e1} = \eta_y : e$$

oder

$$\sigma_y = \frac{\sigma_{e1}\,\eta_y}{e}$$

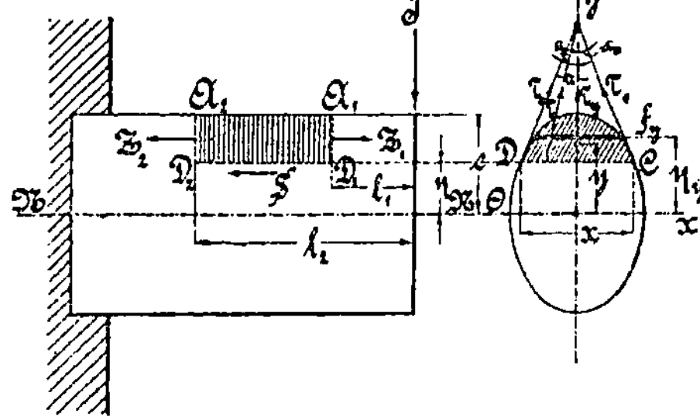

Fig. 38.

ist. Bildet man für alle zwischen
den Abständen η und e liegenden Faserschichten die Zugkräfte, so bildet
die Summe derselben die Zugkraft Z_1 des Querschnittes f_1, nämlich

$$Z_1 = \overset{e}{\underset{\eta}{\Sigma}} p = \overset{e}{\underset{\eta}{\Sigma}} f_y \sigma_y = \overset{e}{\underset{\eta}{\Sigma}} f_y \frac{\sigma_{e1} \eta_y}{e} = \frac{\sigma_{e1}}{e} \overset{e}{\underset{\eta}{\Sigma}} f_y \eta_y$$

$$„ = \frac{\sigma_{e1}}{e} f_1 y \, ,$$

worin nach § 14, 2 der Einführung

$$\overset{e}{\underset{\eta}{\Sigma}} f_y \eta_y = f_1 y = M_{st}$$

das statische Moment der Fläche f_1 hinsichtlich der neutralen Achse bedeutet.

Da nun nach Gleichung 58 der Einführung

$$M_{b1} = \frac{\Theta}{e} \sigma_{e1}$$

oder

$$\frac{\sigma_{e1}}{e} = \frac{M_{b1}}{\Theta}$$

ist, so folgt

$$Z_1 = \frac{\sigma_{e1}}{e} f_1 y = \frac{M_{b1}}{\Theta} M_{st} = \frac{P l_1}{\Theta} M_{st}.$$

In gleicher Weise erhält man für die zweite Fläche f_2 die Zugkraft

$$Z_2 = \frac{\sigma_{e2}}{e} f_2 y = \frac{M_{b2}}{\Theta} M_{st} = \frac{P l_2}{\Theta} M_{st}.$$

Die Schubkraft S bildet sich dann aus

$$\mathbf{1.} \ S = Z_1 - Z_2 = \frac{P l_2}{\Theta} M_{st} - \frac{P l_1}{\Theta} M_{st} = \frac{P}{\Theta} M_{st} (l_2 - l_1),$$

und nach der Schubgleichung 40 der Einführung zu

$$\mathbf{2.} \ S = f \cdot \tau_y = (l_2 - l_1) x \cdot \tau_y.$$

$$\left.\begin{array}{c} \\ \\ \end{array}\right\} \quad . \ \mathbf{38a}$$

Das Gleichsetzen beider Gleichungen liefert die gesuchte, horizontal gerichtete Schubspannung τ zu

$$(l_2 - l_1) x \tau_y = \frac{P}{\Theta} M_{st} (l_2 - l_1),$$

$$\tau_y = \frac{P}{\Theta} \frac{M_{st}}{x} = \frac{P}{x} \frac{M_{st}}{\Theta}, \quad \ldots \ldots \ldots \quad \mathbf{39}$$

die nach den im § 13, 2 der Einführung gegebenen Erläuterungen auch senkrecht dazu, also in Richtung der Kraftebene, wirkt.

Da nun die Schubspannungen in den Querschnittselementen der Umfangspunkte, z. B. der Punkte D und C in Fig. 38, tangential zur Begrenzungslinie des Querschnittes gerichtet sind, so erhält man eine **allgemeinere Gleichung für die Schubspannung** τ, indem man den Neigungswinkel α einführt, den die jeweilige Schubspannung mit der y-Achse bildet.

Nach Fig. 38 folgt mit bezug auf Gleichung 39

$$\tau_y = \tau \cos \alpha$$

$$\text{oder} \quad \tau = \frac{1}{\cos \alpha}\,\tau_y = \frac{1}{\cos \alpha} \cdot \frac{P}{x} \cdot \frac{M_{st}}{\Theta}. \quad \ldots \ldots \quad 40$$

Für den Winkel $\alpha = 0$ erhält man wieder die Gleichung 39, für $\alpha = \alpha_0$, den Wert für die Tangentialspannung τ_0.

NB. Die in letzter Gleichung aufgeführte Einzellast P des Trägers stellt nach dem Vorstehenden mit bezug auf das im § 23 der Einführung über das Schubkraftdiagramm Gesagte, gleichzeitig die den Querschnitt des Trägers senkrecht beanspruchende Schubkraft dar.

Liegt nun z. B. ein mehrfach belasteter Träger vor, wie es bei den im § 23, a der Einführung unter 2 bis 4 angegebenen Belastungsfällen der Fall ist, so behält die Gleichung 39 ihre Geltung, nur tritt an Stelle der Einzellast P die Summe der einzelnen den Träger beanspruchenden Lasten, die aus der zugehörigen Schubkraftfläche zu ersehen ist.

c) Die Schubspannungen einiger einfachen Querschnitte.
1. Für den rechteckigen Querschnitt.

Obwohl dieser Fall bereits im Abschnitte a behandelt worden ist, sei er hier vergleichsweise nochmals aufgeführt.

Nach Gleichung 40 ist mit bezug auf Fig. 39

$$\tau = \frac{1}{\cos \alpha}\frac{P}{x}\frac{M_{st}}{\Theta},$$

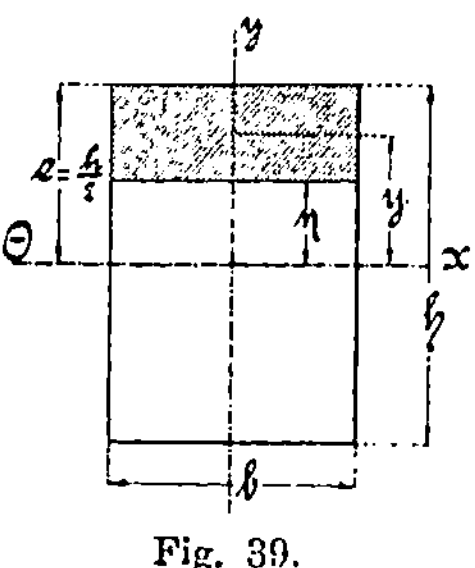

worin $\alpha = 0^0$,

$$\cos \alpha = 1,$$

$$x = b,$$

$$M_{st} = fy = b(e - \eta)\left(\frac{e - \eta}{2} + \eta\right)$$

$$\text{„} = b(e - \eta)\frac{e + \eta}{2} = b\frac{e^2 - \eta^2}{2}$$

und $\Theta = \dfrac{bh^3}{12}$ beträgt.

Fig. 39.

Diese Werte eingesetzt, gibt

$$\tau = \frac{1}{l}\frac{P}{b}\,\frac{\dfrac{b(e^2 - \eta^2)}{2}}{\dfrac{bh^3}{12}} = \frac{P}{b} \cdot \frac{(e^2 - \eta^2)\,6}{h^3}.$$

Für $\eta = 0$ erreicht die Schubspannung τ ihren größten Wert

$$\tau_{max} = \frac{P}{b} \cdot \frac{e^2\,6}{h^3} = \frac{6P}{b} \cdot \frac{h^2}{4h^3} = \frac{3}{2} \cdot \frac{P}{bh} = \frac{3}{2} \cdot \frac{P}{f},$$

der mit dem Resultate im Abschnitte a übereinstimmt.

2. Für den kreisförmigen Querschnitt.

Setzt man in Gleichung 40 anstatt τ und α die Werte τ_0 und α_0, so lautet dieselbe

$$\tau_0 = \frac{1}{\cos \alpha_0} \cdot \frac{P}{x} \cdot \frac{M_{st}}{\Theta}.$$

Hierin bedeutet nach Fig. 40

$$x = 2 \cdot r \cos \alpha_0,$$

$$\Theta = \frac{r^4 \pi}{4}$$

und

$$M_{st} = f_s \cdot y = f_s \frac{x^3}{12 f_s} = \frac{x^3}{12} = \frac{(2 r \cos \alpha_0)^3}{12}$$

$$\text{„} = \frac{2}{3} r^3 \cos^3 \alpha_0.$$

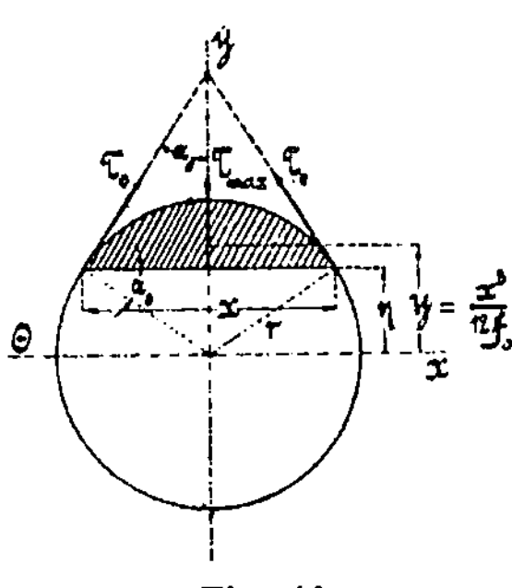

Fig. 40.

Die Werte eingesetzt, gibt

$$\tau_0 = \frac{1}{\cos \alpha_0} \cdot \frac{P}{2 r \cos \alpha_0} \cdot \frac{\frac{2}{3} r^3 \cos^3 \alpha_0}{\frac{r^4 \pi}{4}}$$

$$\text{„} = \frac{4}{3} \cdot \frac{P}{r^2 \pi} \cos \alpha_0$$

$$\text{„} = \frac{4}{3} \cdot \frac{P}{f} \cos \alpha_0.$$

Für den Winkel $\alpha_0 = 0^0$ erreicht die Schubspannung τ_0 ihren grössten Wert

$$\tau_{max} = \frac{4}{3} \cdot \frac{P}{f}.$$

3. Für den kreisringförmigen Querschnitt.

Da für gewöhnlich nur die größte Schubspannung, die in der neutralen Achse auftritt, von Interesse ist, sei im folgenden auch nur diese Spannung angegeben.

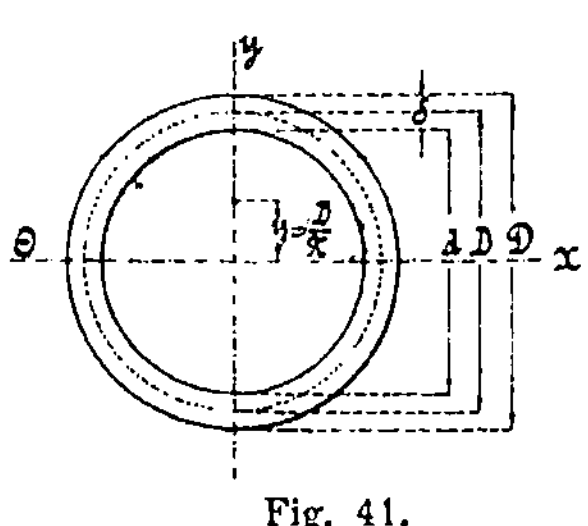

Fig. 41.

Um die Entwickelung wesentlich zu vereinfachen, sei angenommen, daß die Ringfläche eine verhältnismäßig geringe Breite besitzt.

Unter dieser Annahme folgt dann mit bezug auf Fig. 41

$$\tau_{max} = \frac{1}{\cos \alpha} \cdot \frac{P}{x} \cdot \frac{M_{st}}{\Theta},$$

worin

$$\alpha = 0^0,$$
$$x = D - d = 2\delta,$$
$$\mathfrak{D} = D - \delta,$$
$$2\mathfrak{D} = 2D - 2\delta = 2D - (D - d) = D + d,$$
$$\Theta = (D^4 - d^4)\frac{\pi}{64} = (D^2 - d^2)(D^2 + d^2)\frac{\pi}{64}$$
$$\text{„} = \frac{\pi}{64}(D - d)(D + d)\underbrace{(D^2 + d^2)}_{\sim 2\mathfrak{D}^2}$$
$$\text{„} = \frac{\pi}{64} \cdot 2\delta \cdot 2\mathfrak{D} \cdot 2\mathfrak{D}^2 = \frac{\pi}{8}\delta\mathfrak{D}^3$$

und $M_{st} = f\,y = \dfrac{\mathfrak{D}\pi\delta}{2} \cdot \dfrac{\mathfrak{D}}{\pi} = \dfrac{\mathfrak{D}^2\delta}{2}$

beträgt. Die Werte eingesetzt, geben die größte Schubspannung

$$\tau_{max} = \frac{1}{1} \cdot \frac{P}{2\delta} \cdot \frac{\dfrac{\mathfrak{D}^2\pi}{2}}{\dfrac{\pi}{8}\delta\mathfrak{D}^3} = \frac{2P}{\mathfrak{D}\pi\delta} = 2 \cdot \frac{P}{f}.$$

———

Fünfter Abschnitt.

———

Die verschiedenen Belastungsfälle.

Wie bereits in der Einleitung gesagt, handelt es sich innerhalb der zusammengesetzten Festigkeit stets um die Ermittelung der größten im Material auftretenden Spannungen. Es mögen die Maschinen- oder Konstruktionsteile heißen oder beansprucht werden, wie sie wollen, die darin auftretenden Spannungen können sich immer nur zusammensetzen aus

a) verschiedenartigen Normalspannungen,
b) „ „ Schubspannungen und
c) „ „ Normal- und Schubspannungen.

Gemäß dieser Einteilung kann man nun die mannigfaltig in der täglichen Praxis vorkommenden Belastungsfälle in die nachbenannten drei Gruppen zerlegen, die dann eine einfache Übersicht über die gesamte Konstruktionslehre gewährt.

1. Gruppe.

§ 13. Das Zusammenwirken verschiedenartiger Normalspannungen.

Hierher gehören die sämtlichen Konstruktionsteile, die außer Biegung auch gleichzeitig noch auf Zug oder Druck beansprucht werden. Vergl. § 9 Abs. 1.

Je nachdem die Zug- oder Druckkraft zentrisch oder exzentrisch auf den Querschnitt eines belasteten Körpers einwirkt, kann man folgende Belastungsfälle unterscheiden:

1. Der an einer Seite eingespannte Körper wird am freien Ende mit einer achsial gerichteten, exzentrisch wirkenden Kraft P auf Zug beansprucht.

Würde die Zugkraft P in Fig. 42 zentrisch, .d. h. gleichmäßig über den ganzen Querschnitt verteilt wirken, so kämen die in den § 2, 8 und 9 der Einführung besprochenen Verhältnisse in Frage.

Sobald aber die Kraft P exzentrisch wirkt, werden die Querschnittselemente auf der Kraftseite mehr beansprucht, als auf der Gegenseite.

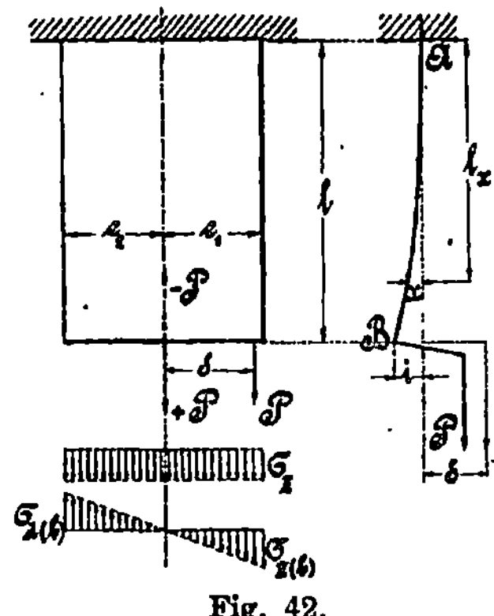

Fig. 42.

Um eine einfache Vorstellung zu gewinnen, denke man sich in der durch den Schwerpunkt gehenden geometrischen Achse die gegebene Kraft P als Hilfskraft zweimal — als Zug- und Druckkraft — angebracht, so bildet die gegebene Kraft P mit der Zusatzkraft — P ein Kräftepaar, welches den Körper auf Biegung beansprucht.

Die übrig bleibende Zusatzkraft $+$ P belastet dann nach § 2 der Einführung. den Körper auf Zug.

Während nun in Fig. 42 die von der letzten Zugkraft P herrührende, gleichmäßig über den Endquerschnitt B verteilte Zugspannung σ_z, von der Größe

$$\sigma_z = \frac{P}{f},$$

infolge des Körpergewichtes G bis zur Befestigungsstelle A zunimmt, die für gewöhnlich aber außer Rechnung bleiben kann, wird die am freien Ende B auftretende größte Biegungsspannung σ_b, vom Werte

$$\sigma_b = \frac{M_b}{W} = \frac{M_b}{\Theta} e,$$

entsprechend der Verkleinerung des Hebelarmes δ kleiner; sie erreicht den kleinsten Wert an der Befestigungsstelle A.

Praktischen Wert hat jedoch nur die größte Biegungsspannung, die sich im Endquerschnitt B mit der Zugspannung summiert und daselbst die Materialbeanspruchung

$$\sigma_i = \sigma_z \pm \sigma_b = \frac{P}{f} \pm \frac{M_b}{\Theta} e$$

herbeiführt.

In dieser Gleichung berücksichtigen die Vorzeichen $+$ und $-$ die Biegungsspannungen der am meisten belasteten Querschnittselemente der Zug- und Druckseite, deren Abstände von der geometrischen Achse e_1 und e_2 sind. Da im vorliegenden Belastungsfalle nur das obere Vorzeichen Bedeutung hat, erhält man die größte Materialspannung σ_i aus

$$\sigma_i = \sigma_z + \sigma_b = \frac{P}{f} + \frac{M_b}{\Theta} e \quad \ldots \ldots \ldots \quad \mathbf{41}$$

NB. Ist die Zug- und Biegungsfestigkeit eines Materials wesentlich verschieden, wie es z. B. beim Gußeisen der Fall ist, wo die Biegungsfestigkeit etwa das 1,75 fache der Zugfestigkeit beträgt, so hat man in Gleichung 41 den ersten Wert noch mit β_0, oder den zweiten Wert mit $\frac{1}{\beta_0}$ zu multiplizieren, falls man die Biegungsspannung oder die Zugspannung als praktisch zulässige kombinierte Spannung zugrunde legt.

Der vom Material abhängige Koeffizient β_0 ergibt sich aus

$$\beta_0 = \frac{k_b}{k_z} = \frac{\text{zul. Biegungsspannung}}{\text{zul. Zugspannung}} \quad \ldots \ldots \quad \mathbf{41a}$$

Verschiedenseitige Versuche haben ergeben, daß der genannte Unterschied wesentlich von der Querschnittsform abhängig ist. Je mehr sich der Querschnitt nach der neutralen Achse zusammendrängt, desto größer wird die Biegungsfestigkeit.

Die Gleichung der elastischen Linie für eine beliebige Querschnittsstelle l_x lautet

$$x = \delta \, \frac{\text{Cos}(a\,l_x) - 1}{\text{Cos}(a\,l)},$$

welche für $l_x = l$ die größte Durchbiegung

$$i = \delta \, \frac{\text{Cos}(a\,l) - 1}{\text{Cos}(a\,l)} = \delta \left(1 - \frac{1}{\text{Cos}(a\,l)} \right)$$

erreicht.

Hierin bedeutet

$$\text{Cos}(a\,l) = \frac{e^{a\,l} + e^{-a\,l}}{2}$$

den hyperbolischen Kosinus von $(a\,l)$,

$$a = \sqrt{\frac{P}{E\,\Theta}} \quad \text{in Bogenmaß, oder}$$

$$a = \frac{180}{\pi} \sqrt{\frac{P}{E \, \Theta}} \quad \text{in Gradmaß}$$

gemessen.

Das für den Abstand l_x in Frage kommende Biegungsmoment M_x beträgt

$$M_x = P \, \delta \, \frac{\text{Cos} \, (a \, l_x)}{\text{Cos} \, (a \, l)} \, ,$$

das für $l_x = l$ den größten Wert

$$M_{max} = P \, \delta$$

annimmt.

NB. Setzt man

$$\text{Cos} \, (a \, l) = 1 + \frac{P \, l^2}{2 \, E \, \Theta} \, ,$$

so erhält man brauchbare Annäherungsgleichungen.

2. Der an einer Seite eingespannte Körper wird am freien Ende mit einer beliebig gerichteten Kraft P auf Zug beansprucht.

Wird ein Körper mit einer Kraft P belastet, die mit der Achsenrichtung einen Winkel einschließt, so sind die drei aus Fig. 43 ersichtlichen Angriffsfälle möglich.

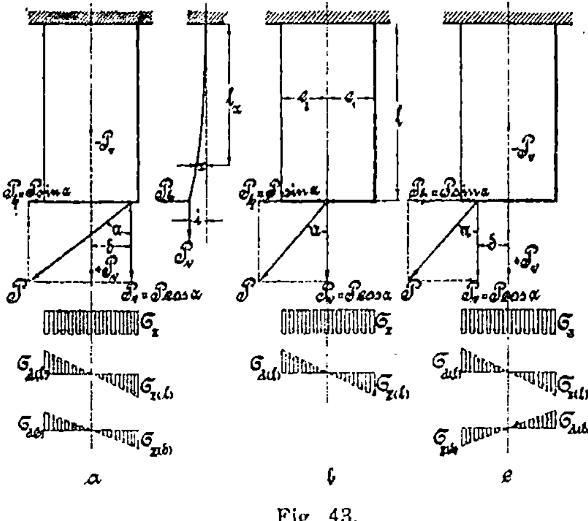

Fig. 43.

In Fig. 43 b greift die Last P den am meist beanspruchten Endquerschnitt im Schwerpunkt an. Der Angriffspunkt in Fig. 43 a liegt rechts, in Fig. 43 c dagegen links vom Schwerpunkt.

In allen Fällen kann man die gegebene Kraft P als Mittelkraft in die beiden senkrecht zueinander gerichteten Komponenten $P_h = P \sin \alpha$ und $P_v = P \cos \alpha$ zerlegen, womit sich dann ähnliche Verhältnisse ergeben wie bei dem vorangegangenen 1. Belastungsfall.

In allen drei Fällen verursacht die Vertikalkraft P_v eine Zugspannung σ_z, die Horizontalkraft P_h dagegen eine Biegungsspannung σ_b, die mit bezug auf den zur Bildung des Biegungsmomentes dienenden Hebelarmes l mit $\sigma_{b(l)}$, auf der Zug- und Druckseite aber mit $\sigma_{bz(l)}$ und $\sigma_{bd(l)}$ bezeichnet sein soll.

Die in Fig. 43 a und c exzentrisch wirkende Vertikalkraft P_v liefert, am Hebelarm δ wirkend, auf der Zug- und Druckseite des Endquerschnittes noch eine weitere Biegungsspannung $\sigma_{bz}(\delta)$ bezw. $\sigma_{bd}(\delta)$, die im ersten Fall die vorgenannte Biegungsspannung noch vermehrt, im letzten Fall dagegen vermindert.

Führt man nun den Hebelarm δ in Fig. 43a als positiv, in c als negativ und in b gleich Null ein, so erhält man die im Endquerschnitt auftretende zusammengesetzte Spannung

$$\sigma_i = \sigma_z \pm (\sigma_{b(l)} \pm \sigma_b(\delta))$$

$$\text{„} = \frac{P_v}{f} \pm \left(\frac{M_{b(l)}}{\Theta} e \pm \frac{M_b(\delta)}{\Theta} e \right)$$

$$\text{„} = \frac{P_v}{f} \pm \frac{M_{b(l)} \pm M_b(\delta)}{\Theta} e \quad \dots \dots \dots \quad 42$$

Das vor dem Bruchstrich stehende — Vorzeichen liefert die größte Druckbeanspruchung der im Abstande e_2 links der Nullachse gelegenen Querschnittsfasern, das $+$ Zeichen dagegen die größte Zugbeanspruchung der um e_1 entfernten Fasern der rechten Seite. Da die letztere stets die größte oder die ungünstigste Spannung darstellt, so ist unter weiterer Berücksichtigung der in der Klammer stehenden Vorzeichen zur Berechnung der in Fig. 43a und b vorgelegten Belastungsarten die Gleichung

$$\sigma_i = \frac{P_v}{f} + \frac{M_{b(l)} + M_b(\delta)}{\Theta} e_1,$$

für den in Fig. 43c dargestellten Fall aber

$$\sigma_i = \frac{P_v}{f} + \frac{M_{b(l)} - M_b(\delta)}{\Theta} e_1$$

zu benutzen.

In diesen Gleichungen bedeutet

$$M_{b(l)} = P_h \cdot 1$$

$$\text{und } M_b(\delta) = P_v \cdot \delta.$$

Die Gleichung der elastischen Linie für die beliebige Querschnittsstelle l_x der Fig. 43b lautet

$$x = \frac{P_h}{P_v} \left(l_x - \frac{1}{a} \cdot \frac{\operatorname{Sin}(a\,l) - \operatorname{Sin}[a\,(1 - l_x)]}{\operatorname{Cos}(a\,l)} \right).$$

Die größte Durchbiegung i beträgt

$$i = \frac{P_h}{P_v} \left(1 - \frac{1}{a} \operatorname{Tang}(a\,l) \right).$$

Das Biegungsmoment M_x erhält man aus

$$M_x = \frac{P_h}{a} \cdot \frac{\operatorname{Sin}[a\,(1 - l_x)]}{\operatorname{Cos}(a\,l)},$$

das für $l_x = 0$ das größte Moment

$$M_{max} = \frac{P_h}{a} \operatorname{Tang}(a\,l)$$

liefert.

Die Hyperbelfunktionen

$$\operatorname{Sin}(a\,l) = \frac{e^{a\,l} - e^{-a\,l}}{2},$$

$$\mathrm{Cos}\,(al) = \frac{e^{al} + e^{-al}}{2}$$

$$\text{und } \mathrm{Tang}\,(al) = \frac{\mathrm{Sin}\,(al)}{\mathrm{Cos}\,(al)}$$

sind aus Tafeln der Hyperbelfunktionen zu entnehmen. (S. Hütte: 18. Aufl. S. 28—32.)

3. Der an einer Seite eingespannte Körper wird am freien Ende mit einer achsial gerichteten, exzentrisch wirkenden Kraft P auf Druck beansprucht.

Würde in Fig. 44 die Kraft P zentrisch, d. h. über den oberen Querschnitt B gleichmäßig verteilt angreifen, so kämen für kurze Körper die im § 2 der Einführung, für lange Körper — bei denen die Knicklänge erreicht ist — die im § 25 der Einführung besprochenen Verhält-nisse in Frage.

Auch in dem vorliegenden Belastungsfalle können, der Körperlänge entsprechend, zwei Arten von Belastungen unterschieden werden, die in den folgenden Abschnitten a und b aufgeführt sind.

a) Die Länge des Körpers liegt außerhalb der Knicklänge.

Da nach Fig. 44 die Kraft P außerhalb des Schwerpunktes angreift, wird die rechte Seite des Querschnittes B mehr belastet als die linke. Die Mehrbelastung ist abhängig von der Länge des Hebelarmes δ, der das Biegungsmoment $M_b = P\delta$ bedingt.

Mittelst der beiden Zusatzkräfte $+P$ und $-P$ erkennt man aus Fig. 44, daß der Querschnitt B auf Druck und Biegung zu berechnen ist.

Die von $-P$ hervorgerufene Druck-spannung σ_d beträgt

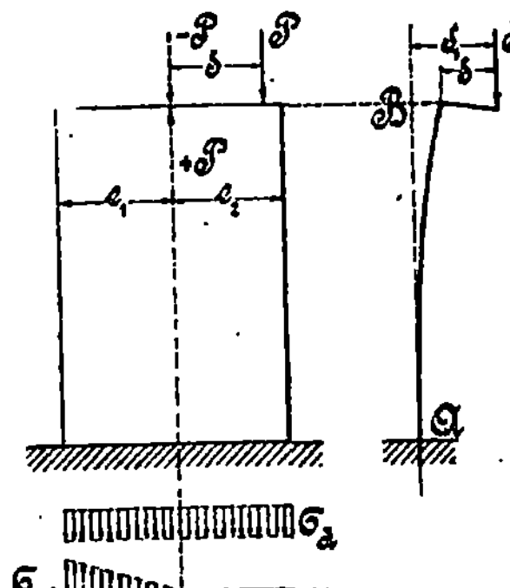

Fig. 44.

$$\sigma_d = \frac{P}{f},$$

die Biegungsspannung

$$\sigma_b = \frac{M_b}{W} = \frac{M_b}{\Theta}\,e.$$

Die erste Spannung nimmt mit dem Eigengewicht nach unten hin zu und erreicht ihren größten Wert bei A; das gleiche gilt für die zweite Spannung, die sich bei der Durchbiegung entsprechend der Vergrößerung von δ mit vergrößert.

Da es sich nun in dem vorliegenden Belastungsfalle um einen Körper handelt, der außerhalb der Knicklänge liegt, die Länge desselben also unberücksichtigt bleiben kann, so genügt es vollständig, mit den gegebenen Spannungswerten zu rechnen. Damit ergibt sich aber die zusammengesetzte Spannung

$$\sigma_i = -\sigma_d \pm \sigma_b = -\frac{P}{f} \pm \frac{M_b}{\Theta} e \left.\vphantom{\frac{M_b}{\Theta}}\right\} \quad \cdots \cdots 43$$

$$\text{,,} \qquad = -\left(\frac{P}{f} \mp \frac{M_b}{\Theta} e\right),$$

woraus zu ersehen ist, daß den größten Spannungswert die Druckseite erhält Er beträgt

$$\sigma_{i(d)} = -\left(\frac{P}{f} + \frac{M_b}{\Theta} e\right).$$

Handelt es sich um Materialien, bei denen die geringen Zugspannungen besonders in den Vordergrund treten, wie es z. B. beim Gußeisen, Mauerwerk etc. der Fall ist, so muß auch die auf der linken Seite des Körpers auftretende Zugspannung in Rechnung gezogen werden. Sie hat den Wert

$$\sigma_{i(z)} = -\left(\frac{P}{f} - \frac{M_b}{\Theta} e_1\right).$$

b) Die Länge des Körpers liegt innerhalb der Knicklänge.

Sobald ein Körper eine Länge hat, welche die im § 25 Abs. 3 der Einführung unter der Gleichung 143 aufgeführte Knicklänge erreicht oder überschreitet, so sind auch die Verhältnisse der Knickung mit zu berücksichtigen.

Auch in diesem Belastungsfalle bildet sich die zusammengesetzte Spannung σ_i aus einer Druckspannung σ_d und einer Biegungsspannung σ_b.

Für den oberen Querschnitt B beträgt die Druckspannung wieder

$$\sigma_d = \frac{P}{f}.$$

Für den unteren Querschnitt A müßte der Last P noch das Körpergewicht G zugefügt werden, wenn es bei der Druckspannung mit berücksichtigt werden soll.

Das für den Querschnitt B gültige Biegungsmoment $M_{min} = P\,\delta$ erreicht nach Fig. 45 für die unterste Stelle A den größten Wert $M_{max} = P(\delta + i)$.

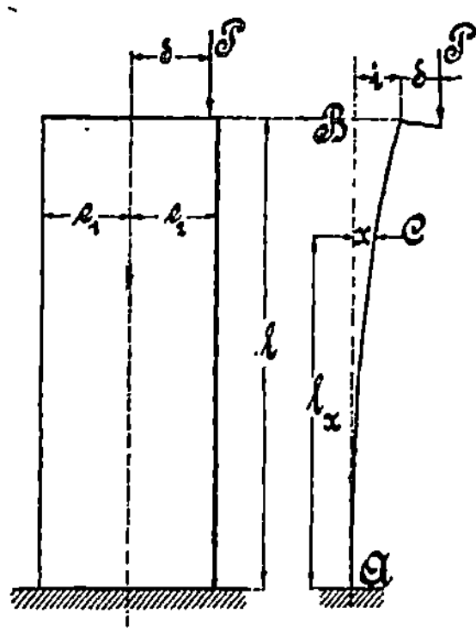

Fig. 45.

Für eine beliebig zwischen A und B liegende Querschnittsstelle C beträgt das Biegungsmoment

$$M_x = P(\delta + i - x).$$

Wird dieses Moment in die in § 14 Abs. 4 der Einführung aufgeführte allgemeine Elastizitätsgleichung

$$\pm \frac{d^2y}{dx^2} = \frac{\alpha M_x}{\Theta}$$

eingeführt, so erhält man daraus das größte Biegungsmoment

$$\left.\begin{aligned} M_{max} = M_b &= \frac{P\delta}{\cos(al)} \\ {}_{\text{\tiny$n$}} &= \frac{P\delta}{\omega} = P\delta.\eta, \end{aligned}\right\} \quad \ldots \ldots \ldots 44$$

worin

$$\eta = \frac{1}{\omega},$$

$$\omega = \cos(al),$$

$$a = \sqrt{\frac{P}{E\Theta}} \quad \text{in Bogenmaß}$$

oder

$${}_{\text{\tiny$n$}} = \frac{180}{\pi}\sqrt{\frac{P}{E\Theta}} \quad \text{in Gradmaß}$$

zu verstehen ist. Die größte Biegungsspannung σ_b beträgt dann

$$\sigma_b = \frac{M_b}{\Theta}e.$$

Führt man die Werte der Druck- und Biegungsspannung in die Gleichung 43 ein, so ergibt sich die für den vorliegenden Belastungsfall gültige zusammengesetzte Spannung σ_i zu

$$\left.\begin{aligned} \sigma_i = -\sigma_d \pm \sigma_b &= -\frac{P}{f} \pm \frac{M_b}{\Theta}e \\ {}_{\text{\tiny$n$}} &= -\left(\frac{P}{f} \mp \frac{M_b}{\Theta}e\right) \\ {}_{\text{\tiny$n$}} &= -\left(\frac{P}{f} \mp \frac{P\delta}{\Theta\cos(al)}e\right) \\ {}_{\text{\tiny$n$}} &= -\left(\frac{P}{f} \mp \frac{P\delta.\eta}{\Theta}e\right). \end{aligned}\right\} \quad \ldots \; 45$$

Diese Gleichung liefert für die Druckseite den Wert

$$\sigma_{i(d)} = -\left(\frac{P}{f} + \frac{P\delta}{\Theta\cos\left(\frac{180}{\pi}\sqrt{\frac{P}{E\Theta}}.1\right)}e_2\right),$$

für die Zugseite

$$\sigma_{i(z)} = -\left(\frac{P}{f} - \frac{P\delta}{\Theta\cos\left(\frac{180}{\pi}\sqrt{\frac{P}{E\Theta}}.1\right)}e_1\right).$$

Die Gleichung der elastischen Linie beträgt für einen im Abstande l_x gelegenen Querschnitt

$$x = \delta \frac{1 - \cos(a l_x)}{\cos(a l)},$$

die für $l_x = l$ die größte Durchbiegung

$$i = \delta \left(\frac{1}{\cos(a l)} - 1\right)$$

liefert, zu der man auch auf folgende Weise gelangen kann:

Nach Fig. 45 ist $\qquad M_{max} = P(\delta + i)$,

nach Gleichung 44 $\qquad M_{max} = \dfrac{P\delta}{\cos(a l)}.$

Daraus folgt

$$P(\delta + i) = \frac{P\delta}{\cos(a l)}$$

oder

$$\delta + i = \frac{\delta}{\cos(a l)},$$

woraus dann die größte Durchbiegung

$$i = \frac{\delta}{\cos(a l)} - \delta = \delta \left(\frac{1}{\cos(a l)} - 1\right)$$

folgt.

Das für die im Abstande l_x gelegene Querschnittsstelle gültige Biegungs-moment M_x erhält man aus

$$M_x = P\delta \frac{\cos(a l_x)}{\cos(a l)},$$

das für $l_x = 0$ den größten Wert

$$M_{max} = \frac{P\delta}{\cos(a l)}$$

erreicht.

NB. Setzt man nun noch

$$\cos(a l) = 1 - \frac{P l^2}{2 E \Theta},$$

> ergeben sich brauchbare Näherungsgleichungen.

. Der an einer Seite eingespannte Körper wird am freien Ende mit einer beliebig gerichteten Kraft P auf Druck beansprucht.

Wird ein Körper mit einer Kraft P so auf Druck beansprucht, daß e Kraftrichtung mit der Achsenrichtung des Körpers einen Winkel α nschließt, so sind nur die drei in Fig. 46 dargestellten Belastungsfälle nkbar.

Während bei Fig. 46 b der Angriffspunkt der Kraft mit dem Schwer-nkte des oberen Querschnittes zusammenfällt, wird der Querschnitt bei g. 46 a und c rechts bezw. links vom Schwerpunkte angegriffen.

In allen drei Fällen kann man wieder die gegebene Kraft P in je ie senkrechte und horizontale Komponente

$$P_v = P \cos\alpha \quad \text{und} \quad P_h = P \sin\alpha$$

legen, wie es im 2. Belastungsfalle bereits geschehen ist.

Die Horizontalkraft P_h ruft in den einzelnen Querschnitten Biegungs-

spannungen hervor, die, am freien Ende mit Null anfangend, den größten
Wert an der Befestigungsstelle erreichen.

Die Vertikalkraft P_v verursacht mit bezug auf den 3. Belastungsfall eine Druckspannung σ_d, die nach der Einspannstelle hin entsprechend
der Gewichtsvermehrung zunimmt. Die am Hebelarm δ wirkende Kraft
P_v veranlaßt außerdem noch Biegungsspannungen, die in Fig. 46 b gleich
Null, in Fig. 46 c positiv, in Fig. 46 a aber negativ werden.

Wird das Eigengewicht wieder vernachlässigt, so erhält man für die
vorliegenden drei Fälle die zusammengesetzte Spannungsgleichung

$$\sigma_i = -\sigma_d \pm (\sigma_{b,1}) \pm \sigma_b(\delta))$$

$$\text{„} = -\frac{P_v}{f} \pm \left(\frac{M_{b(1)}}{\Theta} \pm \frac{M_{b(\delta)}}{\Theta} e\right)$$

$$\text{„} = -\frac{P_v}{f} \pm \frac{M_{b(1)} \pm M_{b(\delta)}}{\Theta} e \quad . \quad . \quad . \quad . \quad . \quad . \quad \mathbf{46}$$

Das vor der Klammer stehende $+$ Zeichen ist zu verwenden, wenn
die durch das Biegungsmoment $M_{b(1)}$ bedingte Zugspannung der im

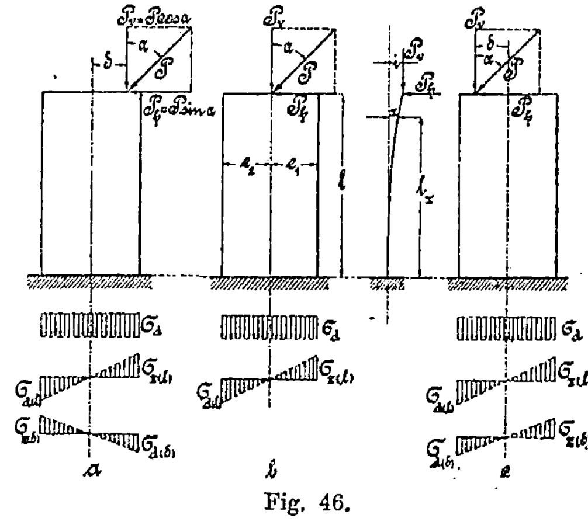

Abstande e_1 liegenden Fasern in Rechnung gezogen
wird, das $-$ Zeichen da-
gegen weist auf die durch
das gleiche Moment bewirkte
Druckspannung der e_2 entfernten Fasern hin.

Das negative Zeichen
in der Klammer hat nur bei
Fig. 46 a Geltung, wo das
Biegungsmoment $M_b(\delta)$ dem
ersten Momente $M_{b(1)}$ ent-
gegen, also zugunsten der
Konstruktion, wirkt.

Zerlegt man die Glei-
chung 46 in die einzelnen

Fig. 46.

Fälle, so ergibt sich die Faserspannung

1. für die Fig. 46 a:

rechte Seite
$$\sigma_i = -\frac{P_v}{f} + \frac{M_{b(1)} - M_b(\delta)}{\Theta} e_1$$

linke Seite
$$\sigma_i = -\frac{P_v}{f} - \frac{M_{b(1)} - M_b(\delta)}{\Theta} e_2,$$

2. für die Fig. 46 b:

rechte Seite
$$\sigma_i = -\frac{P_v}{f} + \frac{M_{b(1)}}{\Theta} e_1$$

nke Seite
$$\sigma_i = -\frac{P_v}{f} - \frac{M_{b(l)}}{\Theta}e_2,$$

3. für die Fig. 46 c:

echte Seite
$$\sigma_i = -\frac{P_v}{f} + \frac{M_{b(l)} + M_b(\delta)}{\Theta}e_1$$

nke Seite
$$\sigma_i = -\frac{P_v}{f} - \frac{M_{b(l)} + M_b(\delta)}{\Theta}e_2.$$

NB. Besitzt der in Fig. 46 dargestellte Körper eine Länge, die die echnung auf Knickung erforderlich macht, so sind in der Gleichung 46 ir das Biegungsmoment $M_b(\delta)$ die unter Abschnitt 3 b dieses Paragraphen ngegebenen Verhältnisse zu berücksichtigen, denen zufolge für $M_b(\delta)$ das us Gleichung 44 sich ergebende Biegungsmoment zu benutzen ist.

Die Gleichung der elastischen Linie lautet für den Abstand l_x der Fig. 46 b
$$x = \frac{Ph}{P_v}\left(-1 + \frac{1}{a} \cdot \frac{\sin(a\,l) - \sin[a\,(l - l_x)]}{\cos(a\,l)}\right).$$
Die größte Durchbiegung i wird erreicht aus
$$i = \frac{Ph}{P_v}\left(-1 - \frac{1}{a}\,tg(a\,l)\right).$$
Das Biegungsmoment M_x für die beliebige Querschnittsstelle l_x beträgt
$$M_x = \frac{Ph}{a} \cdot \frac{\sin[a(l - l_x)]}{\cos(a\,l)},$$
as für $l_x = 0$ den größten Wert
$$M_{max} = \frac{Ph}{a}\,tg(a\,l)$$
nnimmt. Hierin bedeutet wieder
$$a = \sqrt{\frac{P_v}{E\,\Theta}}.$$

. Der exzentrisch belastete Pfeiler aus Mauerwerk oder ähnlichen Materialien.

Als einen Sonderfall der unter 3 a dieses Paragraphen aufgeführten elastungsgruppe kann man die exzentrische Belastung eines Mauerpfeilers nsofern ansehen, als hierbei von vornherein ganz besonderes Augenmerk uf die Zugspannungen zu richten ist.

Für gewöhnlich handelt es sich hierbei darum, entweder

1. die Zugspannungen ganz zu vermeiden, was nur unter den aus 9 Abs. 1, Fig. 23 a und c aufgeführten Bedingungen möglich ist, oder

2. die etwaigen auftretenden Zugspannungen durch geeignete Kontruktionsmittel unschädlich zu machen (vergl. Fig. 207 im 5ö. Beispiel er Einführung).

Als weiteres Merkmal des vorliegenden Belastungsfalles ist die unerißliche Berücksichtigung des verhältnismäßig hohen Eigengewichtes des 'feilers hervorzuheben.

Im folgenden seien zwei Lastfälle behandelt.

a) Die Pfeilerlast beansprucht die ganze Grundfläche des Bodens auf Druck.

Der in Fig. 47 dargestellte Pfeiler vom Gewichte G und den Querschnittsabmessungen a und b werde mit der parallel zur Achse gerichteten Last P exzentrisch beansprucht. Hierdurch entsteht ein Biegungsmoment

$$M_b = P\left(\frac{a}{2} - x\right) = P\frac{a - 2x}{2},$$

das in der linken und rechten Kante des Querschnittes die Biegungsspannungen

$$\sigma = \frac{M_b}{W} = \frac{P\dfrac{a - 2x}{2}}{\dfrac{ba^2}{6}} = \frac{6P(a - 2x)}{2a^2b}$$

hervorruft.

Da nun nach dem Belastungsfall 3a die Last P auch eine über den ganzen Querschnitt gleichmäßig verteilte Druckspannung

$$\sigma_{d(P)} = \frac{P}{f} = \frac{P}{ab}$$

bewirkt, das Gewicht G aber eine solche von

$$\sigma_{d(G)} = \frac{G}{f} = \frac{G}{ab}$$

veranlaßt, so erhält man unter Beachtung der Vorzeichen $+$ und $-$ für Zug und Druck die in der **rechten Kante** auftretende größte Spannung

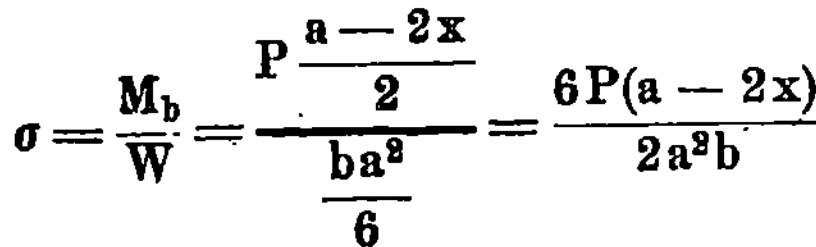

$$\sigma_{i(max)} = -\left(\sigma_{d(G)} + \sigma_{d(P)} + \sigma_{d(b)}\right)$$

$$\text{''} \quad = -\left(\frac{G}{ab} + \frac{P}{ab} + \frac{3P(a - 2x)}{a^2b}\right)$$

$$\text{''} \quad = -\left(\frac{P + G}{ab} + \frac{3P(a - 2x)}{a^2b}\right),$$

und die in der **linken Kante** vorliegende kleinste Spannung

$$\sigma_{i(min)} = -\left(\sigma_{d(G)} + \sigma_{d(P)} - \sigma_{z(b)}\right)$$

$$\text{''} \quad = -\left(\frac{P + G}{ab} - \frac{3P(a - 2x)}{a^2b}\right).$$

$$\left. \qquad \qquad \right\} \quad \ldots \quad 47$$

Solange nun der Wert des zweiten Gliedes in der Klammer kleiner oder gleich dem Werte des ersten Gliedes ist, solange ist auch eine Zugspannung auf der linken Seite ausgeschlossen.

Überschreitet dagegen das zweite Glied den Wert des ersten, so erhält man für σ_{min} einen positiven Wert, was auf eine Zugspannung hinweist, welche die linke Seite des Pfeilers außer Berührung mit dem Boden bringen würde, was natürlich unzulässig ist.

Von praktischer Bedeutung ist daher nur die wirklich vorhandene Druckfläche, die in solchem Falle auch nur in Rechnung zu setzen ist, wie es der folgende Belastungsfall zeigt.

b) Die Pfeilerlast beansprucht nur einen Teil der Grundfläche des Bodens auf Druck.

Während in Fig. 47 die exzentrisch angreifende Last P mehr nach der Mitte des Querschnittes zu, d. h. innerhalb der in § 10 Abs. 4 für das Rechteck dargestellten Kernfläche, angeordnet war, liege in der vorliegenden Fig. 48 der Angriffspunkt der Last P außerhalb des Kernes, wobei die Grundfläche des Pfeilers den Boden nur über die Länge c auf Druck beansprucht. Hierbei sind nach § 9 Abs. 1 die Spannungen so verteilt, daß an der rechten Pfeilerkante die größte Druckspannung $\sigma_{id(max)}$, in der Mitte S der Grundfläche die von der Last P und dem Pfeilergewichte G herrührende Normalspannung $(\sigma_{d(P)} + \sigma_{d(G)})$ und an der Querschnittsstelle B die Spannung gleich Null auftritt.

Da nun hier eine Zugspannung nicht auftreten darf, kann zur Berechnung der Biegungsspannung auch nur die gedrückte Fläche herangezogen werden. Die Last P und das Gewicht G belasten dann die Fläche mit den Druckspannungen

$$\sigma_{d(P)} + \sigma_{d(G)} = \frac{P}{bc} + \frac{G}{bc} = \frac{P+G}{bc}.$$

Mit bezug auf Fig. 46 beträgt das Biegungsmoment

$$M_b = P\left(\frac{c}{2} - x\right) - G\left(\frac{a}{2} - \frac{c}{2}\right)$$

$$\text{,,} \quad = \frac{1}{2}\left[P(c - 2x) - G(a - c)\right],$$

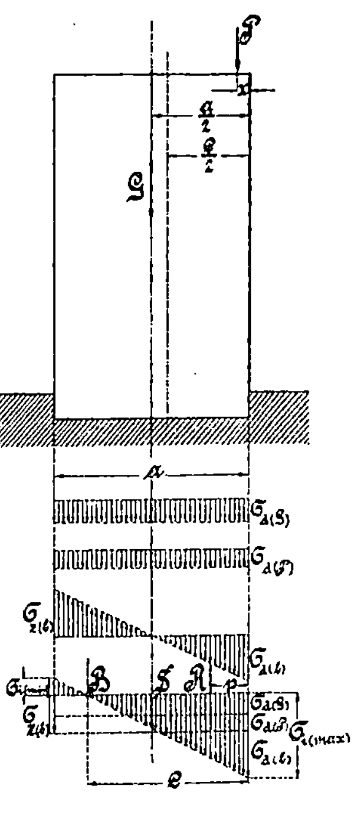

Fig. 48.

womit die Biegungsspannung $\sigma_{d(b)}$ an der rechten Pfeilerkante mit

$$\sigma_{d(b)} = \frac{M_b}{W} = \frac{\frac{1}{2}\left[P(c - 2x) - G(a - c)\right]}{\frac{bc^2}{6}}$$

$$\sigma_{d(b)} = \frac{3\,[P(c-2x)-G(a-c)]}{bc^2}$$

gewonnen wird.

Die gesamte Druckspannung der rechten Kante beträgt somit

$$\sigma_{id} = -(\sigma_{d(P)} + \sigma_{d(G)} + \sigma_{d(b)})$$

$$_{,,} = -\left(\frac{P+G}{bc} + \frac{3\,[P(c-2x)-G(a-c)]}{bc^2}\right),$$

worin die Strecke c noch unbekannt ist. Diese ergibt sich aber aus der für den Nullpunkt B gültigen Gleichung

$$0 = \frac{P+G}{bc} - \frac{3\,[P(c-2x)-G(a-c)]}{bc^2}$$

zu

$$0 = P + G - \frac{3\,[P(c-2x)-G(a-c)]}{c}$$

$$0 = (P+G)\,c - 3\,(Pc - 2Px - Ga + Gc),$$

$$(P+G)\,c = 3\,(Pc - 2Px - Ga + Gr)$$

$$_{,,} \quad = 3\,c\,(P+G) - 3\,(2Px + Ga),$$

$$(P+G)\,c - 3\,c\,(P+G) = -3\,(2Px+Ga),$$

$$-2\,c\,(P+G) = \quad _{,,} \qquad ,$$

$$c \quad = \frac{-3\,(2Px+Ga)}{-2\,(P+G)}$$

$$c \quad = \frac{3}{2}\cdot\frac{2Px+Ga}{P+G} \quad \cdot\;\cdot\;\cdot\;\cdot\;\cdot\;\cdot\; \mathbf{48}$$

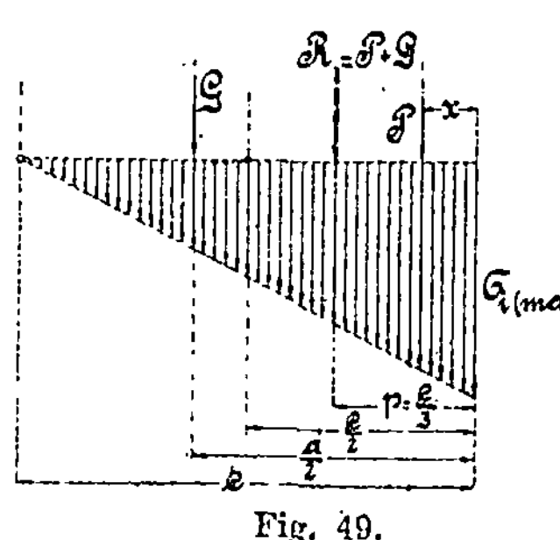

Fig. 49.

Die vorgenannte Spannungsgleichung der rechten Kante kann man sehr einfach gestalten, wenn man das darin aufgeführte Biegungsmoment

$$M_b = P\left(\frac{c}{2}-x\right) - G\left(\frac{a}{2}-\frac{c}{2}\right)$$

durch das gleichgroße Moment

$$M_b = R\left(\frac{c}{2}-p\right)$$

der resultierenden Kraft „R = P + G" ersetzt, die im Schwerpunkt der Spannungsfläche, d. h. im Abstande $p = \dfrac{c}{3}$ von der rechten Pfeilerkante, ihren Angriffspunkt hat.

Das Einsetzen liefert dann

$$\sigma_{i(max)} = -\left(\frac{P+G}{bc} + \frac{6R\left(\frac{c}{2}-p\right)}{bc^2}\right)$$

$$\sigma_{i(max)} = -\left(\frac{P+G}{b \cdot 3p} + \frac{6(P+G)\left(\frac{3}{2}p-p\right)}{b(3p)^2}\right)$$

$$„ \; = -\left(\frac{P+G}{3bp} + \frac{6(P+G)0,5p}{9bp^2}\right)$$

$$„ \; = -\left(\frac{P+G}{3bp} + \frac{P+G}{3bp}\right)$$

$$„ \; = -\frac{2}{3}\cdot\frac{P+G}{bp} = -\frac{2}{3}\cdot\frac{P+G}{b\cdot\dfrac{c}{3}}$$

$$„ \; = -2\cdot\frac{P+G}{bc} \qquad \ldots\ldots\ldots\ldots\quad 49$$

Dieses Resultat besagt, daß die an der rechten Pfeilerkante auftretende Druckspannung doppelt so groß ist, als die Spannung, welche bei gleichmäßiger Verteilung der Last P und des Gewichtes G über den Querschnitt b c auftritt.

NB. Die vorstehenden Ergebnisse hätte man auch mit Hilfe der im § 9 genannten Gleichung 31 bezw. 32 erhalten können.

6. Der gespannte Freiträger mit Endbelastung.

Ein Freiträger wird gespannt genannt, wenn er neben Biegung gleichzeitig noch auf Zug oder Druck beansprucht wird. Je nachdem die

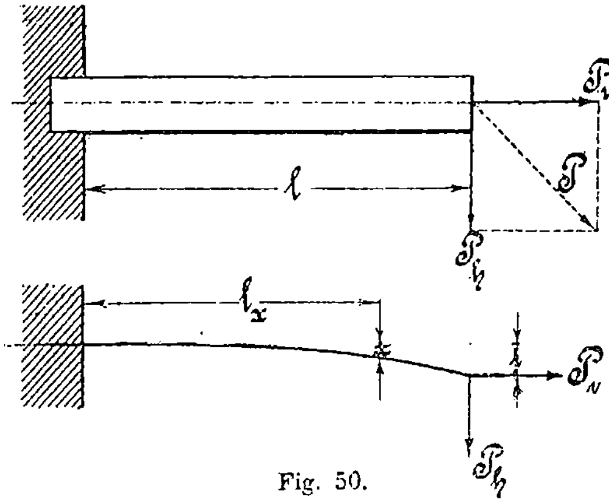

Fig. 50.

Achsialkraft ziehend oder drückend wirkt, kann man folgende zwei Belastungsfälle unterscheiden.

a) Die Achsialkraft beansprucht den Träger auf Zug.

Der in Fig. 50 dargestellte Fall lässt erkennen, daß hier die gleichen Verhältnisse vorliegen, wie bei dem in Fig. 43 b behandelten 2. Belastungsfall. Es lassen sich deshalb auch die dort aufgeführten Gleichungen ohne weiteres auf den hier vorliegenden Belastungsfall übertragen, Die Bezeichnungen sind in beiden Belastungsfällen gleich gewählt.

b) Die Achsialkraft beansprucht den Träger auf Druck.

Die Fig. 51 zeigt die Übereinstimmung des hier vorliegenden Belastungsfalles mit dem aus Fig. 46 b ersichtlichen 4. Belastungsfall, dessen Ausführungen und Gleichungen auch hier Geltung haben.

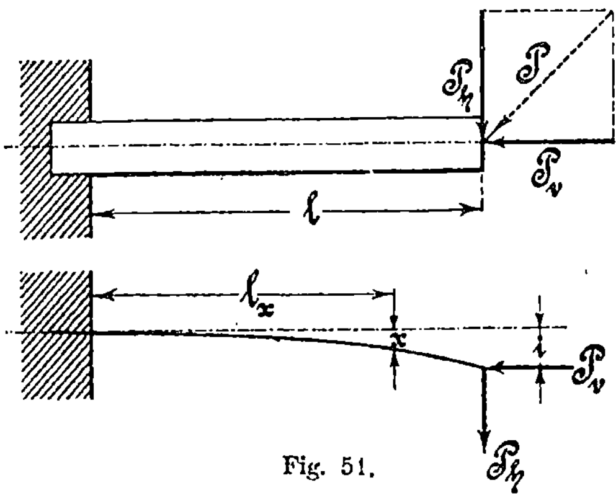

Fig. 51.

7. Der gespannte Freiträger mit gleichmäßig verteilter Belastung.

Auch hier unterscheidet man, der Richtung der Achsialkraft zufolge, folgende zwei Belastungsfälle:

a) Die Achsialkraft beansprucht den Träger auf Druck.

Für eine beliebige Querschnittsstelle l_x hat in Fig. 52 das Biegungsmoment M_x den Wert

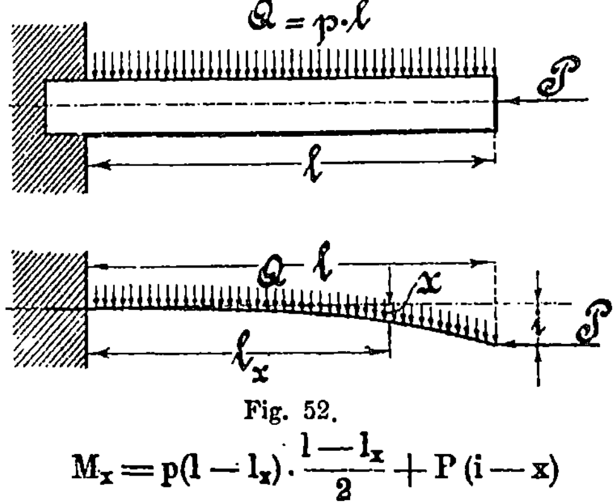

Fig. 52.

$$M_x = p(l - l_x) \cdot \frac{l - l_x}{2} + P(i - x)$$

$$M_x = \frac{p}{2}(1 - l_x)^2 + P(i - x), \qquad \dots \dots \quad \mathbf{50}$$

der für $l_x = 0$ bezw. $x = 0$ das größte Biegungsmoment M_{max} ergibt.

Das Biegungsmoment M_x läßt sich bestimmen, wenn die beiden mit Hilfe der Gleichung der elastischen Linie festzustellenden Durchbiegungen i und x bekannt sind.

Die Durchbiegung x folgt aus

$$x = \frac{Q}{P}\left[\frac{a\,l\sin(a\,l) - 1}{a^2\,l\cos(a\,l)}\left\{1 - \cos(a\,l_x)\right\} + \frac{\sin(a\,l_x)}{a} - l_x + \frac{l_x^2}{2\,l}\right]$$

$$_{\prime\prime} = \frac{Q}{P}\left[\frac{2\sin\left(\frac{a\,l_x}{2}\right)\left[a\,l\cos\left\{a\left(1 - \frac{1}{2}l_x\right)\right\} - \sin\left(\frac{a\,l_x}{2}\right)\right]}{a^2\,l\cos(a\,l)} - l_x + \frac{l_x^2}{2\,l}\right].$$

Die größte Durchbiegung i beträgt

$$i = \frac{Q}{P}\left[-\frac{1}{2}l + \frac{\cos(a\,l) + a\,l\sin(a\,l) - 1}{a^2\,l\cos(a\,l)}\right]$$

$$_{\prime\prime} = \frac{Q}{P}\left[-\frac{1}{2}l + \frac{2\sin\left(\frac{a\,l}{2}\right)\left\{a\,l\cos\left(\frac{a\,l}{2}\right) - \sin\left(\frac{a\,l}{2}\right)\right\}}{a^2\,l\cos(a\,l)}\right].$$

Die Größe a hat hierin wieder die im § 13 unter Abs. 3b angegebene Bedeutung

Ist das größte Biegungsmoment M_{max} ausgerechnet, so erhält man die zusammengesetzte Spannung σ_i nach der Gleichung 43.

b) Die Achsialkraft beansprucht den Träger auf Zug.

Während vorher die Druckkraft P ungünstig für den Träger wirkte, erhöht hier die Zugkraft P die Tragfähigkeit des in Fig. 53 angegebenen Trägers.

Das Biegungsmoment M_x für die Querschnittsstelle l_x beträgt

$$M_x = p\,(1 - l_x)\frac{1 - l_x}{2} - P(i - x)$$

$$_{\prime\prime} = \frac{p}{2}(1 - l_x)^2 - P(i - x), \quad \mathbf{51}$$

welches für $l_x = 0$ bezw. $x = 0$ den größten Wert M_{max} erreicht.

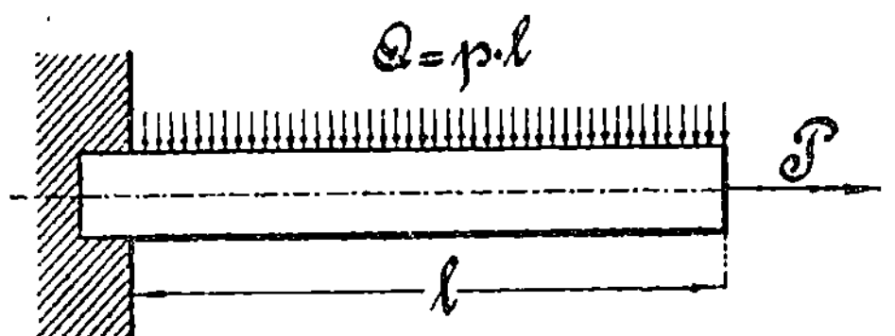

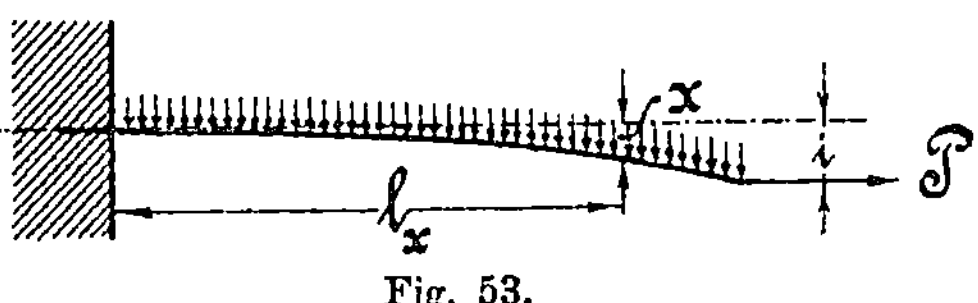

Fig. 53.

Die Durchbiegungen i und x erhält man, wenn in den vorstehenden Gleichungen die Druckkraft $+ P$ durch die Zugkraft $- P$ und die trigonometrischen Funktionen durch die hyperbolischen ersetzt werden.

Die Gleichungen lauten dann

$$x = -\frac{Q}{P}\left[\frac{a\,l\,\mathrm{Sin}\,(a\,l) - 1}{a^2\,l\,\mathrm{Cos}\,(a\,l)}\left\{1 - \mathrm{Cos}\,(a\,l_x)\right\} + \frac{\mathrm{Sin}\,(a\,l_x)}{a} - l_x + \frac{l_x^2}{2\,l}\right]$$

$$= -\frac{Q}{P}\left[\frac{2\,\mathrm{Sin}\left(\frac{a\,l_x}{2}\right)\left[a\,l\,\mathrm{Cos}\left\{a\,(l - \tfrac{1}{2}\,l_x)\right\} - \mathrm{Sin}\left(\frac{a\,l_x}{2}\right)\right]}{a^2\,l\,\mathrm{Cos}\,(a\,l)} - l_x + \frac{l_x^2}{2\,l}\right]$$

und

$$i = -\frac{Q}{P}\left[-\frac{1}{2}\,l + \frac{\mathrm{Cos}\,(a\,l) + a\,l\,\mathrm{Sin}\,(a\,l) - 1}{a^2\,l\,\mathrm{Cos}\,(a\,l)}\right]$$

$$= \frac{Q}{P}\left[\frac{1}{2}\,l - \frac{2\,\mathrm{Sin}\left(\frac{a\,l}{2}\right)\left\{a\,l\,\mathrm{Cos}\left(\frac{a\,l}{2}\right) - \mathrm{Sin}\left(\frac{a\,l}{2}\right)\right\}}{a^2\,l\,\mathrm{Cos}\,(a\,l)}\right]$$

Nach der Ermittelung des größten Biegungsmomentes M_{max} kann man dann auch nach Gleichung 41 die ideelle Spannung feststellen.

8. Der gespannte Zweistützenträger bei Mittelbelastung.

Ist ein Träger an den beiden Enden gelenkartig gelagert, in der Mitte mit einer senkrecht zur Trägerachse gerichteten Einzellast und in der Achsenrichtung mit einer Normalkraft belastet, so kann man unter Berücksichtigung der Zug- und Druckkraft ebenfalls zwei Belastungsfälle unterscheiden.

a) Die Achsialkraft beansprucht den Träger auf Zug.

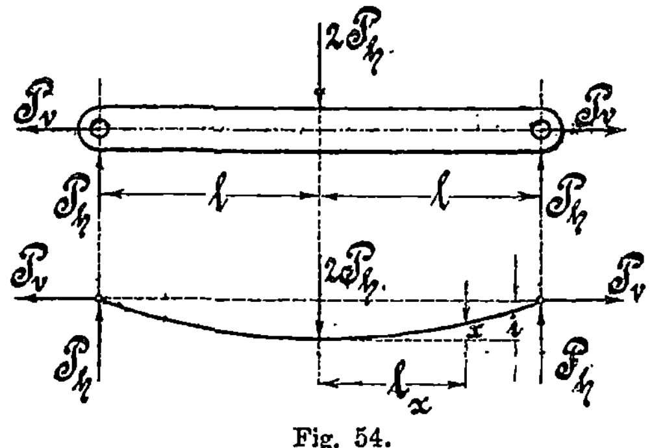

Fig. 54.

Da man sich den in Fig. 54 vorgelegten Träger in der Mitte unterstützt und somit in zwei gleichbeanspruchte Freiträger nach Art des Belastungsfalles 6 a bestehend denken kann, so haben die daselbst angegebenen Gleichungen auch ohne weiteres im vorliegenden Falle Geltung.

In der Figur sind die Bezeichnungen so gewählt, daß in den genannten Gleichungen sich nichts zu ändern braucht.

b) Die Achsialkraft beansprucht den Träger auf Druck.

Auch den in Fig. 55 dargestellten Träger kann man sich in zwei Freiträger zerlegt denken, von denen jeder dem Belastungsfalle 6 b entspricht.

Die daselbst angedeuteten Gleichungen können daher auch hier in unveränderter Form Anwendung finden.

NB. Sind die Enden nicht scharnierartig gelagert, sondern liegt der Träger, wie Fig. 56 zeigt, beiderseitig frei auf, so tritt bei der Durchbiegung des Trägers eine Verschiebung λ der Stützpunkte bezw. der aufeinanderliegenden Stützflächen ein, wobei an jedem Trägerende ein Reibungswiderstand R zu überwinden ist.

Die von den Reibungskoeffizienten der zusammenarbeitenden Materialien abhängige Kraft R veranlaßt nun ein zugunsten der Konstruktion dienendes, d. h. dem Biegungsmomente M_{max} entgegenwirkendes Moment,

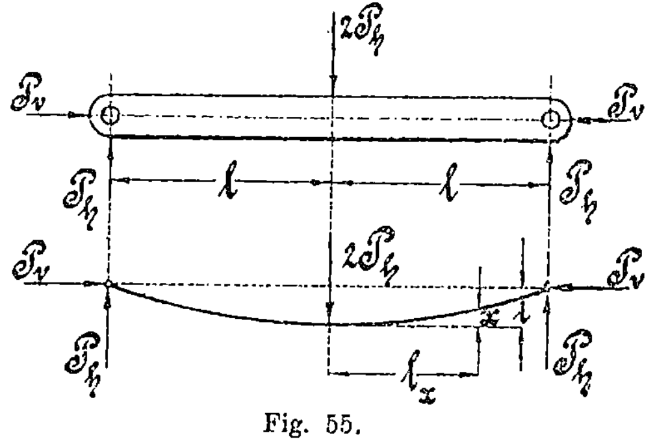

Fig. 55.

$$M = R \cdot e_1, \quad \ldots \ldots \ldots \ldots \quad 52$$

welches von der Höhe des Trägers abhängig ist.

Die Kraft R beträgt für unbewegliche Auflager, bei denen nur gegenseitige Reibung auftritt,

$$R = \frac{P}{2}\,\mu, \quad \ldots \ldots \ldots \ldots \quad 53$$

wo μ den Koeffizienten der gleitenden Reibung bezeichnet.

Der genannte Reibungsbetrag kann aber wesentlich überschritten werden, wenn sich z. B. die Auflager in das Trägermaterial eindrücken. Andererseits kann aber auch der Betrag den angegebenen Wert unterschreiten, falls Rollenauflager gewählt werden.

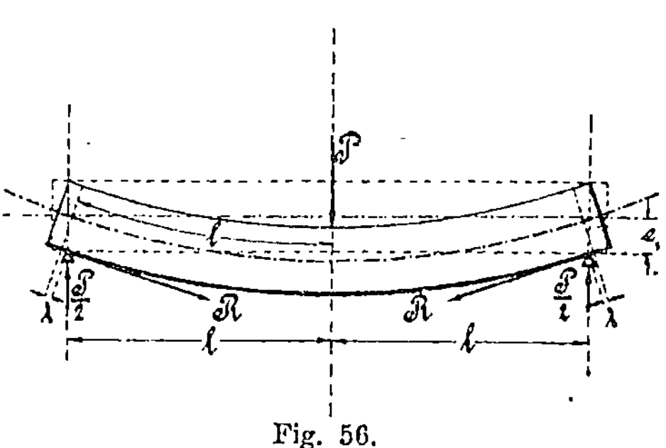

Fig. 56.

Da in den meisten Fällen der Praxis auf die vorgenannte Verschiebung λ und deren Wirkungen keine Rücksicht genommen wird, was übrigens schon aus den im § 23b und c der Einführung aufgeführten Belastungsfällen hervorgeht, so mögen die vorstehenden Andeutungen über die Reibungsverhältnisse bei dem frei auf zwei Stützen gelagerten Träger genügen.

Sonst treten dieselben Verhältnisse auch bei vollkommen aufliegenden, d. h. über die ganze Länge gelagerten Trägern auf, wie es beispielsweise bei den Eisenbahnschwellen der Fall ist.

9. Der gespannte Zweistützenträger bei gleichmäßig verteilter Belastung.

Wird ein an beiden Enden drehbar gelagerter Träger über seine ganze Länge gleichmäßig verteilt belastet, und wirkt gleichzeitig in Richtung der Achse noch eine Normalkraft auf den Träger ein, so ergeben sich die nachbenannten zwei Belastungsfälle.

a) *Die Achsialkraft beansprucht den Träger auf Druck.*

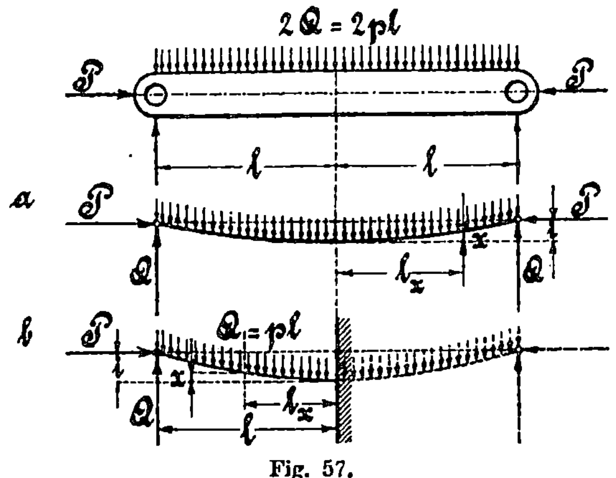

Fig. 57.

Da bei dem vorliegenden Belastungsfalle das größte Biegungsmoment M_{max} und somit auch die größte Durchbiegung i in der Trägermitte auftritt, so kann man sich nach Fig. 57 b den beiderseitig gelagerten Träger in zwei gleiche Freiträger zerlegt denken.

Für eine beliebig gelegene Querschnittsstelle l_x beträgt das Biegungsmoment

$$M_x = P(i-x) + Q(l-l_x) - p(l-l_x)\frac{l-l_x}{2}$$

$$\text{„} = P(i-x) + Q(l-l_x) - \frac{p}{2}(l-l_x)^2,$$

das für $l_x = 0$ bezw. für $x = 0$ den größten Wert

$$M_{max} = Pi + Ql - \frac{p}{2}l^2$$

erreicht.

Die Durchbiegungen x und i ergeben sich wiederum mit Hilfe der im § 14 Abs. 4 der Einführung angegebenen Gleichung der elastischen Linie zu

$$x = \frac{Q}{P}\left(-\frac{l_x^2}{2l} + \frac{1}{a^2 l}\cdot\frac{1-\cos(al_x)}{\cos(al)}\right)$$

und

$$i = \frac{Q}{P}\left(-\frac{l}{2} + \frac{1}{a^2 l}\cdot\frac{1-\cos(al)}{\cos(al)}\right).$$

Auch hier ist unter a der Wert

$$a = \sqrt{\frac{P}{E\Theta}} = \sqrt{\frac{P\alpha}{\Theta}}$$

verstanden.

Mit diesen Werten ergibt sich das Biegungsmoment M_x zu

$$M_x = \frac{Q}{a^2 l} \cdot \frac{\cos(a l_x) - \cos(a l)}{\cos(a l)}$$

und für $l_x = 0$ das größte Moment

$$M_{max} = \frac{Q}{a^2 l} \cdot \frac{1 - \cos(a l)}{\cos(a l)} = \frac{Q}{a^2 l} \left(\frac{1}{\cos(a l)} - 1 \right).$$

. . . . 54

Die auf der Zug und Druckseite auftretenden größten Materialspannungen erhält man dann nach Gleichung 43 zu

$$\sigma_i = - \left(\frac{P}{f} \pm \frac{M_{max}}{\Theta} e \right),$$

. . . . 55

worin für e der auf der Zug- oder Druckseite gelegene Faserabstand e_1 bezw. e_2 zu setzen ist.

b) Die Achsialkraft beansprucht den Träger auf Zug.

Die vorgenannten Gleichungen kann man auch auf den vorliegenden Fall anwenden, wenn man die Normalkraft $+P$ durch $-P$ und den trigonometrischen Kosinus durch den hyperbolischen ersetzt.

Hier beträgt für eine beliebige Querschnittsstelle l_x das Biegungsmoment

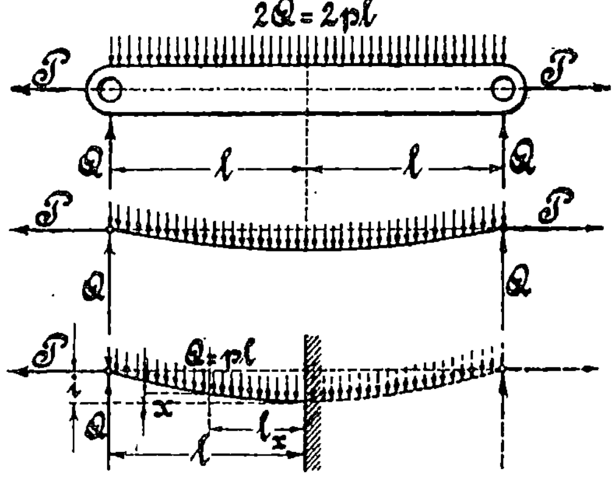

Fig. 58.

$$M_x = - P(i - x) + Q(l - l_x) - p(l - l_x)\frac{l - l_x}{2}$$

$$\text{,,} = - P(i - x) + Q(l - l_x) - \frac{p}{2}(l - l_x)^2,$$

das für $l_x = 0$ bezw. für $x = 0$ den größten Wert

$$M_{max} = - Pi + Ql - \frac{p}{2}l^2$$

erreicht.

Die Durchbiegungen x und i erhält man aus

$$x = - \frac{Q}{P} \left(- \frac{l_x^2}{2l} - \frac{1}{a^2 l} \cdot \frac{1 - \cos(a l_x)}{\cos(a l)} \right)$$

$$\text{,} = \frac{Q}{P} \left(\frac{l_x^2}{2l} + \frac{1}{a^2 l} \cdot \frac{1 - \cos(a l_x)}{\cos(a l)} \right)$$

und

$$i = \frac{Q}{P}\left(\frac{1}{2} + \frac{1}{a^2 l} \cdot \frac{1 - \cos(al)}{\cos(al)}\right)$$

$$_n = \frac{Q}{P}\left[\frac{1}{2} + \frac{1}{a^2 l}\left(\frac{1}{\cos(al)} - 1\right)\right]$$

$$_n = \frac{Q}{P}\left[\frac{1}{2} - \frac{1}{a^2 l}\left(1 - \frac{1}{\cos(al)}\right)\right],$$

worin

$$a^2 = \frac{P}{E\,\Theta} = \frac{P\,\alpha}{\Theta}$$

bedeutet.

Das Biegungsmoment M_x entwickelt sich dann zu

$$M_x = \frac{Q}{a^2 l} \cdot \frac{\cos(al) - \cos(al_x)}{\cos(al)},$$

das für $l_x = 0$ das grösste Moment

$$M_{max} = \frac{Q}{a^2 l} \cdot \frac{\cos(al) - 1}{\cos(al)} = \frac{Q}{a^2 l}\left(1 - \frac{1}{\cos(al)}\right)$$

$$\left.\right\} \quad \ldots \quad \textbf{56}$$

liefert.

Die zusammengesetzte Spannung auf der Zug- und Druckseite erhält man dann nach Gleichung 41 zu

$$\sigma_i = \frac{P}{f} \pm \frac{M_{max}}{\Theta}\,e \qquad \ldots \ldots \ldots \quad \textbf{57}$$

NB. Wie die größte Biegungsmomentengleichung 56 erkennen läßt, wird das zweite Glied in der Klammer mit zunehmender Trägerlänge immer kleiner, so daß es bei größeren Längen als unwesentlich vernachlässigt werden kann.

Damit erhält man aber das größte Moment

$$M_{max} = \frac{Q}{a^2 l} = \frac{Q}{\dfrac{P}{E\,\Theta}\,l} = \frac{Q\,E\,\Theta}{P\,l} = \frac{Q\,\Theta}{\alpha\,P\,l} \qquad \ldots \ldots \quad \textbf{58}$$

als auch die Biegungsspannung

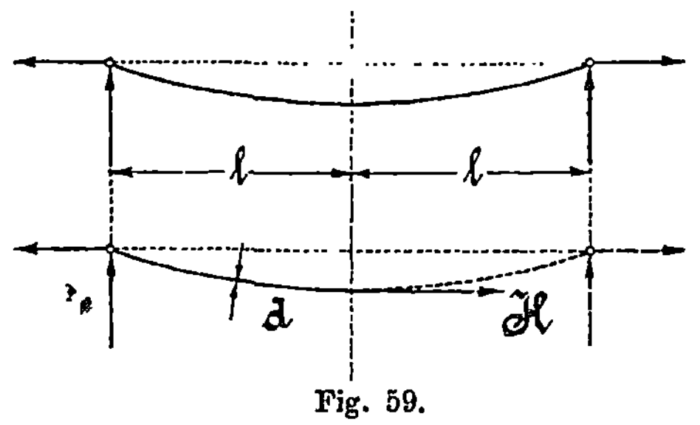

$$\sigma_b = \frac{M_{max}}{\Theta}\,e = \frac{\dfrac{Q\,\Theta}{\alpha\,P\,l}}{\Theta}\,e = \frac{Q\,e}{\alpha\,P\,l}$$

$$_n = \frac{p\,l\,e}{\alpha\,P\,l} = \frac{p\,e}{\alpha\,P'} \qquad \ldots \quad \textbf{59}$$

die dann in die zusammengesetzte Spannungsgleichung einzusetzen ist.

Bemerkung: Die Gleichung 59 ist auch gültig, wenn

Fig. 59.

ein Seil oder Draht nach Fig. 59 an beiden Enden aufgehängt ist. Das Eigengewicht bildet die Belastung, unter der sich das Seil durchhängt.

Hierbei bezeichnet

$p = f . \gamma$ das Gewicht der Längeneinheit des Drahtes vom Querschnitt f und dem spezifischen Gewicht γ,

$e = \dfrac{d}{2}$ den Halbmesser des Drahtes,

α den Dehnungskoeffizienten des Drahtmaterials und

$P = H$ die Horizontalkraft, mit der der Draht beansprucht bezw. angespannt ist.

NB. Wirkt auf den Draht noch eine Belastung ein, wie es beispielsweise im Winter bei den Leitungsdrähten der elektrischen Straßenbahn durch Schneelast der Fall sein kann, so rechnet man einfach diese Last zum Eigengewichte hinzu. Die Gleichung 59 kann somit auch hier Anwendung finden.

10. Der stabförmige Körper mit gekrümmter Mittellinie.

Die in den vorangegangenen neun Absätzen für stabförmige Körper mit gerader Mittellinie aufgestellten Gleichungen werden in der Praxis auch vielfach bei Körpern mit gekrümmter Mittellinie benutzt; besonders handelt es sich hierbei um Konstruktionsteile, die aus Schmiedeeisen oder Stahl angefertigt sind. Natürlich können die diesbezüglichen Rechnungen nur angenäherte sein. Diese Annäherungen kommen aber den richtigen Resultaten um so näher, je größer der Krümmungshalbmesser der Mittellinie des gebogenen Körpers ist.

Zur genauen Berechnung der letzteren Körper muß im allgemeinen dann geschritten werden, wenn es sich z. B. um Gußeisen-Material oder um sehr hohe Belastungen handelt.

Was die Form der gekrümmten Mittellinie eines gebogenen Körpers betrifft, so kann sie

1. eine ebene Kurve oder
2. eine räumliche Kurve sein.

Die letzte Form, die bei strenger Behandlung sehr komplizierte und umständliche Rechnungen erfordert, hat für die angewandte Praxis wenig Bedeutung.

Mehr Bedeutung hat dagegen die erste Form, bei der die Mittellinie in einer Ebene, der sogenannten Belastungsebene, liegt, in der die den Körper beanspruchenden äußeren Kräfte wirken. In derselben Ebene soll auch die Hauptachse sämtlicher Querschnitte des Körpers liegen, wie aus Fig. 60 zu ersehen ist.

Einen unter den letztgenannten Voraussetzungen belasteten Körper nennt man mit bezug auf seine fast ausschließliche praktische Anwendung, den „Normalfall der Praxis".

Er unterscheidet sich von dem im § 13 Abs. 1 aufgeführten geraden, exzentrisch belasteten Körper dadurch, daß, wie Fig. 60 zeigt, die den gebogenen Körper belastete Zug- oder Druckkraft P, als positiv und negativ wirkende parallele Hilfskraft, an eine beliebig zu berechnende Querschnittsstelle verlegt, diesen Querschnitt nicht mehr normal, sondern, der gekrümmten Mittellinie entsprechend, unter einem Winkel α angreift.

Während also die eine Hilfskraft ($-P$) mit der gegebenen Kraft P genau so, wie beim geraden Körper, das den Körper auf Biegung beanspruchende Kräftepaar darstellt, bildet die andere Hilfskraft P eine Resultante, die in die beiden Seitenkräfte N und S zu zerlegen ist, wovon N die den fraglichen Querschnitt belastende Normalkraft und S die in die Querschnittsrichtung fallende Schubkraft darstellt. Die letztere Kraft, die nach § 12 zu behandeln ist, wird infolge ihres geringen Einflusses am Resultate zumeist außer Rechnung gelassen.

Was bei dem vorliegenden Belastungsfall die Formänderung betrifft, sind zwei Annahmen gemacht worden, die beide in den meisten Fällen mit der Praxis gut übereinstimmende Ergebnisse geliefert haben.

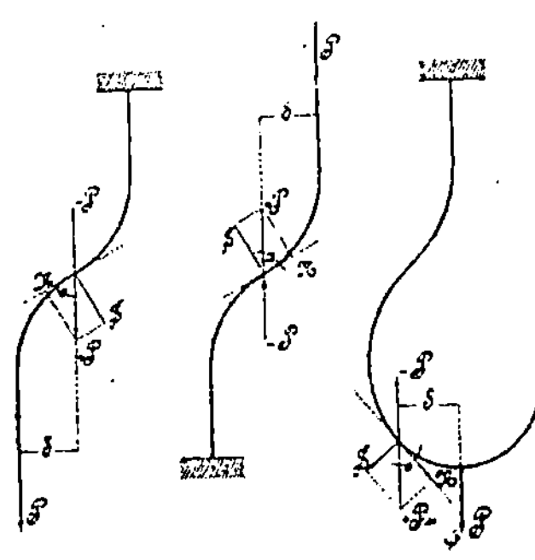

Fig. 60.

Nach der ersten Annahme von Bernoulli, wonach die ursprunglich ebenen Querschnitte auch während der Biegung eben bleiben, folgt, daß die Biegungsachse der Querschnitte nicht mehr durch deren Schwerpunkte geht.

Die zweite Annahme geht davon aus, daß die Spannungsverteilung nach wie vor der Biegung dem Ebenengesetze folgt, und daß auch die Biegungsachse ihre Lage nicht ändert, was aber dann zur Folge hat, daß die Querschnitte nicht mehr eben bleiben können.

Die diesbezüglichen von v. Bach angestellten Versuche sprechen für die erste Annahme, die auch den weiteren Ausführungen zugrunde gelegt ist.

Der Betrachtung des vorliegenden Belastungsfalles sei ein, aus dem gebogenen Körper herausgeschnittenes, in Fig. 61 zur Darstellung gebrachtes Körperelement vorgelegt, das von den beiden unendlich nahe gelegenen Querschnitten f_0 und f begrenzt wird.

Um eine bessere Übersicht zu erhalten, seien im folgenden die Formänderungen angegeben, wie sie sich unter den einzelnen Krafteinwirkungen herausbilden.

a) Die Normalkraft N beanspruche den Querschnitt allein.

Auf die Schnittflächen f_0 und f der beiden in Fig. 61 a und b dargestellten Körperelemente wirke die Normalkraft N gleichmäßig verteilt ein, so daß auf jede Flächeneinheit die konstante Zugspannung σ_z kommt.

Während sich die zwischen den Querschnitten f_0 und f befindlichen gleichlangen Fasern des in Fig. 61 a dargestellten geraden Körperelementes nach der im § 3 der Einführung genannten Gleichung

$$\lambda = \varepsilon l \text{ bezw. } \varepsilon = \alpha \sigma$$

um gleichviel ausdehnen, sind die Verlängerungen der gleichgelegenen Fasern im gebogenen Körperelemente Fig. 61 b, den verschiedenartigen Faserlängen entsprechend, verschieden. Es besteht nun aber nach dem vorstehenden Gesetze Proportionalität zwischen den Faserabständen η und den Längenänderungen λ,

wodurch bestätigt ist, daß der ursprüngliche Krümmungsmittelpunkt M auch während der Formänderung seine Lage behält. Der Krümmungshalbmesser ϱ ist dann aber konstant.

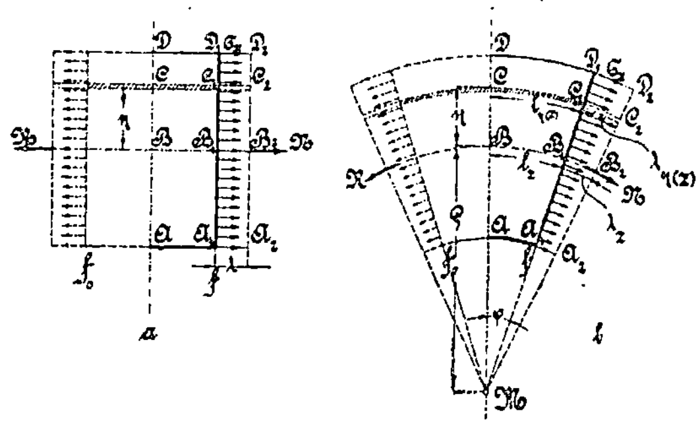

Da das Körperelement, bezogen auf die Mittellinie, symmetrisch ist, genügt es, mit dem in der Figur angedeuteten halben Elemente zu rechnen.

Fig. 61.

Die auf den Querschnitt f einwirkende Zugspannung σ_z beträgt mit bezug auf Fig. 61

$$\sigma_z = \frac{N}{f}. \qquad \qquad \qquad \qquad \textbf{60}$$

Der auf der neutralen Achse liegende Bogen BB_1 hat die Länge

$$\overset{\frown}{BB_1} = \varrho \, \text{arc} \, \varphi,$$

der im Abstande η gelegene Bogen CC_1 hat dagegen eine Länge

$$\overset{\frown}{CC_1} = (\varrho + \eta) \, \text{arc} \, \varphi.$$

Die zugehörigen Verlängerungen $\lambda_{(z)}$ und $\lambda_{\eta(z)}$ betragen dann

$$\lambda_{(z)} = \varepsilon_{(z)} l_{(z)} \quad = \alpha \sigma^z . \overset{\frown}{BB_1} = \alpha \frac{N}{f} \cdot \varrho \, \text{arc} \, \varphi$$

und

$$\lambda_{\eta(z)} = \varepsilon_{\eta(z)} l_{\eta(z)} = \alpha \sigma_z . \overset{\frown}{CC_1} = \alpha \frac{N}{f} \cdot (\varrho + \eta) \, \text{arc} \, \varphi.$$

$$\textbf{61}$$

b) Das Biegungsmoment M_b beanspruche den Querschnitt allein.

Betrachtet man wieder das halbe Körperelement, so zeigt Fig. 62, daß unter der Biegungseinwirkung der ursprüngliche Krümmungsmittelpunkt M in die neue Lage M_1 übergeht. Damit geht aber der anfängliche Krümmungshalbmesser ϱ in den neuen Halbmesser ϱ_1 über.

Bei dieser Veränderung verschiebt sich aber auch die neutrale Achse $\widehat{BB_1}$ des Körperelementes in die neue Lage $\widehat{EE_1}$, in der also die darin liegende Faserschicht keine Dehnung und Spannung erleidet.

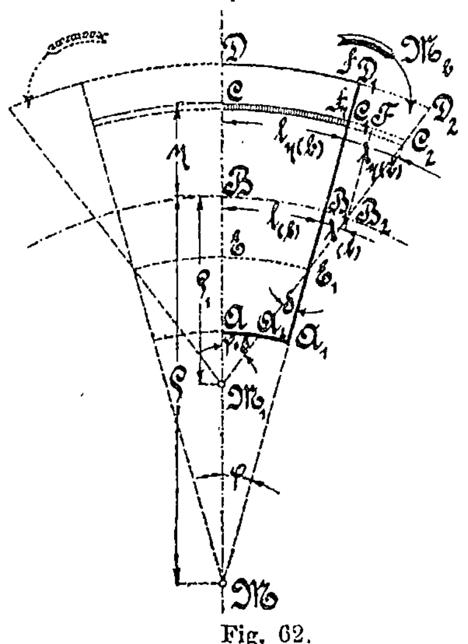

Fig. 62.

Bestimmt man nun zunächst die Dehnungen $\varepsilon_{(b)}$ und $\varepsilon_{\eta(b)}$ der Fasern $\widehat{BB_1}$ und $\widehat{CC_1}$, so folgt nach der im § 3 der Einführung angegebenen Gleichung

$$\lambda = \varepsilon l, \text{ worin } \varepsilon = \alpha\sigma \text{ darstellt,}$$

mit bezug auf Fig. 62,

1. für die Mittelfaser $\widehat{BB_1}$:

$$\varepsilon_{(b)} = \frac{\lambda_b}{l_b} = \frac{\widehat{B_1 B_2}}{\widehat{BB_1}} = \frac{\widehat{B_1 B_2}}{\varrho \, \text{arc} \, \varphi}, \qquad 62$$

woraus

$$\widehat{B_1 B_2} = \varepsilon_{(b)} \cdot \varrho \, \text{arc} \, \varphi \text{ folgt;}$$

2. für die im beliebigen Abstande η gelegene Faser $\widehat{CC_1}$:

$$\varepsilon_{\eta(b)} = \frac{\lambda_{\eta(b)}}{l_{\eta(b)}} = \frac{\widehat{C_1 C_2}}{\widehat{CC_1}} = \frac{\widehat{C_1 C_2}}{(\varrho + \eta) \, \text{arc} \, \varphi}.$$

Da die im Punkte B_2 zur Fläche $A_1 D_1$ gezogene Parallele $B_2 F$ den Bogen $\widehat{C_1 C_2}$ in die beiden Teile $\widehat{C_1 F}$ und $\widehat{FC_2}$ zerlegt, die als parallele Gegenseiten die Längen

$$\widehat{C_1 F} = \widehat{B_1 B_2}$$

und

$$\widehat{FC_2} = \eta \, \text{arc} \, \delta$$

haben, so erhält man die Dehnung $\varepsilon_{\eta(b)}$ zu

$$\varepsilon_{\eta(b)} = \frac{\widehat{C_1 F} + \widehat{FC_2}}{(\varrho + \eta) \, \text{arc} \, \varphi} = \frac{\widehat{B_1 B_2} + \eta \, \text{arc} \, \delta}{(\varrho + \eta) \, \text{arc} \, \varphi}$$

$$\text{\textquotedbl} = \frac{\varepsilon_{(b)} \varrho \, \text{arc} \, \varphi + \eta \, \text{arc} \, \delta}{(\varrho + \eta) \, \text{arc} \, \varphi}$$

$$\text{\textquotedbl} = \frac{\varepsilon_{(b)} \varrho + \dfrac{\text{arc} \, \delta}{\text{arc} \, \varphi} \eta}{\varrho + \eta},$$

worin der konstante Wert

$$\frac{\text{arc } \delta}{\text{arc } \varphi} = \omega \qquad \ldots \ldots \ldots \ldots \; 63$$

gesetzt werden kann.

Damit ist

$$\varepsilon_{\eta(b)} = \frac{\varepsilon_{(b)}\varrho + \omega\eta}{\varrho + \eta}.$$

Erweitert man nun den Zähler noch mit $+$ und $- \varepsilon_{(b)}\eta$, so folgt die für eine beliebig gelegene Faser geltende Dehnung:

$$\varepsilon_{\eta(b)} = \frac{\varepsilon_{(b)}\varrho + \omega\eta + \varepsilon_{(b)}\eta - \varepsilon_{(b)}\eta}{\varrho + \eta} = \frac{\varepsilon_{(b)}(\varrho + \eta) + (\omega - \varepsilon_{(b)})\eta}{\varrho + \eta}$$

$$\text{"} \quad = \varepsilon_{(b)} + (\omega - \varepsilon_{(b)})\frac{\eta}{\varrho + \eta}. \qquad \ldots \ldots \ldots \; 64$$

Die zugehörige Spannung findet man dann aus dem oben genannten Hooke'schen Gesetz „$\varepsilon = \alpha\sigma$" zu

$$\sigma_{\eta(b)} = \frac{1}{\alpha}\,\varepsilon_{\eta(b)} = \frac{1}{\alpha}\left[\varepsilon_{(b)} + (\omega - \varepsilon_{(b)})\frac{\eta}{\varrho + \eta}\right]. \qquad \ldots \ldots \; 65$$

c) Die Normalkraft N und das Biegungsmoment M_b wirken gleichzeitig auf den Querschnitt ein.

Bezeichnet man mit bezug auf Fig. 62 den Querschnitt eines von der ursprünglichen neutralen Achse um η abstehenden Faserelementes mit f_η, in dem während der Biegung allein die Zug- bezw. Druckspannung σ_η auftritt, und der Zugkraft „$p_\eta = f_\eta\sigma_\eta$" entsprechenden Widerstand leistet, so bestehen nach § 14 Abs. 1 und 2 der Einführung die Gleichgewichtsbedingungen

1. bei nur Biegungsbeanspruchung:

1. $\Sigma p_\eta = \Sigma f_\eta \sigma_{\eta(b)} = 0$,
2. $\Sigma p_\eta \cdot \eta = \Sigma(f_\eta \sigma_{\eta(b)}) \cdot \eta = M_b$,
3. $\Sigma f_\eta \cdot \eta = 0$

und 4. $\Sigma f_\eta = f$,

worin η alle zu beiden Seiten der neutralen Achse, d. h. zwischen e_1 und e_2 liegenden Werte anzunehmen hat.

Multipliziert man nun die für die Biegung aufgestellte Gleichung 65

$$\sigma_{\eta(b)} = \frac{1}{\alpha}\left[\varepsilon_{(b)} + (\omega - \varepsilon_{(b)})\frac{\eta}{\varrho + \eta}\right]$$

mit dem Querschnittselement f_η, so folgt

$$f_\eta \cdot \sigma_{\eta(b)} = \frac{1}{\alpha}\left[\varepsilon_{(b)} + (\omega - \varepsilon_{(b)})\frac{\eta}{\varrho + \eta}\right] \cdot f_\eta.$$

Für alle Querschnittselemente, d. h. für die ganze Fläche f, erhält man den Ausdruck

$$\Sigma f_\eta \cdot \sigma_{\eta(b)} = \Sigma \frac{1}{\alpha}\left[\varepsilon_{(b)} + (\omega - \varepsilon_{(b)})\frac{\eta}{\varrho + \eta}\right] \cdot f_\eta$$

oder mit bezug auf die vorgenannte 1. Gleichgewichtsbedingung,

$$0 = \frac{1}{\alpha}\left[\Sigma \varepsilon_{(b)} \cdot f_\eta + \Sigma(\omega - \varepsilon_{(b)})\frac{\eta}{\varrho + \eta} \cdot f_\eta\right]$$

$$\text{,,} = \frac{1}{\alpha}\left[\varepsilon_{(b)} \cdot \Sigma f_\eta + (\omega - \varepsilon_{(b)}) \cdot \Sigma \frac{\eta}{\varrho + \eta} f_\eta\right] \quad\Bigg\}\ \ldots\ 66$$

$$\text{,,} = \frac{1}{\alpha}\left[\varepsilon_{(b)} f + (\omega - \varepsilon_{(b)}) \Sigma \frac{\eta}{\varrho + \eta} f_\eta\right],$$

solange es sich lediglich um Biegungsbeanspruchungen handelt und der Dehnungskoeffizient α konstant ist.

2. Bei Normal- und Biegungsbeanspruchung.

Kommt die Normalkraft „$N = \Sigma f_\eta \sigma_z$" mit zur Wirkung, so folgt mit bezug auf den Gleichgewichtszustand, der zwischen den äußeren und den im Innern des Körpers wachgerufenen Kräften bestehen muß,

$$N = \frac{1}{\alpha}\left[\varepsilon_{(b)} f + (\omega - \varepsilon_{(b)}) \Sigma \frac{\eta}{\varrho + \eta} f_\eta\right]$$

$$\text{,,} = \frac{1}{\alpha}\left[\varepsilon_{(b)} f + (\omega - \varepsilon_{(b)})(- x f)\right]$$

$$\text{,,} = \frac{f}{\alpha}\left[\varepsilon_{(b)} - (\omega - \varepsilon_{(b)}) x\right], \quad \ldots \ldots \ldots\ 67$$

falls nach v. Bach

$$\Sigma \frac{\eta}{\varrho + \eta} f_\eta = - x f,$$

woraus $\qquad x = - \frac{1}{f} \Sigma \frac{\eta}{\varrho + \eta} f_\eta$ folgt, $\quad \ldots \ldots\ 68$

bezeichnet.

Multipliziert man nun weiter die für das Querschnittselement f_η gültige Gleichung 65

$$\sigma_{\eta(b)} = \frac{1}{\alpha}\left[\varepsilon_{(b)} + (\omega - \varepsilon_{(b)})\frac{\eta}{\varrho + \eta}\right]$$

mit $f_\eta \cdot \eta$, und summiert man die diesbezüglichen Werte für alle Elemente des Querschnittes f, so folgt:

$$\Sigma f_\eta \sigma_{\eta(b)} \cdot \eta = \Sigma \frac{1}{\alpha}\left[\varepsilon_{(b)} + (\omega - \varepsilon_{(b)})\frac{\eta}{\varrho + \eta}\right] f_\eta \cdot \eta,$$

oder mit bezug auf die unter a genannte 2. Gleichgewichtsbedingung,

$$M_b = \frac{1}{\alpha}\left[\Sigma\,\varepsilon_{(b)}\cdot f_\eta\,\eta + \Sigma\,(\omega - \varepsilon_{(b)})\frac{\eta^2}{\varrho+\eta}\cdot f_\eta\right]$$
$$\text{,,} = \frac{1}{\alpha}\left[\varepsilon_{(b)}\cdot\Sigma f_\eta\,\eta + (\omega - \varepsilon_{(b)})\,\Sigma\frac{\eta^2}{\varrho+\eta}f_\eta\right]$$
$$\text{,,} = \frac{1}{\alpha}\left[\varepsilon_{(b)}\cdot 0 + (\omega - \varepsilon_{(b)})\cdot x\,\varrho\,f\right]$$
$$\text{,,} = \frac{f}{\alpha}(\omega - \varepsilon_{(b)})\,x\,\varrho, \qquad\qquad 69$$

da mit Hinweis auf Gleichung 68 der Innenausdruck

$$\Sigma\frac{\eta^2}{\varrho+\eta}f_\eta = \Sigma\frac{\eta^2 + \eta\varrho - \eta\varrho}{\varrho+\eta}f_\eta = \Sigma\frac{\eta(\eta+\varrho) - \eta\varrho}{\varrho+\eta}f_\eta$$
$$\text{,,} = \Sigma\left(\eta - \frac{\eta\varrho}{\varrho+\eta}\right)f_\eta = \Sigma f_\eta\,\eta - \varrho\,\Sigma\frac{\eta}{\varrho+\eta}f_\eta$$
$$\text{,,} = 0 - \varrho(-x\,f) = x\,\varrho\,f \quad \ldots \ldots \ldots \quad 70$$

beträgt.

Ermittelt man nun aus Gleichung 69 den Klammerwert

$$\omega - \varepsilon_{(b)} = \frac{\alpha M_b}{f\,x\,\varrho}, \quad \ldots \ldots \ldots \quad 71$$

so liefert er, in Gleichung 67 eingesetzt, den unter Gleichung 62 eingeführten Dehnungswert $\varepsilon_{(b)}$, wie folgt:

$$N = \frac{f}{\alpha}\left[\varepsilon_{(b)} - (\omega - \varepsilon_{(b)})\,x\right],$$

woraus man

$$\varepsilon_{(b)} = \frac{N\alpha}{f} + (\omega - \varepsilon_{(b)})\,x$$

oder

$$\text{,,} = \frac{N\alpha}{f} + \frac{\alpha M_b}{f\,x\,\varrho}\,x = \frac{\alpha}{f}\left(N + \frac{M_b}{\varrho}\right) \quad \ldots \ldots \quad 72$$

erhält.

Die unter Gleichung 63 eingeführte konstante Größe ω findet sich aus Gleichung 71 und 72 zu

$$\omega = \varepsilon_{(b)} + \frac{\alpha M_b}{f\,x\,\varrho}$$
$$\text{,,} = \frac{\alpha}{f}\left(N + \frac{M_b}{\varrho}\right) + \frac{\alpha M_b}{f\,x\,\varrho}$$
$$\text{,,} = \frac{\alpha}{f}\left(N + \frac{M_b}{\varrho} + \frac{M_b}{x\,\varrho}\right) \quad \ldots \ldots \ldots \quad 73$$

Führt man nun noch die Werte für $\varepsilon_{(b)}$ und $(\omega - \varepsilon_{(b)})$ aus den Gleichungen 71 und 72 in die Gleichung 65 ein, so ergibt sich die aus **Zug und Biegung zusammengesetzte Spannung**

$$\sigma_i = \frac{1}{\alpha}\left[\varepsilon_{(b)} + (\omega - \varepsilon_{(b)}) \cdot \frac{\eta}{\varrho + \eta}\right]$$

$$\text{\guillemotright} = \frac{1}{\alpha}\left[\frac{\alpha}{f}\left(N + \frac{M_b}{\varrho}\right) + \frac{\alpha M_b}{f x \varrho} \cdot \frac{\eta}{\varrho + \eta}\right]$$

$$\text{\guillemotright} = \frac{1}{\alpha}\frac{\alpha}{f}\left(N + \frac{M_b}{\varrho} + \frac{M_b}{x\varrho} \cdot \frac{\eta}{\varrho + \eta}\right)$$

$$\text{\guillemotright} = \frac{1}{f}\left(N + \frac{M_b}{\varrho} + \frac{M_b}{x\varrho} \cdot \frac{\eta}{\varrho + \eta}\right) \quad . \quad . \quad . \quad . \quad . \quad \mathbf{74}$$

In dieser **allgemeinen Gleichung,** die für entgegengesetzte Vorzeichen auch für Druck und Biegung gültig ist, bedeutet

     f den tragenden Querschnitt,

     N die senkrecht zum Querschnitt wirkende Kraft,

     M_b das Biegungsmoment,

     ϱ den Krümmungshalbmesser,

     η einen beliebigen Faserabstand von der neutralen Achse und

     x einen Wert, der von der Form des Querschnittes abhängt.

d) Spezielle Spannungswerte.

a) Ist keine Normalkraft vorhanden, so schreibt sich die allgemeine Gleichung 74 in der Form

$$\sigma_i = \frac{1}{f}\left(\frac{M_b}{\varrho} + \frac{M_b}{x\varrho} \cdot \frac{\eta}{\varrho + \eta}\right).$$

Diese Gleichung liefert für die ursprüngliche neutrale Achse, d. h. für „$\eta = 0$", eine Spannung

$$\sigma_i = \frac{M_b}{f\varrho}, \quad . \quad . \quad . \quad . \quad . \quad . \quad . \quad . \quad \mathbf{75}$$

die sonst beim geraden, nur auf Biegung beanspruchten Körper, den Wert Null hat.

Den Abstand η für die neue Nullinie erhält man dadurch, daß in der oberen Gleichung der Wert $\sigma_i = 0$ gesetzt wird.

b) Wird ein gebogener Körper durch eine im Krümmungsmittelpunkt angreifende Zugkraft P so auf Biegung beansprucht, daß die Kraftrichtung senkrecht zu dem in Rechnung zu ziehenden Querschnitte steht, wie es beispielsweise beim Lasthaken der Fall ist, wo das Biegungsmoment den Krümmungshalbmesser ϱ zu vergrößern bezw. die Krümmung zu vermindern sucht, so schreibt sich die allgemeine Gleichung 74

$$\sigma_i = \frac{1}{f}\left(N + \frac{M_b}{\varrho} + \frac{M_b}{x\varrho} \cdot \frac{\eta}{\varrho + \eta}\right),$$

in der $N = P$ und $M_b = -P\varrho$

gesetzt wird, in der Form

$$\sigma_i = \frac{1}{f}\left(P - \frac{P\varrho}{\varrho} - \frac{P\varrho}{x\varrho}\cdot\frac{\eta}{\varrho+\eta}\right)$$

$$\left.\begin{aligned}„ &= -\frac{P}{xf}\cdot\frac{\eta}{\varrho+\eta}\\[4pt]„ &= \frac{M_b}{x\varrho f}\cdot\frac{\eta}{\varrho+\eta}\cdot\end{aligned}\right\} \quad \ldots\ldots\ldots\ldots \quad 76$$

Diese Gleichung liefert für die ursprüngliche neutrale Achse, d. h. für „$\eta = 0$", eine Spannung

$$\sigma_i = 0.$$

c) Betrachtet man den in Gleichung 70 eingeführten Summenausdruck

$$\Sigma\frac{\eta^2}{\varrho+\eta}\, f_\eta = x\varrho f,$$

der, mit ϱ multipliziert, den Wert

$$\Sigma\frac{\eta^2}{1+\dfrac{\eta}{\varrho}}\, f_\eta = x\varrho^2 f \quad \ldots\ldots\ldots \quad 77$$

liefert, etwas genauer, so nähert sich der Nenner des Bruches

$$1+\frac{\eta}{\varrho}$$

dem Werte 1, falls der Krümmungshalbmesser ϱ immer größer und größer gemacht wird. Für $\varrho = \infty$ erreicht der Nenner den Wert 1.

In diesem Falle schreibt sich die Gleichung 77 zu

$$\Sigma\frac{\eta^2}{1+\dfrac{\eta}{\varrho}}\, f_\eta = \Sigma\frac{\eta^2}{1}\, f_\eta = \Sigma f_\eta\eta^2 = \Theta, \quad \ldots\ldots \quad 78$$

wo Θ das im § 14 der Einführung eingeführte Trägheitsmoment darstellt.

Damit nimmt nun aber die Gleichung 77 die einfache Form

$$\Theta = x\varrho^2 f$$

an, aus der sich dann die Größe

$$x = \frac{\Theta}{\varrho^2 f} \quad \ldots\ldots\ldots\ldots \quad 79$$

ergibt.

Diese Gleichung besagt, daß x von der Form des Querschnittes f abhängig ist.

NB. Die Gleichung 79 kann man in vielen Fällen auch als Näherungsgleichung benutzen, falls man das oben angegebene Verhältnis $\dfrac{\eta}{\varrho}$ bei einigermaßen großem Krümmungshalbmesser gegenüber der Zahl 1 vernachlässigt.

d) Führt man den letztgenannten Wert in die allgemeine Gleichung 74

$$\sigma_i = \frac{1}{f}\left(N + \frac{M_b}{\varrho} + \frac{M_b}{x\varrho} \cdot \frac{\eta}{\varrho + \eta}\right)$$

ein, so schreibt sich diese als Näherungsgleichung in der Form

$$\sigma_i = \frac{1}{f}\left(N + \frac{M_b}{\varrho} + \frac{M_b}{x\varrho} \cdot \frac{\eta}{\varrho\left(1 + \frac{\eta}{\varrho}\right)}\right)$$

$$\text{„} = \frac{N}{f} + \frac{M_b}{\varrho f} + \frac{M_b}{x\varrho^2 f} \cdot \frac{\eta}{1 + \frac{\eta}{\varrho}}$$

$$\text{„} = \frac{N}{f} + \frac{M_b}{\varrho f} + \frac{M_b}{\Theta} \cdot \frac{\eta}{1 + \frac{\eta}{\varrho}} \quad \ldots \ldots \ldots 80$$

Wird nun der Krümmungshalbmesser ϱ unendlich groß, wobei der gebogene Körper in den geraden übergeht, so erhält man aus Gleichung 80 die Form

$$\sigma_i = \frac{N}{f} + \frac{M_b}{\Theta}\eta,$$

die mit der im § 13 aufgeführten Gleichung 41 übereinstimmt.

e) Angaben über die Hilfsgröße x.

Der Wert x ist nach der Gleichung 68

$$x = -\frac{1}{f}\Sigma\frac{\eta}{\varrho + \eta}f_\eta$$

zu entwickeln, was allerdings am besten mit Hilfe der höheren Analysis geschehen kann.

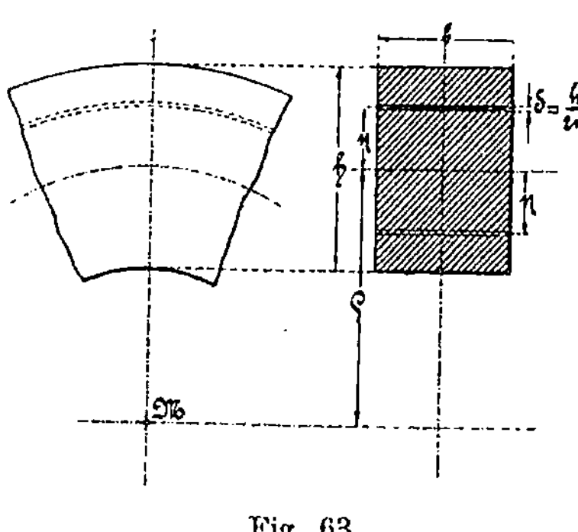

Fig. 63.

Eine elementare Entwickelung sei im folgenden für das Rechteck durchgeführt.

1. Für den rechteckigen Querschnitt.

Man denke sich den ganzen Querschnitt f parallel zur Mittellinie in 2n gleichgroße Flächenelemente zerlegt, wobei jedes Element den Inhalt

$$f_\eta = b \cdot \delta = b \cdot \frac{h}{2n} = \frac{bh}{2n}$$

hat.

a) Betrachtet man zunächst die oberhalb der Mittellinie liegende, positive Hälfte des Rechteckes, die nach dem Gesagten in n gleiche Flächenelemente zerlegt gedacht ist, so kann man beispielsweise das im Abstande η angegebene unendlich kleine Reckteck, als das y^{te} Element ansehen, für das dann der Abstand

$$\eta = y \cdot \delta = y \cdot \frac{h}{2\,n}$$

beträgt.

Mit dieser Bezeichnung schreibt sich der unter der Summe stehende Ausdruck in folgender Weise:

$$\frac{\eta}{\varrho + \eta}\, f_\eta = \frac{\eta + \varrho - \varrho}{\varrho + \eta}\, f_\eta = \frac{(\eta + \varrho) - \varrho}{\varrho + \eta}\, f_\eta$$

$$\text{''} \quad = \left(1 - \frac{\varrho}{\varrho + \eta}\right) f_\eta = f_\eta - f_\eta \frac{\varrho}{\varrho + \eta}\,.$$

Die über die ganze obere Hälfte reichende Summe hat dann den Wert

$$\sum_{\eta=0}^{\eta=\frac{h}{2}} \frac{\eta}{\varrho + \eta}\, f_\eta = \Sigma f_\eta - \Sigma f_\eta \cdot \frac{\varrho}{\varrho + \eta}$$

$$\text{''} \quad = \Sigma \frac{bh}{2\,n} - \Sigma \frac{bh}{2\,n} \cdot \frac{\varrho}{\varrho + \eta}$$

$$\text{''} \quad = \frac{bh}{2} - \frac{bh}{2\,n} \Sigma \frac{\varrho}{\varrho + y \dfrac{h}{2\,n}}$$

$$\text{''} \quad = \frac{bh}{2} - \frac{bh}{2\,n} \Sigma \frac{1}{1 + \dfrac{y}{n} \cdot \dfrac{h}{2\varrho}}$$

$$\text{''} \quad = \frac{bh}{2} - \frac{bh}{2\,n} \Sigma \frac{1}{1 + \dfrac{y}{n} \cdot m}\,,$$

worin $m = \dfrac{h}{2\varrho}$ bedeutet.

Dividiert man den unter dem Summenzeichen stehenden Quotienten aus, so erhält man

$$\sum_{\eta=0}^{\eta=\frac{h}{2}} \frac{\eta}{\varrho + \eta}\, f_\eta = \frac{bh}{2} - \frac{bh}{2} \cdot \frac{1}{n} \Sigma \left[1 - \left(\frac{y}{n}\, m\right) + \left(\frac{y}{n}\, m\right)^2 - \left(\frac{y}{n}\, m\right)^3 + \ldots\right]$$

$$\text{''} \quad = \frac{bh}{2} - \frac{bh}{2} \left[\frac{1}{n} \Sigma 1 - \frac{1}{n} \Sigma \frac{y}{n}\, m + \frac{1}{n} \Sigma \left(\frac{y}{n}\, m\right)^2 - \frac{1}{n} \Sigma \left(\frac{y}{n}\, m\right) + \ldots\right].$$

Setzt man in den Summengliedern für y die Werte 0, 1, 2, 3 ... n ein, so folgt weiter

$$\sum_{\eta=0}^{\eta=\frac{h}{2}} \frac{\eta}{\varrho+\eta}\, f_\eta = \frac{bh}{2} - \frac{bh}{2}\left[1 - \frac{1}{2}m + \frac{1}{3}m^2 - \frac{1}{4}m^3 + \ldots\right]^{1)}$$

$$\qquad = \frac{bh}{2} - \frac{bh}{2}\left[1 - \frac{1}{2}\left(\frac{h}{2\varrho}\right) + \frac{1}{3}\left(\frac{h}{2\varrho}\right)^2 - \frac{1}{4}\left(\frac{h}{2\varrho}\right)^3 + \ldots\right].$$

b) In gleicher Weise entwickelt sich der Summenausdruck auf der unterhalb der Mittellinie liegenden negativen Hälfte des Rechteckes, worin die η-Werte negativ sind, zu

$$\sum_{\eta=-\frac{h}{2}}^{\eta=0} \frac{\eta}{\varrho+\eta}\, f_\eta = \frac{bh}{2} - \frac{bh}{2}\left[1 + \frac{1}{2}\left(\frac{h}{2\varrho}\right) + \frac{1}{3}\left(\frac{h}{2\varrho}\right)^2 + \frac{1}{4}\left(\frac{h}{2\varrho}\right)^3 + \ldots\right].$$

c) die ganze Summe beträgt dann

$$\sum_{\eta=-\frac{h}{2}}^{\eta=\frac{h}{2}} \frac{\eta}{\varrho+\eta}\, f_\eta = \frac{bh}{2} - \frac{bh}{2}\left[1 - \frac{1}{2}\left(\frac{h}{2\varrho}\right) + \frac{1}{3}\left(\frac{h}{2\varrho}\right)^2 - \frac{1}{4}\left(\frac{h}{2\varrho}\right)^3 + \ldots\right]+$$

$$+ \frac{bh}{2} - \frac{bh}{2}\left[1 + \frac{1}{2}\left(\frac{h}{2\varrho}\right) + \frac{1}{3}\left(\frac{h}{2\varrho}\right)^2 + \frac{1}{4}\left(\frac{h}{2\varrho}\right)^3 + \ldots\right]$$

$$= bh - \frac{bh}{2}\left[2 \qquad + \frac{2}{3}\left(\frac{h}{2\varrho}\right)^2 + \frac{2}{5}\left(\frac{h}{2\varrho}\right)^4 + \ldots\right]$$

$$= -bh\left[\frac{1}{3}\left(\frac{h}{2\varrho}\right)^2 + \frac{1}{5}\left(\frac{h}{2\varrho}\right)^4 + \frac{1}{7}\left(\frac{h}{2\varrho}\right)^6 + \ldots\right].$$

---

1) Die Summenglieder bilden folgende arithmetische Reihen 1., 2., 3. .... Ordnung, in denen am Schluß $n = \infty$ gesetzt werden kann:

$$\frac{1}{n}\Sigma 1 = \frac{1}{n}(1+1+1+1+\ldots) = \frac{1}{n}\cdot n = 1,$$

$$\frac{1}{n}\Sigma\frac{y}{n}m = \frac{m}{n^2}(0+1+2+3+4+\ldots+n)$$

$$\qquad = \frac{m}{n^2}\cdot\frac{n(n-1)}{1.2} = \frac{m}{n^2}\cdot\frac{n.n}{2} = \frac{1}{2}m,$$

$$\frac{1}{n}\Sigma\left(\frac{y}{n}m\right)^2 = \frac{m^2}{n^3}(0+1^2+2^2+3^2+4^2+\ldots+n^2)$$

$$\qquad = \frac{m^2}{n^3}\cdot\frac{n(n+1)(2n+1)}{1.2.3}$$

$$\qquad = \frac{m^2}{n^3}\cdot\frac{n.n.2n}{2.3} = \frac{1}{3}m^2,$$

$$\frac{1}{n}\Sigma\left(\frac{y}{n}m\right)^3 = \frac{m^3}{n^4}(0+1^3+2^3+3^3+4^3+\ldots+n^3)$$

$$\qquad = \frac{m^3}{n^4}\cdot\frac{n^2(n+1)^2}{4}$$

$$\qquad = \frac{m^3}{n^4}\cdot\frac{n^2.n^2}{4} = \frac{1}{4}m^3,$$

und so weiter.

Damit erhält man nun die gesuchte Hilfsgröße

$$x = -\frac{1}{f}\,\Sigma\,\frac{\eta}{\varrho+\eta}\,f_\eta$$

$$\text{„} = -\frac{1}{bh}\left\{-bh\left[\frac{1}{3}\left(\frac{h}{2\varrho}\right)^2 + \frac{1}{5}\left(\frac{h}{2\varrho}\right)^4 + \frac{1}{7}\left(\frac{h}{2\varrho}\right)^6 + \dots\right]\right\}$$

$$\text{„} = \frac{1}{3}\left(\frac{h}{2\varrho}\right)^2 + \frac{1}{5}\left(\frac{h}{2\varrho}\right)^4 + \frac{1}{7}\left(\frac{h}{2\varrho}\right)^6 + \dots \qquad \dots \quad 81$$

2. Für die Querschnitte vom Kreis und Ellipse.

Bezeichnet wieder h die Höhe des Querschnittes, so erhält man

$$x = \frac{1}{4}\left(\frac{h}{2\varrho}\right)^2 + \frac{1}{8}\left(\frac{h}{2\varrho}\right)^4 + \frac{5}{64}\left(\frac{h}{2\varrho}\right)^6 + \dots \quad 82$$

3. Für den gleichschenkligen, trapezförmigen Querschnitt.

Mit bezug auf Fig. 64 erhält man

$$x = -1 + \frac{2\varrho}{(b_1+b_2)h}\left[\left\{b_2 + \frac{b_1-b_2}{h}(e_2+\varrho)\right\}\right.$$

$$\left. \log\,nat\,\frac{\varrho+e_2}{\varrho-e_1} - (b_1-b_2)\right].\ 83$$

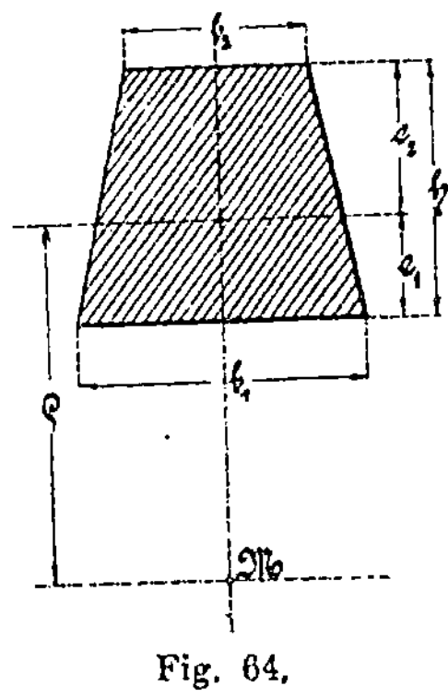

Fig. 64.

Diese Gleichung ist auch für den gleichschenkligen Dreiecksquerschnitt zu benutzen, indem $b_2 = 0$ und $e_2 = \frac{2}{3}h$ zu schreiben ist.

2. Gruppe.

§ 14. Das Zusammenwirken verschiedenartiger Schubspannungen.

Wird ein Körper durch äußere Kräfte so beansprucht, daß die einzelnen Querschnittselemente nur verschiedenartigen Schubspannungen ausgesetzt sind, so kann man diese Spannungen in der im § 1 unter Abs. 1 und 2 für Normalspannungen angegebenen Weise zu einer resultierenden Spannung vereinigen. Hierbei sind natürlich auch nur die Elemente heranzuziehen, in denen die größten Spannungen auftreten.

Eine besondere praktische Bedeutung hat allerdings die vorliegende Belastungsgruppe nicht. Es soll hier deshalb auch nur ein Belastungsfall aufgeführt werden, der in der Praxis häufig Anwendung findet.

Schub und Drehung.

Da nach § 26 der Einführung und § 12 des vorliegenden Werkes beide Beanspruchungen in den am Umfange liegenden Querschnittselementen Tangentialspannungen hervorrufen, wie sie beispielsweise die daselbst aufgeführten Figuren 152 und 37 erkennen lassen, so hat man nur nötig, die in dem am meisten angestrengten Elemente auftretenden Spannungen zu summieren.

Wird nach § 12 der Einführung die Schubspannung wieder mit k_s, die Torsionsspannung nach § 26 der Einführung mit k_t bezeichnet, so erhält man die zusammengesetzte Spannung

$$\sigma_i = k_s + k_t, \quad . \quad . \quad . \quad . \quad . \quad : \quad . \quad . \quad . \quad 84$$

worin nach den Gleichungen der Einführung,

nämlich nach Gleichung 40, $\qquad\qquad k_s = \dfrac{P}{f},$

und $\qquad$ „ $\qquad$ „ $\qquad$ 146 bezw. 151, $\ k_t = \dfrac{M_t}{W_p} = \dfrac{M_t}{\omega\, W}$

beträgt. Hierbei bedeutet $W = \dfrac{\Theta}{e}$ das kleinere der beiden Hauptwiderstandsmomente des jeweiligen Querschnittes.

NB. Sind die Schub- und Torsionsspannungen eines Materials verschieden groß, so kann man das 2. Glied der Gleichung 60 noch mit einem **Korrektionskoeffizienten** α_0 multiplizieren, dessen Wert sich aus dem Verhältnis

$$\alpha_0 = \frac{k_s}{k_t} = \frac{\text{zul. Schubspannung}}{\text{zul. Torsionsspannung}} \quad . \quad . \quad . \quad . \quad 85$$

ergibt.

Hat der Zähler einen kleineren Wert als der Nenner, so rechnet man $\alpha_0 = 1$ (vergl. § 13 a, 1).

1. Der Kreisquerschnitt.

Die aus Fig. 65 ersichtliche Schubkraft P liefert nach § 12 Abs. c, 2 eine im Querschnittselement A auftretende größte Schubspannung

$$k_s = \frac{4}{3} \cdot \frac{P}{f} = \frac{4}{3} \cdot \frac{P}{\dfrac{d^2\pi}{4}} = \frac{16}{3} \cdot \frac{P}{d^2\pi}.$$

Das den Querschnitt beanspruchende Drehmoment M_t ruft nach Gleichung 146 der Einführung eine Spannung

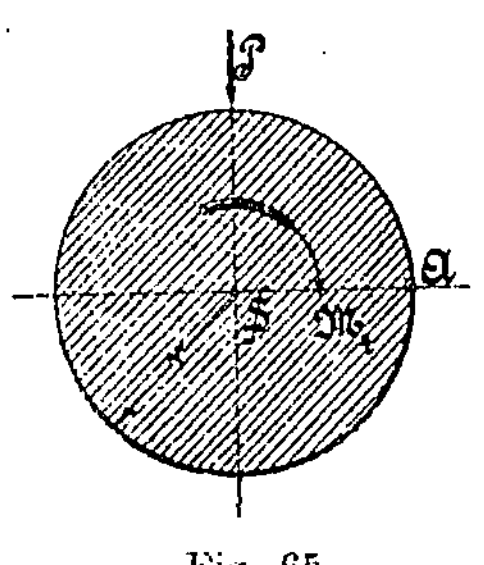

Fig. 65.

$$k_t = \frac{M_t}{W_p} = \frac{M_t}{\frac{d^3 \pi}{16}} = \frac{16}{\pi} \cdot \frac{M_t}{d^3}$$

hervor, die in allen Elementen des Umfanges gleich groß ist.

Die im Punkte A auftretende Gesamtspannung beträgt dann

$$\sigma_i = k_s + k_t$$
$$\text{"} = \frac{16}{3} \cdot \frac{P}{d^2 \pi} + \frac{16}{\pi} \cdot \frac{M_t}{d^3}$$
$$\text{"} = \frac{16}{d^3 \pi} \left(\frac{P}{3} + \frac{M_t}{d} \right) \quad . \quad . \quad . \quad . \quad . \quad . \quad 86$$

2. Der Kreisringquerschnitt von geringer Wandstärke.

Für den Umfangspunkt A der Fig. 66 erhält man nach § 12 Abs. c, 3 eine Schubspannung

$$k_s = 2 \frac{P}{f} = 2 \frac{P}{D \pi \delta},$$

nach Gleichung 146 der Einführung eine Torsionsspannung

$$k_t = \frac{M_t}{W_p}, \quad \text{worin} \quad W_p = \frac{(D^4 - d^4)}{D} \cdot \frac{\pi}{16}$$
$$\text{"} = (D^2 - d^2) \frac{\pi}{4} \cdot \frac{D^2 + d^2}{4 D},$$

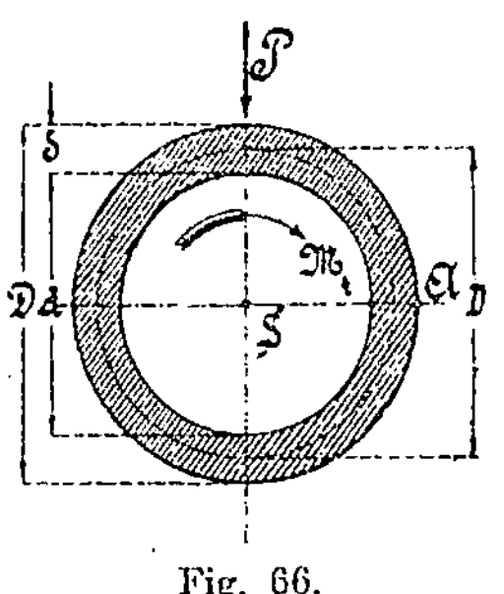

Fig. 66.

$$D^2 + d^2 \sim 2 D^2 \text{ gesetzt,}$$
$$\text{"} = f \frac{2 D^2}{4 D} \sim \frac{1}{2} D f \text{ beträgt.}$$

Damit erhält man

$$k_t = \frac{M_t}{\frac{1}{2} D f} = 2 \frac{M_t}{D f}.$$

Das Querschschnittselement A wird somit von einer zusammengesetzten Spannung

$$\sigma_i = k_s + k_t$$
$$\text{"} = 2 \frac{P}{f} + 2 \frac{M_t}{D f}$$
$$\text{"} = \frac{2}{f} \left(P + \frac{M_t}{D} \right) . \quad . \quad . \quad . \quad . \quad . \quad . \quad . \quad 87$$

beansprucht.

3. Der rechteckige Querschnitt.

Nach § 12 Abs. a und c, 1 ergibt sich für die in Fig 67 angegebene Schubkraft P die bei A auftretende größte Schubspannung

$$k_s = \frac{3}{2} \cdot \frac{P}{f} = \frac{3}{2} \cdot \frac{P}{b\,h},$$

zu der nach § 26 der Einführung, Gleichung 151, eine vom Drehmoment M_t herrührende Torsionsspannung

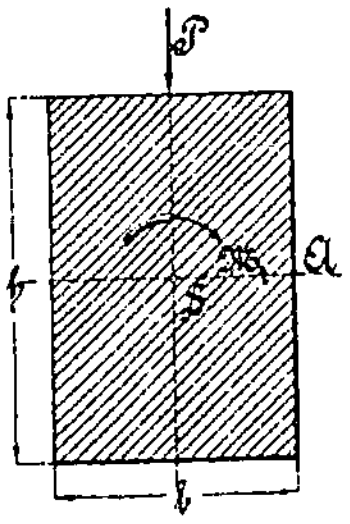

$$k_t = \frac{M_t}{\omega \cdot W} = \frac{M_t}{\omega \cdot \frac{h\,b^2}{6}} = \frac{6\,M_t}{\omega\,h\,b^2}, \text{ worin } \omega = \frac{4}{3} \text{ ist,}$$

$$\text{''} = \frac{6\,M_t}{\frac{4}{3}h\,b^2} = \frac{9}{2} \cdot \frac{M_t}{b^2\,h}$$

hinzutritt, so daß im Querschnittselement A eine Gesamtspannung von

$$\sigma_l = k_s + k_t$$

$$\text{''} = \frac{3\,P}{2\,b\,h} + \frac{9\,M_t}{2\,b^2\,h}$$

$$\text{''} = \frac{3}{2\,b\,h}\left(P + \frac{M_t}{b}\right) \quad \ldots \ldots \ldots \ldots \quad 88$$

vorhanden ist, welche die größte Spannung des vorliegenden Querschnittes darstellt.

Fig. 67.

3. Gruppe.

§ 15. Das Zusammenwirken verschiedenartiger Normal- und Schubspannungen.

Eine für die Praxis besonders wichtige Belastungsgruppe bildet die vorliegende. Auch hier kann man die Spannungen, wie § 1 Abs. 3 zeigt, nach dem Parallelogramm der Kräfte zu einer idealen, resultierenden Spannung vereinigen, wie es im § 1 Abs. 4 die Gleichung 1 zeigt, deren vollständige Entwicklung im § 4 in der allgemeinen Gleichung 14 bezw. 17 geschehen ist, die die grundlegende Gleichung für die vorliegende Gruppe darstellt.

Wie bereits in der Einleitung gesagt, haben nur die nachbenannten Belastungsfälle praktische Bedeutung

1. Zug oder Druck mit Schub.

Wird die Normalspannung kurzweg mit k, die Schubspannung mit k_s bezeichnet, so schreibt sich die dem vorliegenden Belastungsfall zugrunde zu legende allgemeine Gleichung 17

$$\sigma_i = \frac{m-1}{2\,m}\,k \pm \frac{m+1}{2\,m}\,\sqrt{k^2 + 4\,(\alpha_0\,k_s)^2}, \quad \ldots \ldots \quad \textbf{89}$$

worin α_0 nach Gleichung 16 zu wählen ist. Für m sind die in Gleichung 15 genannten Erfahrungswerte $\frac{10}{3}$ bezw. 4 zu benutzen.

Die gleichmäßig über den ganzen Querschnitt des belasteten Körpers verteilte Z u g - oder D r u c k s p a n n u n g k ergibt sich nach § 2 der Einführung zu

$$k = \frac{P}{f},$$

die gleichzeitig den Körper beanspruchende S c h u b s p a n n u n g k_s ermittelt sich mit Hilfe der im § 12 Abs. b aufgeführten allgemeinen Gleichung 40

$$k_s = \frac{1}{\cos\alpha}\cdot\frac{P}{x}\cdot\frac{M_{st}}{\Theta},$$

deren größter Wert maßgebend ist.

Im § 12 Abs. c sind die größten Schubspannungen für den rechteckigen, kreis- oder kreisringförmigen Querschnitt angegeben.

2. Zug oder Druck mit Torsion.

a) Ergeben die auf einen stabförmigen Körper von außen her einwirkenden Kräfte für den in Betracht gezogenen Querschnitt eine in die Richtung der Stabachse fallende Zugkraft P und ein Kräftepaar vom Momente M_t, dessen Ebene die Stabachse senkrecht schneidet, so wird der Querschnitt von überall gleichen Z u g s p a n n u n g e n

$$k_z = \frac{P}{f}$$

und von Schub- oder Tangentialspannungen beansprucht, deren Werte nach § 26 der Einführung von innen nach außen hin zunehmen.

Die größte Anstrengung des Materials tritt also an der Querschnittsstelle auf, an der die T a n g e n t i a l s p a n n u n g k_t nach Gleichung 146 bezw. 151 der Einführung den größten Wert

$$k_t = \frac{M_t}{W_p} = \frac{M_t}{\omega\,.\,W}$$

erreicht. Für diese Stelle beträgt somit die zusammengesetzte Spannung nach Gleichung 17

$$\sigma_{i(z)} = \frac{m-1}{2\,m}\,k_z \pm \frac{m+1}{2\,m}\,\sqrt{k_z^2 + 4\,(\alpha_0\,k_t)^2}, \quad \ldots \quad \textbf{90}$$

worin α_0 und m wieder die aus den Gleichungen 16 und 15 zu ersehenden Werte darstellen.

b) Wird der Querschnitt eines stabförmigen Körpers durch eine sich aus den äußeren Kräften ergebenden und mit der Stabachse zusammenfallenden Druckkraft P bei gleichzeitiger Einwirkung eines Kräftepaares bezw. Momentes M_t beansprucht, so erhält man unter Beachtung der Druckspannung $— k_d$ nach Gleichung 17 die ideale Spannung

$$\sigma_{i(d)} = — \frac{m-1}{2\,m} k_d \pm \frac{m+1}{2\,m} \sqrt{k_d^2 + 4\,(\alpha_o\,k_t)^2}. \quad . \quad . \quad . \quad 91$$

Hat in dieser Gleichung das zweite Glied einen größeren Wert als das erste, so kann bei manchen Materialien, deren Zugspannungen bedeutend geringer als die Druckspannungen sind, das obere, auf eine Zugspannung hinweisende Vorzeichen bestimmend sein, was besonders zu beachten ist.

Bei diesem Belastungsfall ist angenommen, daß Knickung nicht in Frage kommt.

3. Biegung mit Schub.

Betrachtet man den Querschnitt eines auf Biegung und Schub beanspruchten Körpers, so werden die einzelnen Querschnittselemente mit Normal- und Schubspannungen angestrengt, deren erstere von der neutralen Faserschicht aus nach außen zunehmen (vergl. die Fig. 48 und 88 im § 14 und 20 der Einführung), letztere dagegen — wie Fig. 37 im § 12 des vorliegenden Werkes zeigt — ihren größten Wert in der neutralen Faserschicht erreichen. Was die im § 12 behandelten Schubspannungen betrifft, beziehen sich diese nur auf den Normalfall eines der Biegung unterworfenen Körpers, bei dem die Kraftebene des biegenden Momentes die Symmetrieachse des Querschnittes darstellt. Mit dieser Voraussetzung ist nun auch im vorliegenden Belastungsfalle zu rechnen, womit sich nach § 12 Gleichung 40 mit bezug auf Fig. 38 die Schubspannung k_s zu

$$k_s = \frac{1}{\cos\alpha} \cdot \frac{P}{x} \cdot \frac{M_s}{\Theta}$$

bestimmen läßt.

Die **Normalspannung** k_b erhält man mit Hilfe der im § 14 der Einführung genannten Gleichung 58 zu

$$k_b = \frac{M_b}{W} = \frac{M_b}{\Theta}\,\eta.$$

Führt man die beiden Spannungswerte in die allgemeine Gleichung 17

$$\sigma_i = \frac{m-1}{2\,m} k_b \pm \frac{m+1}{2\,m} \sqrt{k_b^2 + 4\,(\alpha_o\,k_s)^2} \quad . \quad . \quad . \quad . \quad . \quad 92$$

ein, so läßt sich damit der größte zusammengesetzte Spannungswert, als auch die Lage bezw. der von der neutralen Faserschicht aus gemessene Abstand η der am meist beanspruchten Querschnittselemente feststellen. Das negative Vorzeichen hat hierbei keine Bedeutung.

Für die Koeffizienten m und α_0 gelten wieder die Gleichungen 15 und 16.

Im folgenden seien einige Ermittelungen durchgeführt.

a) Der beanspruchte Querschnitt sei ein Kreis.

Der Betrachtung sei ein in Fig. 68 dargestellter Stirnzapfen zugrunde gelegt, dessen Druck P in den Querschnitten Biegungs- und Schubspannungen hervorruft.

Führt man nach Gleichung 15 für m den Wert $\dfrac{10}{3}$ ein, so schreibt sich die Gleichung 92.

$$\sigma_i = 0{,}35\,k_b + 0{,}65\,\sqrt{k_b{}^2 + 4\,(\alpha_0\,k_s)^2}.$$

Hierin ist mit bezug auf Fig. 40 bezw. 68

$$k_b = \frac{M_b}{\Theta}\,\eta = \frac{P\,l_1}{\dfrac{d^4\pi}{64}}\cdot r\sin\alpha = \frac{P\,l_1}{\dfrac{(2\,r)^4\pi}{64}}\cdot r\sin\alpha = \frac{4\,P\,l_1}{r^3\pi}\sin\alpha$$

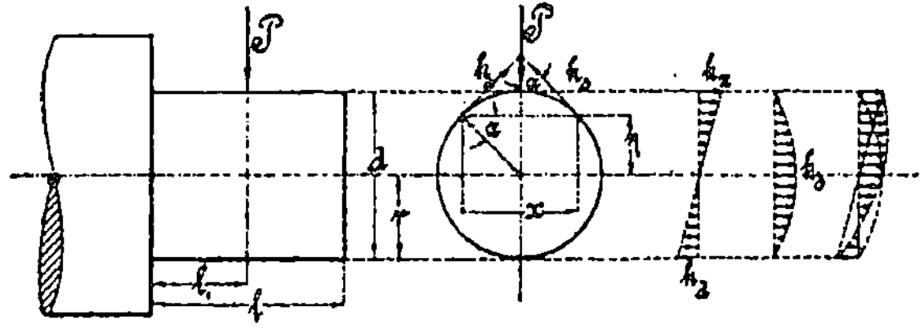

Fig. 68.

und nach § 12 Abs. c, 2

$$k_s = \frac{1}{\cos\alpha}\cdot\frac{P}{x}\cdot\frac{M_{st}}{\Theta} = \frac{4}{3}\cdot\frac{P}{f}\cos\alpha$$

$$\text{,,} \qquad = \frac{4}{3}\cdot\frac{P}{r^2\pi}\cos\alpha.$$

Diese Werte oben eingesetzt, gibt

$$\sigma_i = 0{,}35\,\frac{4\,P\,l_1}{r^3\pi}\sin\alpha + 0{,}65\,\sqrt{\left(\frac{4\,P\,l_1}{r^3\pi}\sin\alpha\right)^2 + 4\left(\alpha_0\cdot\frac{4}{3}\cdot\frac{P}{r^2\pi}\cos\alpha\right)^2}$$

$$\text{,,} = \frac{4\,P\,l_1}{r^3\pi}\left[0{,}35\sin\alpha + 0{,}65\,\sqrt{\sin^2\alpha + \left(\alpha_0\frac{2}{3}\cdot\frac{r}{l_1}\cos\alpha\right)^2}\right] \quad \ldots \quad 93$$

Wird nun noch das in Gleichung 16 mit

$$\alpha_0 = \frac{k_b}{\dfrac{m+1}{m}\,k_s} = \frac{k_b}{1{,}3\,k_s}$$

genannte Anstrengungsverhältnis $= 1$ gesetzt, womit

7*

$$k_b = 1,3\,k_s \quad \text{oder} \quad k_s = \frac{1}{1,3}\,k_b = 0,77\,k_b$$

beträgt, und ersetzt man in der Gleichung 93 den vor der Klammer stehenden Ausdruck, der die Biegungsspannung darstellt, durch k_b, so erhält man eine z. B. für Schmiedeeisen und Stahl gültige Gleichung

$$\sigma_i = k_b\left[0,35\sin\alpha + 0,65\sqrt{\sin^2\alpha + \left(\frac{2}{3}\cdot\frac{r}{l_1}\cos\alpha\right)^2}\right] \quad . \quad . \quad . \ \textbf{94}$$

mit der man für verschiedene Verhältnisse $\dfrac{r}{l_1}$ sehr bequem die von der Größe des Winkels α abhängigen zusammengesetzten Spannungen finden und zu Spannungsdiagrammen — wie ein solches Fig. 68 zeigt — vereinigen kann.

Für die obere Hälfte des Querschnittes, in der sich die gleichgerichteten Schub- und Biegungsspannungen addieren, sind im folgenden für einige Verhältnisse $\dfrac{r}{l_1}$ die zusammengesetzten Spannungen der Winkel von 0^0, $15^{\prime\prime}$, 30^0, 45^0, 60^0, 75^0 und 90^0 mit Hilfe der Gleichung 94 bestimmt und zusammengestellt, woraus zu erkennen ist, daß für

$$\left.\begin{aligned}\sigma_i = k_b \ \text{und}\ \ \alpha &= 0^0\\[4pt] l_1 = 0,43\,r &= 0,215\,d\end{aligned}\right\} \quad . \quad . \quad . \quad . \quad . \quad . \ \textbf{94a}$$

ein Verhältnis

besteht, das einen **Grenzwert** insofern darstellt, als nach dessen Überschreitung die Biegungsfestigkeit, nach Unterschreitung dagegen die Schubfestigkeit überwiegt.

Im ersteren Falle genügt es daher nur mit der im § 14,1 der Einführung aufgestellten Biegungsgleichung zu rechnen, während im letzteren Falle die im § 12 Abs. c, 2 aufgeführte Gleichung zu benutzen ist.

1. Für $l_1 = r = 0,5\,d$.

$\alpha = 0^0$	15^0	30^0	45^0	60^0	75^0	90^0
$\sigma_i = 0,43\,k_b$	$0,54\,k_b$	$0,67\,k_b$	$0,80\,k_b$	$0,91\,k_b$	$0,98\,k_b$	$1,00\,k_b$

2. Für $l_1 = 0,5\,r = 0,25\,d$.

$\alpha = 0^0$	15^0	30^0	45^0	60^0	75^0	90^0
$\sigma_i = 0,87\,k_b$	$0,94\,k_b$	$0,99\,k_b$	$1,01\,k_b$	$1,01\,k_b$	$1,00\,k_b$	$1,00\,k_b$

3. Für $l_1 = \dfrac{r}{3} = \dfrac{d}{6}$.

$\alpha = 0^0$	15^0	30^0	45^0	60^0	75^0	90^0
$\sigma_i = 1,30\,k_b$	$1,35\,k_b$	$1,35\,k_b$	$1,28\,k_b$	$1,16\,k_b$	$1,05\,k_b$	$1,00\,k_b$

4. Für $l_1 = 0,43\,r = 0,215\,d$.

$\alpha = 0^0$	15^0	30^0	45^0	60^0	75^0	90^0
$\sigma_i = 1,00\,k_b$	$1,07\,k_b$	$1,10\,k_b$	$1,09\,k_b$	$1,06\,k_b$	$1,02\,k_b$	$1,00\,k_b$

b) Der beanspruchte Querschnitt sei ein Rechteck.

Geht man von der allgemeinen Gleichung 92 aus, in der man nach Gleichung 15 den Wert $m = \dfrac{10}{3}$ einführt, so hat man auch hier wieder

$$\sigma_i = 0{,}35\,k_b + 0{,}65\,\sqrt{k_b^2 + 4\,(\alpha_0\,k_s)^2}$$

zu grunde zu legen.

Für die Biegungs- und Schubspannung k_b und k_s sind mit bezug auf § 14 der Einführung und § 12 Abs. c, 1 zu setzen:

$$k_b = \frac{M_b}{\Theta}\,\eta = \frac{P l_1}{\dfrac{b\,h^3}{12}}\,\eta = \frac{12\,P l_1}{b\,h^3}\,\eta$$

und

$$k_s = \frac{P}{b} \cdot \frac{6\,(e^2 - \eta^2)}{h^3},$$

wobei zu beachten ist, daß sich diese Spannungen auf Querschnittselemente beziehen, die von der neutralen Achse den Abstand η haben.

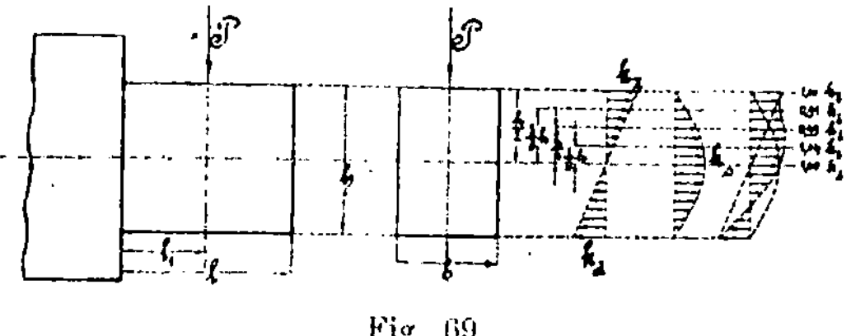

Fig. 69.

Führt man diese Werte oben ein, so folgt

$$\sigma_i = 0{,}35\,\frac{12\,P l_1}{b\,h^3}\,\eta + 0{,}65\,\sqrt{\left(\frac{12\,P l_1}{b\,h^3}\,\eta\right)^2 + 4\left(\alpha_0\,\frac{6\,P\,(e^2 - \eta^2)}{b\,h^3}\right)}$$

$$\text{„} = \frac{12\,P l_1}{b\,h^3}\left[0{,}35\,\eta + 0{,}65\,\sqrt{\eta^2 + \left(\alpha_0\,\frac{e^2 - \eta^2}{l_1}\right)^2}\right] \quad\ldots\quad\ldots\quad 95$$

Wird nun, wie vorher beim Kreisquerschnitt, das Anstrengungsverhältnis $\alpha_0 = 1$ und

$$\frac{6\,P l_1}{b\,h^2} = \frac{P l_1}{\dfrac{b\,h^2}{6}} = \frac{M_b}{W} = k_b$$

gesetzt, so erhält man

$$\sigma_i = k_b \cdot \frac{2}{h}\left[0{,}35\,\eta + 0{,}65\,\sqrt{\eta^2 + \left(\frac{e^2 - \eta^2}{l_1}\right)^2}\right]. \quad\ldots\quad 96$$

1. Diese Gleichung liefert für $\eta = 0$, d. h. für die neutrale Achse, den Spannungswert

$$\sigma_i = k_b \cdot \frac{2}{h}\left[0 + 0,65 \sqrt{0 + \left(\frac{e^2 - 0}{l_1}\right)^2}\,\right]$$

$$\text{\textquotedblright} = k_b \cdot \frac{2}{h} \cdot 0,65 \sqrt{\left(\frac{e^2}{l_1}\right)^2}$$

$$\text{\textquotedblright} = \frac{2 \cdot 0,65}{h} k_b \cdot \frac{e^2}{l_1} = \frac{2 \cdot 0,65}{h} \cdot k_b \frac{h^2}{4\,l_1}$$

$$\text{\textquotedblright} = \frac{0,65}{2} \cdot \frac{h}{l_1} k_b = 0,325 \frac{h}{l_1} k_b,$$

woraus für

das Verhältnis
$$\left.\begin{array}{l} \sigma_i = k_b \\ l_1 = 0,325\,h \end{array}\right\} \quad \ldots \ldots \ldots \ldots \text{96a}$$

folgt, das wiederum einen **Grenzwert** insofern darstellt, als bei dessen Überschreitung die Biegungsspannung überwiegt, bei Unterschreitung dagegen die Schubspannung maßgebend ist.

Im ersteren Falle genügt es demnach, nur mit dem Maximalwerte der Biegungsfestigkeit nach § 14, 1 der Einführung, im letzteren Falle dagegen nur mit dem größten Werte der Schubfestigkeit nach § 12 Abs. c, 1 zu rechnen.

2. Für die obere Hälfte des in Fig. 69 angegebenen Querschnittes erhält man mit Hilfe der Gleichung 96 die von den Abständen η und l_1 abhängigen Spannungen σ_i

für $l_1 = 0,325\,h$.

$\eta = 0$	$\frac{1}{8}h$	$\frac{1}{4}h$	$\frac{3}{8}h$	$\frac{1}{2}h$
$\sigma_i = 1,00\,k_b$	$1,04\,k_b$	$0,99\,k_b$	$0,91\,k_b$	$1,00\,k_b.$

Diese Werte sind in Fig. 69 zu einem Spannungsdiagramm vereinigt, aus dem zu erkennen ist, daß der maximale Spannungswert σ_i die Biegungsspannung nur um 4 % übersteigt, was aber bei der Verschiedenheit bezw. Unsicherheit der Materialspannungen ohne Bedeutung ist. Es genügt also auch hier, nur gegen Biegung zu rechnen.

4. Biegung mit Torsion.

Wird ein Körper von einer oder mehreren Kräften so angegriffen, daß die einzelnen Querschnitte desselben auf Biegung und Drehung gleichzeitig beansprucht werden, die Ebene des resultierenden Biegungsmomentes mit der Achse des Körpers zusammenfällt, bezw. die einzelnen Querschnitte senkrecht schneidet, die Ebene des Torsionsmomentes aber mit den Querschnitten gleich gerichtet ist, so vereinigen sich in den einzelnen Querschnittselementen Biegungs- und Drehspannungen, deren erstere nach § 14 der Einführung bezw. § 8, letztere dagegen nach § 26 der Einführung zu bestimmen und in die zusammengesetzte Spannungsgleichung 17

$$\sigma_i = \frac{m-1}{2\,m}\,k_b \pm \frac{m+1}{2\,m}\,\sqrt{k_b{}^2 + 4\,(\alpha_0\,k_s)^2}$$

einzusetzen sind. Hierbei ist zu beachten, daß die Spannungswerte für denjenigen Querschnitt und für dasjenige Querschnittselement zu benutzen sind, für welche die Gleichung 17 das Maximum erreicht. Es kommt deshalb auch hier nur das $+$ Zeichen in Frage.

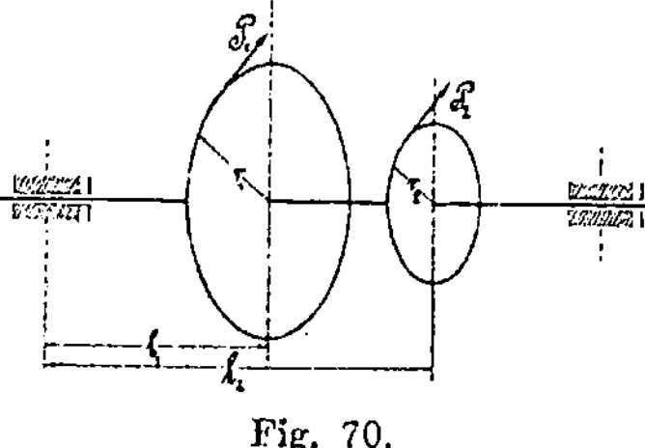

Da die Lage der in Frage kommenden Querschnittselemente bei den einzelnen Querschnittsformen verschieden sind, kann auch die Ermittlung der größten Spannung nur von Fall zu Fall geschehen.

Fig. 70.

Im folgenden sind die Spannungen einiger Querschnitte angegeben, von denen der Kreis- und Kreisringquerschnitt für die Praxis die wichtigsten sind.

a) Der Kreisquerschnitt.

Bei dem Kreisquerschnitt in Fig. 71 erreichten die Biegungsspannungen k_b, als auch die Torsionsspannungen k_s in den am Umfange gelegenen Elementen ihre größten Werte.

Nach § 14 Gleichung 58 der Einführung und § 16, 3 daselbst beträgt die größte **Biegungsspannung**

$$k_b = \frac{M_b}{W} = \frac{M_b}{\dfrac{d^3\pi}{32}} = \frac{32}{\pi}\cdot\frac{M_b}{d^3}\,.$$

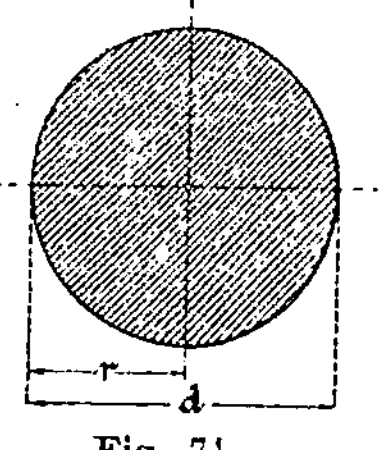

Die größte **Torsionsspannung** k_s ergibt sich aus § 26 Abs. 3 der Einführung, Gleichung 146 mit bezug auf § 16, 3 daselbst zu

$$k_s = k_t = \frac{M_t}{W_p} = \frac{M_t}{\dfrac{d^3\,\pi}{16}} = \frac{16}{\pi}\cdot\frac{M_t}{d^3}\,.$$

Fig. 71.

Führt man diese Werte in die allgemeine Gleichung 17 ein, so ergibt sich unter Berücksichtigung der Gleichung 15, nach der $m = \dfrac{10}{3}$ gesetzt werden kann,

$$\sigma_i = 0{,}35\,k_b + 0{,}65\,\sqrt{k_b{}^2 + 4\,(\alpha_0\,k_s)^2}$$

$$\text{\textquotedbl} = 0{,}35\cdot\frac{32\,M_b}{\pi\,d^3} + 0{,}65\,\sqrt{\left(\frac{32\,M_b}{\pi\,d^3}\right)^2 + 4\left(\alpha_0\,\frac{16\,M_t}{\pi\,d^3}\right)^2}$$

$$\text{\textquotedbl} = \frac{32}{d^3\,\pi}\left(0{,}35\,M_b + 0{,}65\,\sqrt{M_b{}^2 + (\alpha_0\,M_t)^2}\right) \quad \cdot \quad \cdot \quad \cdot \quad \cdot \quad \cdot \quad \cdot \quad 97$$

$$\sigma_i = \frac{1}{W}\left(0,35\,M_b + 0,65\,\sqrt{M_b{}^2 + (\alpha_0\,M_t)^2}\right),$$

$$W \cdot \sigma_i = 0,35\,M_b + 0,65\,\sqrt{M_b{}^2 + (\alpha_0\,M_t)^2},$$

worin der Ausdruck

$$W\,\sigma_i = M_{b\,i},$$

das sogenannte **ideelle biegende Moment** darstellt.

Damit erhält die letzte Gleichung die Form

$$M_{b\,i} = 0,35\,M_b + 0,65\,\sqrt{M_b{}^2 + (\alpha_0\,M_t)^2} \quad \ldots \ldots \quad 98$$

Der Wert α_0 bedeutet wieder das in Gleichung 16 genannte Anstrengungsverhältnis. Wird dasselbe wieder $\alpha_0 = 1$ gesetzt, was für Schmiedeeisen und Stahl zutrifft, so erhält man

$$M_{b\,i} = 0,35\,M_b + 0,65\,\sqrt{M_b{}^2 + M_t{}^2}. \quad \ldots \ldots \quad 99$$

NB. Als Ersatz der letzten Gleichung hat Poncelet für den praktischen Gebrauch folgende zwei, etwas bequemere Näherungsgleichungen gebildet, deren Resultate keine großen Abweichuugen von Gleichung 99 aufweisen, so daß sie ganz gut brauchbar sind.

Die Näherung erstreckt sich auf das Wurzelglied, das für

$$1. \ M_b > M_t: \quad \sqrt{M_b{}^2 + M_t{}^2} \sim 0,96\,M_b + 0,4\,M_t,$$

$$2. \ M_b < M_t: \quad \sqrt{M_b{}^2 + M_t{}^2} \sim 0,4\,M_b + 0,96\,M_t$$

gesetzt wird.

Diese Werte in Gleichung 99 bezw. in Gleichung 15 eingeführt, gibt für $m = 4$

$$\left.\begin{aligned}
\textbf{1. für } M_b > M_t: \quad & M_{b\,i} = \tfrac{1}{8}\,M_b + \tfrac{5}{8}\,(0,96\,M_b + 0,4\,M_t) \\
\text{„} \quad & = 0,975\,M_b + 0,25\,M_t, \\[2mm]
\textbf{2. für } M_b < M_t: \quad & M_{b\,i} = \tfrac{3}{8}\,M_b + \tfrac{5}{8}\,(0,4\,M_b + 0,96\,M_t \\
\text{„} \quad & = 0,625\,M_b + 0,6\,M_t.
\end{aligned}\right\} \quad 100$$

b) Der Kreisringquerschnitt.

Da dieser Querschnitt symmetrisch in bezug auf die beiden Hauptachsen ist, so ist nach § 15, 4 der Einführung das polare Widerstandsmoment gleich dem doppelten äquatorialen Widerstandsmoment, also

$$W_p = 2\,W.$$

Geht man wieder von der vereinfachten Gleichung 17

$$\sigma_i = 0,35\,k_b + 0,65\,\sqrt{k_b{}^2 + 4(\alpha_0\,k_s)^2}$$

aus und setzt darin

$$\sigma_i = \frac{M_{b\,i}}{W}, \quad \text{wo} \quad W = \frac{D^4 - d^4}{D}\,\frac{\pi}{32} \quad \text{nach § 17,7 der Einführung ist,}$$

nach § 14,1 der Einführung aber $k_b = \dfrac{M_b}{W}$ und

nach § 26,3 „ „ $k_s = k_t = \dfrac{M_t}{W_p} = \dfrac{M_t}{2\,W}$

beträgt, so folgt

$$\frac{M_{bi}}{W} = 0,35\,\frac{M_b}{W} + 0,65\,\sqrt{\left(\frac{M_b}{W}\right)^2 + 4\left(\alpha_0\,\frac{M_t}{2\,W}\right)^2},$$

woraus sich wieder die bereits beim Kreisquerschnitt erhaltene Gleichung 98

$$M_{bi} = 0,35\,M_b + 0,65\,\sqrt{M_b{}^2 + (\alpha_0\,M_t)^2}$$

ergibt.

Für Schmiedeeisen und Stahl ist wieder $\alpha_0 = 1$ und kann deshalb vernachlässigt werden.

NB. Auch hier gelten die Näherungsgleichungen 100.

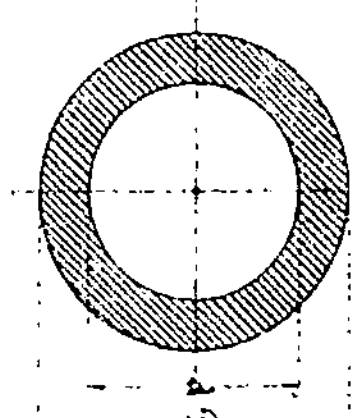

Fig. 72.

c) Der elliptische Querschnitt.

1. Die Ebene des Biegungsmomentes geht durch die kleine Achse.

In den Endpunkten der kleinen Achse fallen die Spannungsmaxima der Biegung mit denen der Drehung zusammen. Die größte Biegungsspannung beträgt nach § 14 der Einführung mit bezug auf § 16, 4 daselbst

$$k_b = \frac{M_b}{W} = \frac{M_b}{\dfrac{D\,d^2\pi}{32}} = \frac{32}{\pi}\cdot\frac{M_b}{D\,d^2}.$$

Die größte Torsionsspannung ergibt sich nach § 26 Abs. 3, Gleichung 151 der Einführung zu

$$k_s = k_t = \frac{M_t}{\omega\,.\,W} = \frac{M_t}{\dfrac{D\,d^2\pi}{32}\,.\,2} = \frac{16}{\pi}\cdot\frac{M_t}{D\,d^2}.$$

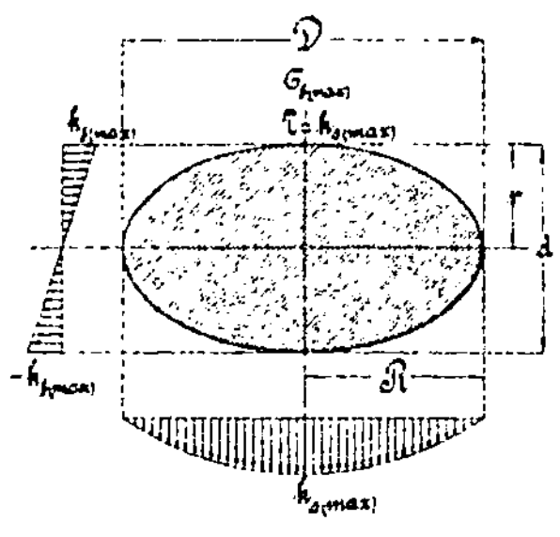

Fig. 73.

Führt man diese Werte in die vereinfachte Gleichung 17 ein, so folgt

$$\sigma_i = 0,35\,k_b + 0,65\,\sqrt{k_b{}^2 + 4\,(\alpha_0\,k_s)^2}$$

$$\text{„} = 0,35\,\frac{32\,M_b}{\pi\,D\,d^2} + 0,65\,\sqrt{\left(\frac{32\,M_b}{\pi\,D\,d^2}\right)^2 + 4\left(\alpha_0\,\frac{16\,M_t}{\pi\,D\,d^2}\right)^2}$$

$$\left.\begin{aligned}
\sigma_i &= \frac{32}{\pi D d^2}\left(0{,}35\,M_b + 0{,}65\,\sqrt{M_b{}^2 + (\alpha_o M_t)^2}\right) \\
\text{\textquotedbl} &= \frac{1}{W}\left(0{,}35\,M_b + 0{,}65\,\sqrt{M_b{}^2 + (\alpha_o M_t)^2}\right), \\
M_{bi} &= 0{,}35\,M_b + 0{,}65\,\sqrt{M_b{}^2 + (\alpha_o M_t)^2}.
\end{aligned}\right\} \quad \cdots \quad \textbf{101}$$

Diese Gleichung stimmt mit der Kreisgleichung 98 vollständig überein.

Der Wert α_o bedeutet wieder das Anstrengungsverhältnis, das für Schmiedeeisen und Stahl gleich 1 ist.

2. Die Ebene des Biegungsmomentes geht durch die große Achse.

Während im vorstehenden Abschnitt a die größten Biegungs- und Schubspannungen im Umfangspunkte der kleinen Achse zusammenfielen, trifft dieses in Fig. 74 nicht mehr zu. Hier werden nach § 14 Abs. 1 der Einführung die äußersten Punkte der großen Achse am meisten auf Biegung beansprucht, die größte, durch die Drehung veranlaßte Schubspannung dagegen tritt nach § 26 Abs. 3, b der Einführung am Umfangspunkte der kleinen Achse auf, so daß zunächst die Lage des ebenfalls auf dem Ellipsenumfang gelegenen Punktes A zu ermitteln ist, in dem sich dann die einzelnen Spannungswerte zu einer größten, idealen Spannung vereinigen.

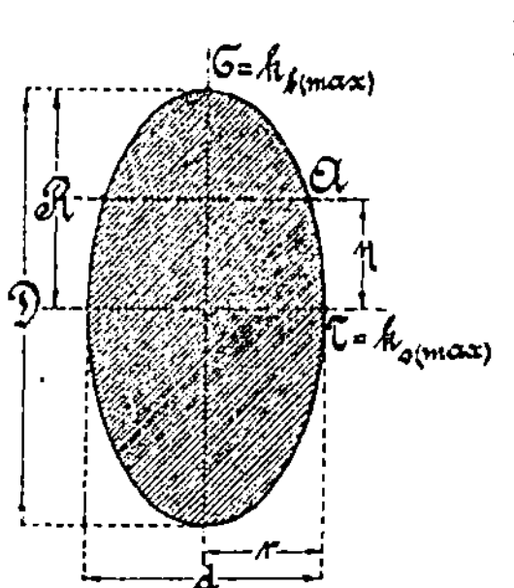

Fig. 74.

Für den im Abstande η von der Nullinie aus gelegenen Punkt A beträgt nach § 14, 1 der Einführung die Biegungsspannung

$$k_b = \frac{M_b}{\Theta}\,\eta = \frac{M_b}{\frac{R^3 r\pi}{4}}\,\eta.$$

Für denselben Punkt ergibt sich die Torsionsspannung k_t mit Hilfe der im § 26 Abs. 3, b der Einführung angegebenen Gleichung 151 zu

$$k_s = k_t = \frac{M_t \cdot e}{\omega\Theta} = \frac{M_t}{\omega W}$$

$$\text{\textquotedbl} = \frac{2}{\pi}\cdot\frac{M_t}{R r^2}\sqrt{1 - \frac{R^2 - r^2}{R^4}\cdot\eta^2},$$

so daß nach Gleichung 17, für $m = \frac{10}{3}$, die zusammengesetzte Spannung den Wert erhält:

$$\sigma_i = 0{,}35\,k_b + 0{,}65\,\sqrt{k_b{}^2 + 4(\alpha_0 k_s)^2}$$

$$\text{\textquotedbl} = 0{,}35\,\frac{M_b}{\frac{R^3 r\pi}{4}}\,\eta + 0{,}65\,\sqrt{\left(\frac{M_b}{\frac{R^3 r\pi}{4}}\,\eta\right)^2 + 4\left(\alpha_0\,\frac{2}{\pi}\cdot\frac{M_t}{R r^2}\sqrt{1 - \frac{R^2 - r^2}{R^4}\,\eta^2}\right)^2}$$

$$\sigma_l = 0,35 \frac{4\,M_b}{R^3 r\pi}\,\eta + 0,65 \sqrt{\left(\frac{4\,M_b}{R^3 r\pi}\eta\right)^2 + \left(\frac{4\,M_t}{R r^2 \pi}\alpha_0\right)^2 \left(1 - \frac{R^2 - r^2}{R^4}\eta^2\right)}$$

$$„ = \frac{4\,M_b}{R^3 r\pi}\left[0,35\,\eta + 0,65\sqrt{\eta^2 + \left(\frac{M_t R^2}{M_b r}\alpha_0\right)^2 \left(1 - \frac{R^2 - r^2}{R^4}\eta^2\right)}\right] \quad \mathbf{102}$$

Aus dieser Gleichung ist nun der von η abhängige maximale Spannungswert zu bestimmen, was mit Hilfe höherer Rechnung direkt geschehen kann. Indirekt bezw. elementar kommt man aber auch zum Ziele, wenn nach Gleichung 102 für verschiedene Abstände η die zugehörigen Spannungen berechnet und in einem Spannungsdiagramme vereinigt werden, aus dem dann eine zweckmäßige Übersicht gewonnen werden kann.

NB. Geht die Ebene des Biegungsmomentes weder durch die kleine noch große Achse des elliptischen Querschnittes, so sind die Gleichungen der schiefen Belastung mit heranzuziehen.

d) Der rechteckige Querschnitt.

1. Die Ebene des Biegungsmomentes läuft parallel zur kurzen Achse.

Hier liegen die Spannungsverhältnisse genau so vor, wie im Abschnitte a des in Fig. 73 dargestellten elliptischen Querschnittes. Die größte, nach § 14, 1 der Einführung in den langen Rechteckseiten auftretenden Biegungsspannungen fallen nach § 26 Abs. 3, b der Einführung mit der größten Torsionsspannung in der Mitte der langen Seite zusammen. Nach Einführung § 14, 1 und § 16, 1 beträgt die größte Biegungsspannung

$$k_b = \frac{M_b}{W} = \frac{M_b}{\dfrac{b^2 h}{6}} = \frac{6\,M_b}{b^2 h}.$$

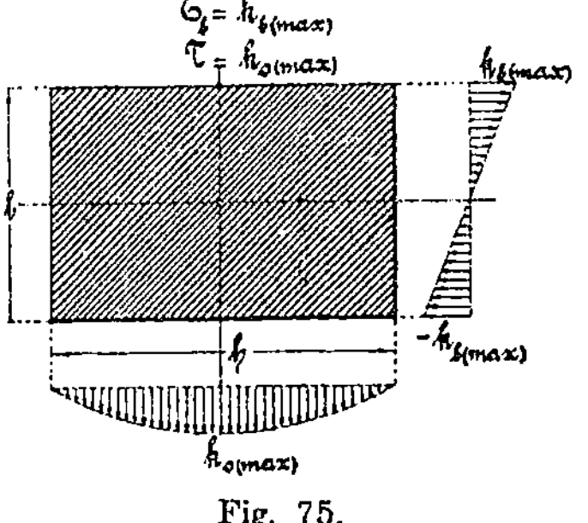

Fig. 75.

Die größte Torsionsspannung erhält man aus der im § 26 Abs. 3, b der Einführung zu ersehenden Gleichung 151

$$k_s = k_t = \frac{M_t \cdot e}{\omega \cdot \Theta} = \frac{M_t}{\omega\,W}$$

$$„ = \frac{9}{2}\cdot\frac{M_t}{b^2 h}.$$

Damit liefert die Gleichung 17 mit $m = \dfrac{10}{3}$ einen zusammengesetzten Spannungswert von

$$\sigma_l = 0,35\,k_b + 0,65\sqrt{k_b^2 + 4\,(\alpha_0 k_s)^2}$$

$$\sigma_i = 0{,}35\,\frac{6\,M_b}{b^2h} + 0{,}65\,\sqrt{\left(\frac{6\,M_b}{b^2h}\right)^2 + 4\left(\alpha_0\,\frac{9\,M_t}{2\,b^2h}\right)^2}$$

$$\text{\glqq} = \frac{6}{b^2h}\left(0{,}35\,M_b + 0{,}65\,\sqrt{M_b{}^2 + (1{,}5\,\alpha_0\,M_t)^2}\right) \quad . \quad . \quad . \quad \mathbf{103}$$

2. Die Ebene des Biegungsmomentes läuft parallel zur langen Seite.

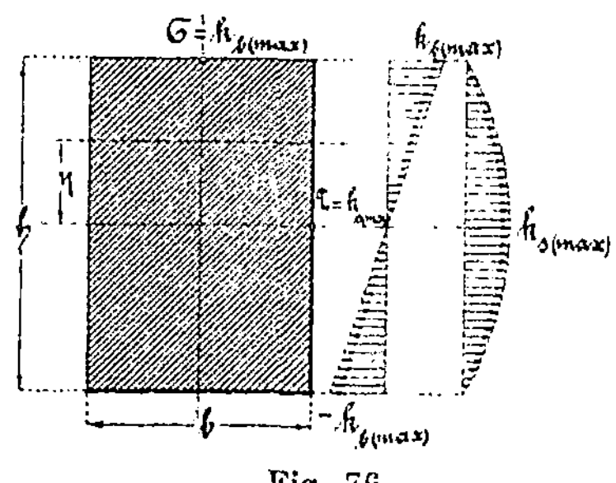

Fig. 76.

Hier liegen die Spannungsverhältnisse genau so, wie bei dem im Abschnitt b behandelten und in Fig. 74 dargestellten elliptischen Querschnitt, so daß die dortige Vorgangsweise auch hier zu beachten ist.

Die Biegungs- und Torsionsspannungen sind deshalb wieder für beliebige Abstände η in die zusammengesetzte Gleichung 17 einzuführen, um damit festzustellen, für welchen Wert von η die größte, ideelle Spannung erhalten wird.

Anwendungen.

Erste Aufgabengruppe.

Zu § 6 bis 8. Auf verschieden gerichtete Schwerpunktsachsen bezogene Trägheits- und Zentrifugalmomente ebener Flächen. Trägheitsellipse. Schiefe Belastung.

1. Aufgabe. Für eine aus ungleichschenkligen Winkeleisen hergestellte Druckstange sind für die aus Fig. 77 ersichtlichen Abmessungen das größte und kleinste Trägheitsmoment anzugeben.

Der Reihenfolge nach sind zu berechnen

1. die Lage des Schwerpunktes S,
2. die beiden Trägheitsmomente Θ_x und Θ_y bezogen auf die Achsen xy,
3. das Zentrifugal- oder Deviationsmoment $\varDelta_{xy}$,
4. der Neigungswinkel α, der den gesuchten Trägheitsmomenten Θ_ξ und Θ_η zugehörenden Koordinatenachsen $\xi\eta$ entspricht und
5. die Trägheitsmomente Θ_ξ und Θ_η.

Lösung.

1. Die Abstände u und v des Schwerpunktes S.

Nach § 18, 1 der Einführung ist mit bezug auf Fig. 77

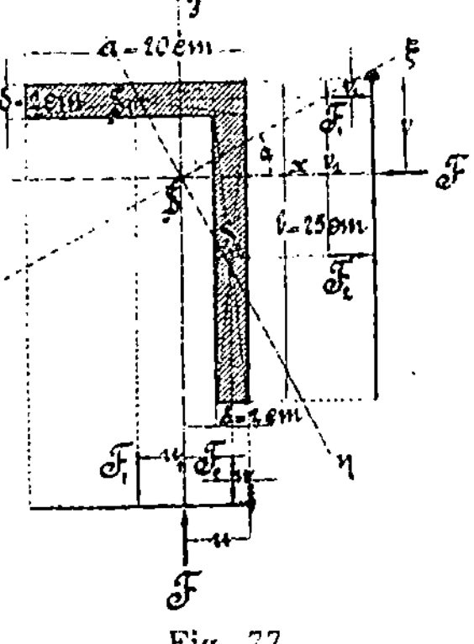

Fig. 77.

$$u = \frac{F_1 u_1 + F_2 u_2}{F} = \frac{a\delta \cdot \dfrac{a}{2} + (b-\delta)\delta \cdot \dfrac{\delta}{2}}{a\delta + (b-\delta)\delta}$$

$$\text{,,} = \frac{20 \cdot 2\,\dfrac{20}{2} + (25-2)2 \cdot \dfrac{2}{2}}{20 \cdot 2 \quad + (25-2)2}$$

$$u = \frac{400 + 46}{40 + 46} = \frac{446}{86} = 5,18 \sim 5,2 \text{ cm.}$$

$$v = \frac{F_1 v_1 + F_2 v_2}{F} = \frac{a\delta \cdot \dfrac{\delta}{2} + (b - \delta)\delta \cdot \left(\dfrac{b - \delta}{2} + \delta\right)}{a\delta + (b - \delta)\delta}$$

$$\text{"} = \frac{20 \cdot 2\,\dfrac{2}{2} + (25 - 2)\,2\left(\dfrac{25 - 2}{2} + 2\right)}{20 \cdot 2 + (25 - 2)\,2}$$

$$\text{"} = \frac{40 + 46 \cdot 13,5}{40 + 46} = \frac{40 + 621}{86} = \frac{661}{86}$$

$$\text{"} = 7,68 \sim 7,7 \text{ cm.}$$

2. Die beiden Trägheitsmomente Θ_x und Θ_y.

Von den im § 18 der Einführung zur Berechnung der Trägheitsmomente angegebenen 3 Regeln sei hier die zweite gewählt.

Damit erhält man mit bezug auf Fig. 77

$$\Theta_x = \frac{1}{3}\left[a\,v^3 - (a - \delta)(v - \delta)^3 + \delta(b - v)^3\right]$$

$$\text{"} = \frac{1}{3}\left[20 \cdot 7,7^3 - (20 - 2)(7,7 - 2)^3 + 2(25 - 7,7)^3\right]$$

$$\text{"} = \frac{1}{3}\left[9\,130,66 - 3\,333,474 + 10\,355,434\right]$$

$$\text{"} = \frac{1}{3} \cdot 16\,152,62 = 5\,384,2 \text{ cm}^4,$$

$$\Theta_y = \frac{1}{3}\left[\delta(a - u)^3 + b\,u^3 - (b - \delta)(u - \delta)^3\right]$$

$$\text{"} = \frac{1}{3}\left[2(20 - 5,2)^3 + 25 \cdot 5,2^3 - (25 - 2)(5,2 - 2)^3\right]$$

$$\text{"} = \frac{1}{3}\left(6\,483,584 + 3\,515,2 - 753,664\right)$$

$$\text{"} = \frac{1}{3} \cdot 9\,245,12 = 3\,081,7 \text{ cm}^4.$$

3. Das Zentrifugalmoment $\varDelta_{xy}$.

Da der Winkeleisenquerschnitt aus zwei Rechteckflächen besteht, für die man beispielsweise nach der im § 6 Abschnitt b, 1 entwickelten Gleichung die Zentrifugalmomente feststellen kann, hat man nur nötig, die gefundenen Werte zu summieren.

Man erhält demnach für das in Fig. 78a dargestellte Rechteck, das gleichzeitig den einen Schenkel des vorliegenden Winkeleisens bildet, den Wert

$$\varDelta_{xy(1)} = \frac{1}{4}\,\mathrm{b}\,(2\,\mathrm{v} - \mathrm{b})\,(\mathrm{h_2}^2 - \mathrm{h_1}^2),$$

worin $\mathrm{b} = \delta$,
$\mathrm{h_2} = \mathrm{u}$
und $\mathrm{h_1} = \mathrm{a} - \mathrm{u}$ ist,

$$\varDelta_{xy(1)} = \frac{1}{4}\,\delta\,(2\,\mathrm{v} - \delta)\,\{\mathrm{u}^2 - (\mathrm{a} - \mathrm{u})^2\}$$

$$\text{\textquotedbl}\quad = \frac{1}{4}\cdot 2\,(2\cdot 7{,}7 - 2)\,(5{,}2^2 - 14{,}8^2)$$

$$\text{\textquotedbl}\quad = \frac{2\cdot 2}{4}\,(7{,}7 - 1)(27{,}04 - 219{,}04)$$

$$\text{\textquotedbl}\quad = -\,6{,}7\cdot 192 = -\,1286{,}4 \ \mathrm{cm}^4.$$

Für das in Fig. 78 b angegebene, den zweiten Schenkel bildende Rechteck erhält man in entsprechender Weise

$$\varDelta_{xy(2)} = \frac{1}{4}\,\mathrm{b}\,(2\,\mathrm{v} - \mathrm{b})\,(\mathrm{h_2}^2 - \mathrm{h_1}^2),$$

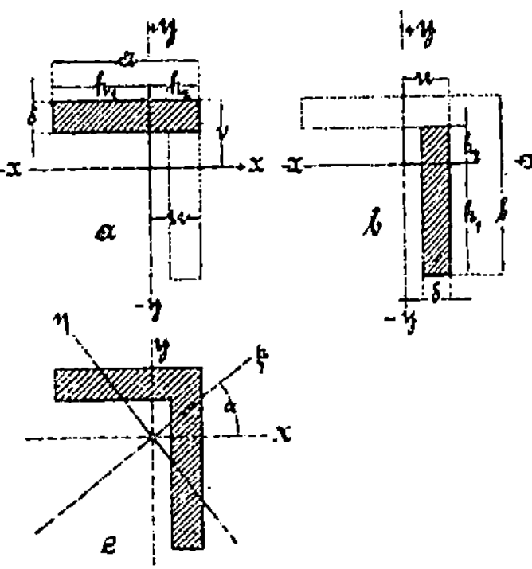

Fig. 78.

worin $\mathrm{b} = \delta$,
$\mathrm{v} = \mathrm{u}$,
$\mathrm{h_2} = \mathrm{v} - \delta$
und $\mathrm{h_1} = \mathrm{b} - \mathrm{v}$ ist,

$$\varDelta_{xy(2)} = \frac{1}{4}\,\delta\,(2\,\mathrm{u} - \delta)\,\{(\mathrm{v} - \delta)^2 - (\mathrm{b} - \mathrm{v})^2\}$$

$$\text{\textquotedbl}\quad = \frac{1}{4}\cdot 2\,(2\cdot 5{,}2 - 2)\,\{(7{,}7 - 2)^2 - (25 - \quad)^2\}$$

$$\text{\textquotedbl}\quad = \frac{2\cdot 2}{4}\,(5{,}2 - 1)\,(5{,}2^2 - 17{,}3^2)$$

$$\text{\textquotedbl}\quad = 4{,}2\cdot (27{,}04 - 299{,}29)$$

$$\text{\textquotedbl}\quad = -\,4{,}2\cdot 272{,}25$$

$$\text{\textquotedbl}\quad = -\,1143{,}4 \ \mathrm{cm}^4.$$

Das gesuchte Zentrifugalmoment ergibt sich dann zu

$$\varDelta_{xy} = \varDelta_{xy(1)} + \varDelta_{xy(2)}$$

$$\text{\textquotedbl}\quad = -\,1286{,}4 - 1143{,}4$$

$$\text{\textquotedbl}\quad = -\,2429{,}8 \ \mathrm{cm}^4.$$

4. Der Neigungswinkel α.

Dieser Winkel berechnet sich mit Hilfe der Gleichung 24 zu

$$\operatorname{tg} 2\,\alpha = \frac{2\,\varDelta_{xy}}{\varTheta - \varTheta_x} = \frac{2\,(-\,2429{,}8)}{3081{,}7 - 5384{,}2}$$

$$\operatorname{tg} 2\,\alpha = \frac{4859,6}{2302,5} = 2,11,\,.$$

$$2\,\alpha = 64^0\,40^{\mathrm{I}},$$

$$\alpha = 32^0\,20^{\mathrm{I}}.$$

5. Die Trägheitsmomente Θ_ξ und Θ_η.

Nach Gleichung 20 folgt

$$\Theta_\xi = \Theta_x \cos^2 \alpha + \Theta_y \sin^2 \alpha - \Delta_{xy} \sin 2\,\alpha$$

„ $= 5384,2 \cos^2 32^0\,20^{\mathrm{I}} + 3081,7 \sin^2 32^0\,20^{\mathrm{I}} - (-\,2429,8) \sin 64^0\,40$

„ $= 5384,2 \cdot 0,845^2 + 3081,7 \cdot 0,535^2 + 2429,8 \cdot 0,904$

„ $= 3844,5 + 882,02 + 2196,6$

„ $= 6923,12$ cm^4. (Maximum)

Nach Gleichung 21 beträgt

$$\Theta_\eta = \Theta_x \sin^2 \alpha + \Theta_y \cos^2 \alpha + \Delta_{xy} \sin 2\,\alpha$$

„ $= 5384,2 \sin^2 32^0\,20^{\mathrm{I}} + 3081,7 \cos^2 32^0\,20^{\mathrm{I}} + (-\,2429,8) \sin 64^0\,40^{\mathrm{I}}$

„ $= 5384,2 \cdot 0,535^2 + 3081,7 \cdot 0,845^2 - 2429,8 \cdot 0,904$

„ $= 1541,1 + 2.200,3 - 2196,6$

„ $= 3741,4 - 2196,6$

„ $= 1544,8$ cm^4. (Minimum)

NB. An dieser Stelle sei noch darauf hingewiesen, daß nach Gleichung 22 die Summe der letzten beiden Trägheitsmomente gleich der Summe der beiden in Frage 2 angegebenen Trägheitsmomente sein muß.

Diese Probe angestellt, liefert

$$\Theta_\xi + \Theta_\eta = \Theta_x + \Theta_y$$

$$6923,12 + 1544,8 = 5384,2 + 3081,7$$

$$8467,92 = \sim 8465,9.$$

Die kleine Differenz erklärt sich aus den Abrundungen der einzelnen Resultate.

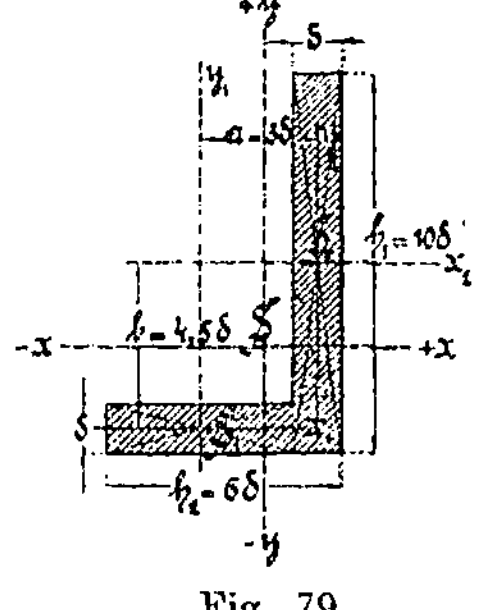

Fig. 79.

2. Aufgabe. Ein Winkeleisenquerschnitt habe die beistehenden Abmessungen.

Es sollen die Trägheitsmomente Θ_x, Θ_y und das Zentrifugalmoment Δ_{xy} für die Schwerachsen bestimmt werden, die mit den Schenkeln gleichgerichtet sind.

Lösung.

Ist der Schwerpunkt S seiner Lage nach nicht bekannt, so rechne man mit den in § 6 Abs. b, 4 angegebenen Gleichungen F_7 und F_9.

Damit erhält man

$$\Theta_x = \Theta_{x1} + \Theta_{x2} + \frac{F_1 F_2 b^2}{F_1 + F_2}$$

$$\Theta \;=\; \frac{1}{12}\left\{(h_2 - \delta)\,\delta^3 + \delta\,h_1{}^3\right\} + \frac{(h_2 - \delta)\,\delta\,.\,\delta h_1\,.\,b^2}{(h_2 - \delta)\,\delta + \delta h_1}$$

$$\text{,,}\;=\; \frac{1}{12}\left(5\,\delta\,.\,\delta^3 + \delta\,(10\,\delta)^3\right) + \frac{5\,\delta\,.\,\delta\,.\,\delta\,.\,10\,\delta\,.\,(4{,}5\,\delta)^2}{5\,\delta\,.\,\delta + \delta\,.\,10\,\delta}$$

$$\text{,,}\;=\; \frac{1}{12}\,.\,1005\,\delta^4 + \frac{1012{,}5}{15}\,\delta^4$$

$$\text{,,}\;=\; (83{,}75 + 67{,}5)\,\delta^4 = 151{,}25\,\delta^4,$$

$$\Theta_\mathrm{y} \;=\; \Theta_{\mathrm{y}1} + \Theta_{\mathrm{y}2} + \frac{F_1 F_2 a^2}{F_1 + F_2}$$

$$\text{,,}\;=\; \frac{1}{12}\left\{\delta\,(h_2 - \delta)^3 + h_1\,\delta^3\right\} + \frac{(h_2 - \delta)\,\delta\,.\,\delta h_1\,.\,a^2}{(h_2 - \delta)\,\delta + \delta h_1}$$

$$\text{,,}\;=\; \frac{1}{12}\left(\delta\,(5\,\delta)^3 + 10\,\delta\delta^3\right) + \frac{5\,\delta\,.\,\delta\,.\,\delta\,.\,10\,\delta\,.\,(3\,\delta)^2}{5\,\delta\,.\,\delta + \delta\,.\,10\,\delta}$$

$$\text{,,}\;=\; \frac{1}{12}\,(125\,\delta^4 + 10\,\delta^4) + \frac{450}{15}\,\delta^4$$

$$\text{,,}\;=\; \frac{1}{12}\,.\,135\,\delta^4 + 30\,\delta^4$$

$$\text{,,}\;=\; (11{,}25 + 30)\,\delta^4 = 41{,}25\,\delta^4,$$

$$\varDelta_\mathrm{xy} \;=\; \frac{F_1 F_2 a b}{F_1 + F_2} = \frac{(h_2 - \delta)\,\delta\,.\,\delta h_1\,.\,a b}{(h_2 - \delta)\,\delta + \delta h_1}$$

$$\text{,,}\;=\; \frac{5\,\delta\,.\,\delta\,.\,\delta\,.\,10\,\delta\,.\,3\,\delta\,.\,4{,}5\,\delta}{5\,\delta\,.\,\delta + 10\,\delta\,.\,\delta}$$

$$\text{,,}\;=\; \frac{50\,.\,3\,.\,4{,}5}{15}\,\delta^4 = 45\,\delta^4.$$

3. Aufgabe. Für den in Fig. 80 skizzierten Z-eisen-Querschnitt sollen die Achsenrichtungen der größten Widerstandsfähigkeit als auch die beiden Hauptträgheitsmomente berechnet werden.

Zu bestimmen sind demnach

1. die beiden Trägheitsmomente Θ_x und Θ_y,
2. das Zentrifugalmoment $\varDelta_\mathrm{xy}$,
3. der Winkel α als Richtungswinkel der größten Belastung und
4. das größte und kleins Trägheitsmoment Θ_ξ und Θ_η des Querschnittes.

Lösung.

1. Die Trägheitsmomente Θ_x und Θ_y.

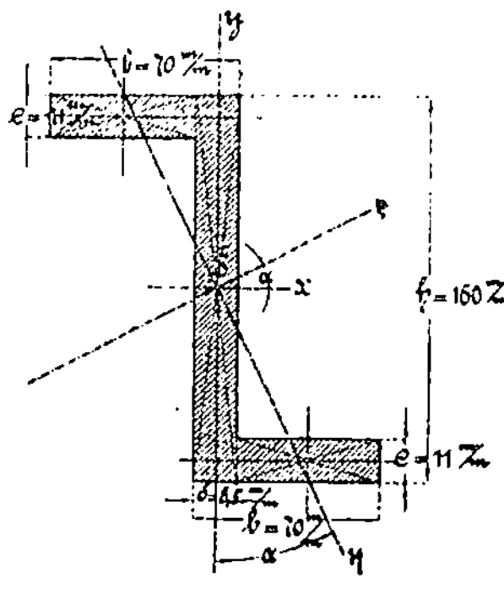

Fig. 80.

Da das Trägheitsmoment eines Querschnittes nicht von der Lage der Querschnittsteile, sondern nur von den, von der neutralen Achse aus gemessenen Abständen derselben abhängt, so kann man sich, wie Fig. 81 zeigt, beispielsweise den oberen Flansch nach rechts verlegt denken, womit dann ein ⌶-Querschnitt erhalten wird, dessen Trägheitsmoment Θ_x nach § 17, 4 der Einführung

$$\Theta_x = \frac{1}{12}\left\{b\,h^3 - (b - \delta)(h - 2c)^3\right\}$$

$$\text{„} = \frac{1}{12}\left\{7 \cdot 16^3 - (7 - 0,85)(16 - 2 \cdot 1,1)^3\right\}$$

$$\text{„} = \frac{1}{12}(7 \cdot 16^3 - 6,15 \cdot 13,8^3)$$

$$\text{„} = \frac{1}{12}(28\,672 - 16\,162,64)$$

$$\text{„} = \frac{1}{12} \cdot 12\,509,36 = 1\,042,44 \text{ cm}^4$$

beträgt.

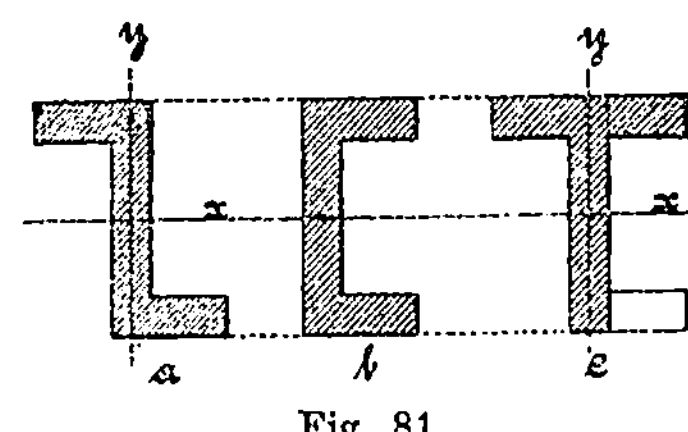

Fig. 81.

Das Trägheitsmoment Θ_y erhält man am einfachsten durch Umwandlung des vorliegenden Querschnittes in die aus Fig. 81 c zu ersehende T-Form.

Es ist nach § 15 Abs. 3 b der Einführung, Formel 69

$$\Theta_y = \frac{1}{12}\left\{c\,(b + b - \delta)^3 + (h - c)\delta^3\right\}$$

$$\Theta_y = \frac{1}{12}\left\{1,1\,(7 + 7 - 0,85)^3 + (16 - 1,1)\,0,85^3\right\}$$

$$\text{„} = \frac{1}{12}(1,1 \cdot 13,15^3 + 14,9 \cdot 0,85^3)$$

$$\text{„} = \frac{1}{12} \cdot 2\,501,32 + 9,15)$$

$$\text{„} = \frac{1}{12}(2\,510,47) = 209,21 \text{ cm}^4.$$

2. Das Zentrifugalmoment $\varDelta_{xy}$.

Benutzt man die in § 6 Abs. b, 3 aufgeführte Formel 6, so folgt mit bezug auf Fig. 82

$$\varDelta_{xy} = \sum_{1}^{n} F_1 \xi_1 \eta_1$$

$$\text{„} = F_1 \xi_1 \eta_1 + F_2 \xi_2 \eta_2 + F_3 \xi_3 \eta_3$$

$$\text{„} = F_1 \xi_1 (- \eta_1) + F_2 \cdot 0 + F_3 (- \xi_3)\eta_3,$$

wo
$$F_1 = F_3 = F,$$
$$\xi_1 = \xi_3 = \xi.$$
und
$$\eta_1 = \eta_3 = \eta \text{ ist.}$$

Damit erhält man

$$\Delta_{xy} = -2\,F\xi\eta$$

$$\text{\textquotedbl} \quad = -2\,(b-\delta)\,c\left(\frac{b-\delta}{2}+\frac{\delta}{2}\right)\left(\frac{h}{2}-\frac{c}{2}\right)$$

$$\text{\textquotedbl} \quad = -2.6,15.1,1\,(3,075+0,425)(8-0,55)$$

$$\text{\textquotedbl} \quad = -13,53.3,500.7,45$$

$$\text{\textquotedbl} \quad = -352,79 \text{ cm}^4.$$

3. Der Neigungswinkel α.

Nach § 6 Abs. a, Gleichung 24 ergibt sich

$$\mathrm{tg}\,2\,\alpha = -\frac{2\,\Delta_{xy}}{\Theta_x - \Theta_y}$$

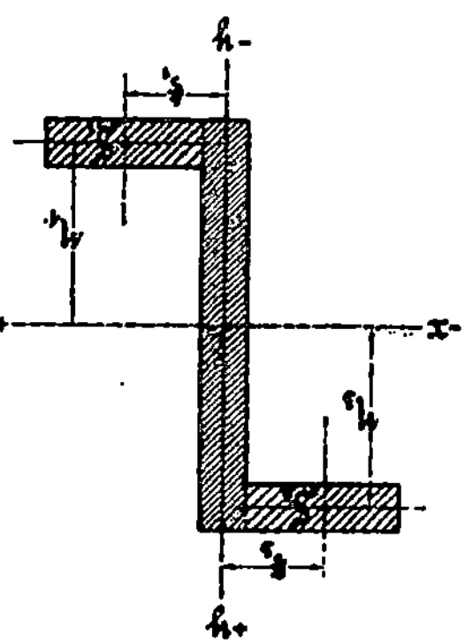
Fig. 82.

$$\text{\textquotedbl} \quad = -\frac{2\,(-352,79)}{1042,44-209,21} = \frac{705,58}{833,23} = 0,8468,$$

$$2\,\alpha = 40^0\,15'\,28'' \sim 40^0\,16',$$

$$\alpha = 20^0\,8'.$$

NB. Der vorliegende Querschnitt entspricht dem Normal-Profil 16, wofür in der Tabelle der Neigungswinkel $\alpha = 21^0\,20'$ zu finden ist.

Die geringe Differenz zwischen dem Tabellenwert und dem vorstehenden Rechnungswert erklärt sich aus den Abrundungen der Trägheitsmomente Θ_x, Θ_y und dem Zentrifugalmomente Δ_{xy}. Es sind hier die im Profileisen vorhandenen Abrundungen und Hohlkehlen vernachlässigt.

4. Die Trägheitsmomente Θ_ξ und Θ_η der Hauptachsen $\xi\,\eta$.

Der Maximalwert Θ_ξ ergibt sich nach § 6 Abs. a, Gleichung 20 zu

$$\Theta_\xi = \Theta_x \cos^2\alpha + \Theta_y \sin^2\alpha - \Delta_{xy}\sin 2\,\alpha$$

$$\text{\textquotedbl} \quad = 1042,44 . \cos^2 20^0 8' + 209,21 . \sin^2 20^0 8' + 352,79 . \sin 40^0 16'$$

$$\text{\textquotedbl} \quad = 1042,44 . 0,93889^2 + 209,21 . 0,34420^2 + 352,79 . 0,64634$$

$$\text{\textquotedbl} \quad = 918,92 + 24,786 + 228,025$$

$$\text{\textquotedbl} \quad = 1171,731 \sim 1172 \text{ cm}^4.$$

Der Minimalwert Θ_η beträgt nach Gleichung 21

$$\Theta_\eta = \Theta_x \sin^2\alpha + \Theta_y \cos^2\alpha + \Delta_{xy}\sin 2\,\alpha$$

$$\text{\textquotedbl} \quad = 1042,44 . \sin^2 20^0 8' + 209,21 . \cos^2 20^0 8' - 352,79 . \sin 40^0 16$$

$$\text{\textquotedbl} \quad = 1042,44 . 0,34420^2 + 209,21 . 0,93889^2 - 352,79 . 0,64634$$

$$\text{\textquotedbl} \quad = 123,5 + 184,42 - 228,025$$

$$\text{\textquotedbl} \quad = 307,92 - 228,025$$

$$\text{\textquotedbl} \quad = 79,895 \sim 80 \text{ cm}^4.$$

NB. Auch hier erklären sich die für die Praxis bedeutungslosen Abweichungen gegenüber den Tabellenwerten aus dem vorher unter Frage 3 ausgesprochenen Bemerkungen.

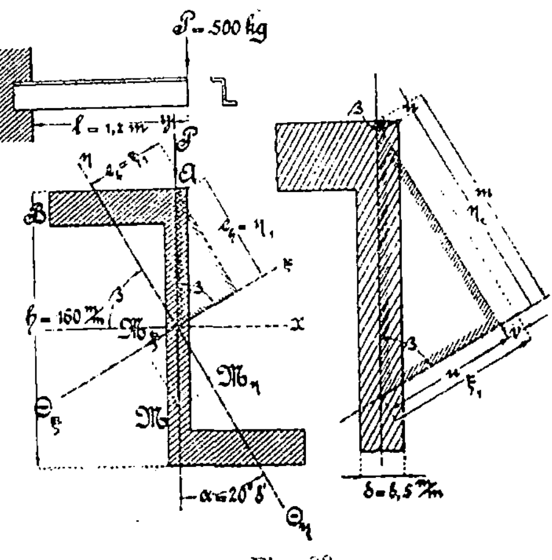

Fig. 83.

4. Aufgabe. Welche größte Materialspannung σ wird ein aus Z-Eisen hergestellter Freiträger von 1,2 m Länge haben, der in der Stegrichtung am freien Ende mit 500 kg belastet ist und die Querschnittsabmessungen der vorhergehenden Aufgabe besitzt.

Der Träger sei an seitlichen Ausbiegungen nicht gehindert.

Lösung:

Nach § 8 Abs. b, Gleichung 30 ergibt sich die bei A auftretende größte Materialspannung σ_{max} zu

$$\sigma_{max} = M \left(\frac{\sin\beta}{\Theta_x} e_h + \frac{\cos\beta}{\Theta_y} e_b \right)$$

$$\text{,,} \quad = M \left(\frac{\sin\beta}{\Theta_\xi} \eta_1 + \frac{\cos\beta}{\Theta_\eta} \xi_1 \right),$$

worin

$$\cos\beta = \cos(90 - \alpha) = \sin\alpha = \sin 20°8' = 0,344,$$

$$\sin\beta = \sin(90 - \alpha) = \cos 20°8' = 0,938,$$

$$\xi_1 = u + v = \frac{h}{2}\cos\beta + \frac{\delta}{2}\sin\beta$$

$$\text{,,} \quad = \frac{1}{2}(h\sin\alpha + \delta\cos\alpha)$$

$$\text{,,} \quad = \frac{1}{2}(160 . 0,344 + 8,5 . 0,938)$$

$$\text{.,} \quad = 31,5 \text{ mm},$$

$$\eta_1 = m - n = \frac{h}{2}\sin\beta - \frac{\delta}{2}\cos\beta$$

$$\text{,,} \quad = \frac{1}{2}(h\cos\alpha - \delta\sin\alpha)$$

$$\text{,,} \quad = \frac{1}{2}(160 . 0,938 - 8,5 . 0,344)$$

$$\text{,,} \quad = 73,6 \text{ mm},$$

$$\Theta_\xi = 1\,172 \text{ cm}^4,$$
$$\Theta_\eta = 80 \text{ cm}^4$$

und
$$M = Pl = 500 \cdot 120 = 60\,000 \text{ kgcm ist.}$$

Mit diesen Werten erhält man

$$\sigma_{max} = 60\,000 \left(\frac{0,938}{1\,172} \cdot 7,36 + \frac{0,344}{80} \cdot 3,15 \right)$$
$$\text{,,} = 60\,000\,(0,005\,877 + 0,013\,545)$$
$$\text{,,} = 60\,000 \cdot 0,019\,422$$
$$\text{,,} = 1\,165,32 \text{ kg pro qcm.}$$

5. Aufgabe. Welche Materialbeanspruchung erhält der in Fig. 84 dargestellte Z-Eisen-Querschnitt an der Kante B.

Lösung:

Die gesuchte Spannung erhält man ebenfalls nach Gleichung 30 zu

$$\sigma = M \left(\frac{\sin\beta}{\Theta_x} e_h + \frac{\cos\beta}{\Theta_y} e_b \right),$$

in der die Abmessung e_b, ihrer Lage entsprechend, mit negativem Vorzeichen einzuführen ist. Die Gleichung schreibt sich dann mit den hier in Fig. 84 vorliegenden Bezeichnungen

$$\sigma = M \left(\frac{\sin\beta}{\Theta_\xi} \eta_2 - \frac{\cos\beta}{\Theta_\eta} \xi_2 \right),$$

worin wieder

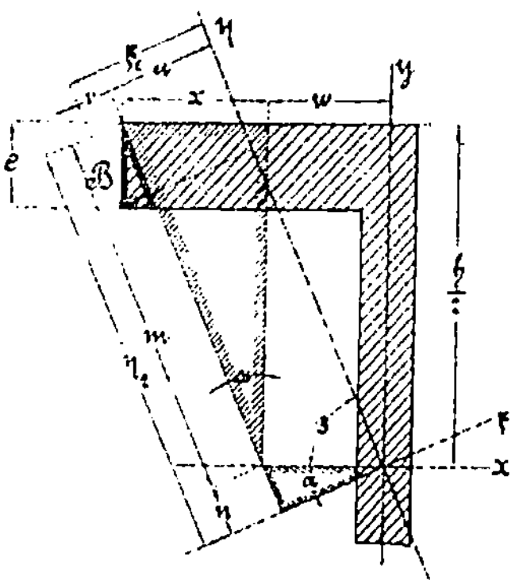

Fig. 84.

$$\sin\beta = \cos\alpha = 0,938,$$
$$\cos\beta = \sin\alpha = 0,344,$$
$$\Theta_\xi = 1\,172 \text{ cm}^4,$$
$$\Theta_\eta = 80 \text{ cm}^4,$$
$$M = Pl = 60\,000 \text{ cmkg,}$$
$$\eta_2 = m + n$$
$$\text{,,} = m + w\sin\alpha$$
$$\text{,,} = m + \left(b - \frac{\delta}{2} - x\right)\sin\alpha$$
$$\text{,,} = \frac{\dfrac{h}{2}}{\cos\alpha} + \left(b - \frac{\delta}{2} - \frac{h}{2}\,\text{tg}\,\alpha\right)\sin\alpha$$
$$\text{,,} = \frac{80}{0,938} + (70 - 4,25 - \underbrace{80 \cdot 0,367}_{29,36})\,0,344$$
$$\text{,,} = 85,288 + 36,39 \cdot 0,344$$

$$\eta_2 = 85,288 + 12,52$$
$$,, = 97,808 \sim 97,8 \ \text{mm}$$

und
$$\xi_2 = u + v$$
$$,, = w \cos\alpha + c \sin\alpha$$
$$,, = 36,39 \cdot 0,938 + 11 \cdot 0,344$$
$$,, = 34,134 + 3,784$$
$$,, = 37,918 \sim 37,9 \ \text{mm ist.}$$

Diese Werte eingesetzt, gibt die gesuchte Spannung

$$\sigma = 60000 \left(\frac{0,938}{1\,172} \cdot 9,78 - \frac{0,344}{80} \cdot 3,79 \right)$$
$$,, = 60000\,(0,0078272 - 0,016297)$$
$$,, = 60000\,(-0,0084698)$$
$$,, = -508,188 = \sim -508,2 \ \text{kg/qcm.}$$

6. Aufgabe. Bei dem vorher behandelten Z-Eisen-Querschnitt soll

1. die Lage der neutralen Achse bestimmt und
2. die Zentralellipse konstruiert werden.

Lösung:

1. Die Lage der neutralen Achse.

Nach der im § 8 Abs. a aufgeführten Gleichung 28 erhält man den Richtungswinkel α_0 der neutralen Achse NN zu

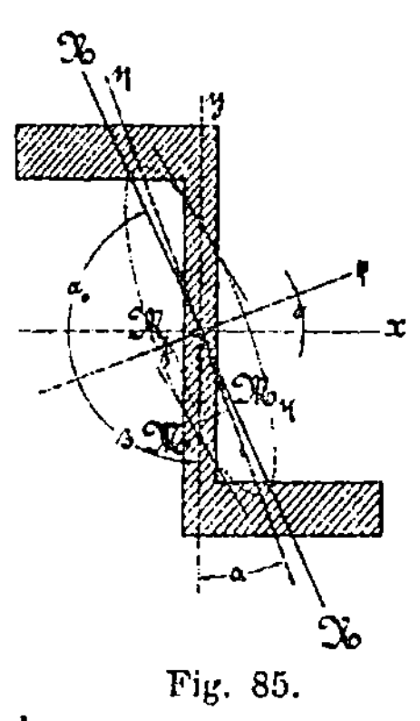

$$\mathrm{tg}\,\alpha_0 = \frac{\Theta_\xi}{\Theta_\eta} \cot g\,\beta = \frac{1\,172}{80} \cot g\,20^0\,8^{\mathrm{l}}$$
$$,, = \frac{1\,172}{80} \cdot 2,7277 = 39,961,$$
$$\alpha_0 = 88^0\,34.$$

Fig. 85.

NB. Würde der Freiträger an seiner Befestigungsstelle so eingespannt oder gestützt werden, daß eine seitliche Ausbiegung infolge des Biegungsmomentes M_ξ nicht eintreten könnte, so würde auch die neutrale Achse horizontal gerichtet sein, d. h. mit der x-Achse zusammenfallen. In diesem Falle könnte dann die Berechnung nach der im § 14 der Einführung aufgeführten einfachen Biegungsgleichung 58 erfolgen.

2. Die Zentralellipse.

Mit bezug auf die im § 8 Abs. c gegebenen Ausführungen bestimme man zunächst aus den Hauptträgheitsmomenten Θ_ξ, Θ_η und dem Querschnitt

$$F = \delta h + 2 \cdot c\,(b - \delta)$$
$$,, = 8,5 \cdot 160 + 2 \cdot 11\,(70 - 8,5)$$

$$F = 1\,360 + 1\,353$$
$$\text{„} = 2\,713 \text{ qmm} = 27{,}13 \text{ qcm}$$

die Trägheitshalbmesser

$$a = \sqrt{\frac{\Theta_\eta}{F}} = \sqrt{\frac{80}{27{,}13}} = 1{,}71\,72 \sim 1{,}72 \text{ cm}$$

und

$$b = \sqrt{\frac{\Theta_\xi}{F}} = \sqrt{\frac{1\,172}{27{,}13}} = 6{,}573 \sim 6{,}57 \text{ cm.}$$

Diese Werte trage man nun auf den Hauptachsen ξ, η auf und konstruiere darüber die Ellipse, die dann die Zentralellipse des vorliegenden Querschnittes darstellt.

Die Durchmesser der Ellipse in der Kraft- und Nullinienrichtung bilden **konjugierte Durchmesser**.

7. Aufgabe. Ein in horizontaler Lage auf zwei Stützen ruhender Balken aus Buchenholz von 2 m Länge werde gleichmäßig verteilt belastet. Die Hauptachsen des rechteckigen Querschnittes sind gegenüber der Kraftrichtung um 45^0 verdreht.

Die Materialbeanspruchungen gegen Zug und Druck seien 100 und 80 Atm.

1. Welche Belastung kann auf den Balken einwirken, wenn von dem Eigengewichte abgesehen wird?
2. Welche Richtung hat die neutrale Achse?
3. Welche Halbmesser hat die Trägheitsellipse?

Lösung:

1. Bestimmung der Belastung Q.

Nach § 8 Abs. b, Gleichung 30 erhält man mit bezug auf die dort aufgeführte Fig. 19, die Belastung Q zu

$$\sigma = \frac{6M}{b^2 h^2}(b \sin \beta + h \cos \beta),$$

worin nach § 23 Abs. 6 der Einführung

$$M = \frac{Ql}{8} \text{ beträgt.}$$

Damit wird

$$\sigma = \frac{6\dfrac{Ql}{8}}{b^2 h^2}(b \sin \beta + h \cos \beta)$$

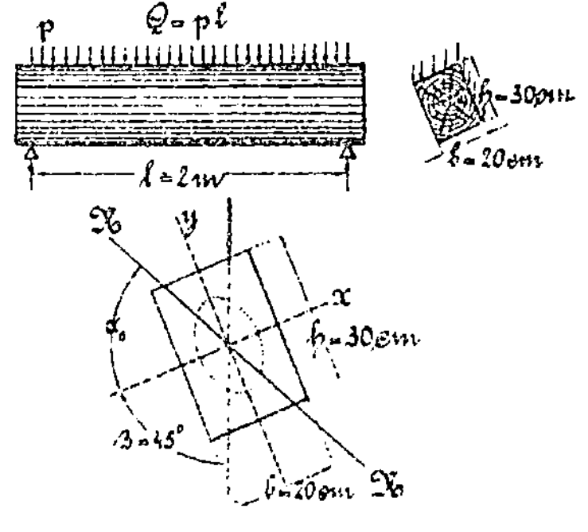

Fig. 86.

$$\sigma = \frac{3Ql}{4\,b^2 h^2}(b \sin \beta + h \cos \beta),$$

woraus sich die Belastung

$$Q = \frac{4\,b^2 h^2 \sigma}{3\,l(b \sin \beta + h \cos \beta)}$$

$$\text{\textquotedbl} = \frac{4 \cdot 20^2 \cdot 30^2 \cdot 80}{3 \cdot 200\,(20 \cdot 0{,}707 + 30 \cdot 0{,}707)} = 5431{,}4 \sim \underline{5430 \;\; \text{kg}}$$

ergibt.

Die Belastung pro lfd. Meter beträgt dann

$$p = \frac{Q}{l} = \frac{5430}{2} = \underline{2715 \;\text{kg.}}$$

2. Die Lage der neutralen Achse.

Nach § 8 Abs. a erhält man die Richtung der neutralen Achse mit Hilfe der Gleichung 28 zu

$$\operatorname{tg} \alpha_0 = \frac{\Theta_x}{\Theta_y} \operatorname{cotg} \beta, \quad \text{worin} \quad \Theta_x = \frac{b\,h^3}{12}$$

$$\text{und} \quad \Theta_y = \frac{h\,b^3}{12} \;\text{ist,}$$

$$\text{\textquotedbl} = \frac{\dfrac{b\,h^3}{12}}{\dfrac{h\,b^3}{12}} \operatorname{cotg} \beta$$

$$\text{\textquotedbl} = \frac{h^2}{b^2} \operatorname{cotg} \beta = \frac{30^2}{20^2} \operatorname{cotg} 45^0$$

$$\text{\textquotedbl} = \frac{9}{4} \cdot 1 = 2{,}25,$$

$$\alpha_0 = \underline{66^0.}$$

3. Die Halbmesser a und b der Zentralellipse.

Nach den Ausführungen des § 7 Abs. b, 2 oder § 8 Abs. c findet man die Trägheitshalbmesser a und b zu

$$a = \sqrt{\frac{\Theta_y}{F}} = \sqrt{\frac{\dfrac{h\,b^3}{12}}{b\,h}} = \sqrt{\frac{b^2}{12}} = \frac{b}{12}\sqrt{12}$$

$$\text{\textquotedbl} = \frac{20}{12} \cdot 3{,}46 = \underline{5{,}77 \;\; \text{cm,}}$$

$$b = \sqrt{\frac{\Theta_x}{F}} = \sqrt{\frac{\dfrac{b\,h^3}{12}}{b \cdot h}} = \sqrt{\frac{h^2}{12}} = \frac{h}{12}\sqrt{12}$$

$$\text{\textquotedbl} = \frac{30}{12} \cdot 3{,}46 = \underline{8{,}65 \;\; \text{cm.}}$$

Mit diesen Radien kann man nun die aus Fig. 86 zu ersehende Zentralellipse konstruieren, in der die Durchmesser in der Kraft- und Nullinienrichtung wieder **konjugierte** Durchmesser sind.

8. Aufgabe. Für einen aus zwei gleichschenkligen Winkeleisen vom Profil 16 gebildeten Freiträger soll die aus Rundeisen hergestellte Spannstange von 20 cm Länge bei 5 kg Materialbeanspruchung berechnet werden. Am freien Ende werde der 2 m lange Träger mit einer aus der Fig. 87 ersichtlichen Einzellast belastet, deren Größe noch zu bestimmen ist. Hierbei soll das Winkeleisen mit 750 kg pro qcm in Anspruch genommen sein.

Der Reihenfolge nach sind folgende Fragen zu beantworten:
1. Wo liegt der Schwerpunkt S?
2. Welchen Wert haben die beiden Trägheitsmomente Θ_x und Θ_y?
3. Wie groß ist das Zentrifugalmoment $\varDelta_{xy}$?
4. Welche Richtungen haben die Hauptachsen ξ, η?
5. Welchen Wert haben die Hauptträgheitsmomente Θ_ξ und Θ_η?
6. Welche Lage hat die neutrale Achse in dem Falle, daß der Querschnitt an der **freien Durchbiegung nicht gehindert** wird?
7. Wie ändern sich die Richtungen der neutralen Achse und der Kraftlinie, wenn der Querschnitt unter der Wirkung der Spannstange an der **freien Durchbiegung gehindert** wird?
8. Mit welcher Kraft H wird die Spannstange belastet?
9. Welchen Durchmesser erhält die Stange?

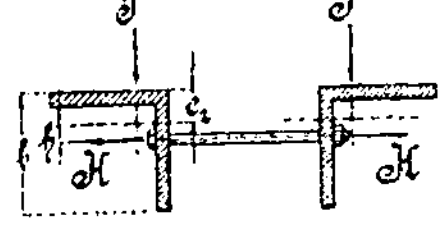

Fig. 87.

Lösung:

1. Die Lage des Schwerpunktes S.

Der in Fig. 88 angegebene Schwerpunktsabstand e_2 bezw. e_1 beträgt nach Tabelle (S. Hütte, 18. Aufl. Seite 469)

$$e_2 = \underline{46 \ \text{mm}} \ \text{bezw.} \ e_1 = 160 - 46 = \underline{114} \ \text{mm}.$$

Bezüglich der Berechnung dieser Werte sei auf die 1. Lösung des Beispieles 1 hingewiesen.

2. Die Trägheitsmomente Θ_x und Θ_y.

Diese Trägheitsmomente haben beim vorliegenden Querschnitt gleiche Werte und betragen nach Tabelle (S. Hütte, 18. Aufl. Seite 469)

$$\Theta_x = \Theta_y = \underline{1\,225} \ \text{cm}^4.$$

Soll dieser Wert durch Rechnung bestimmt werden, so sei auf die 2. Lösung des 1. Beispieles hingewiesen.

3. Das Zentrifugal- oder Deviationsmoment $\varDelta_{xy}$.

Nach § 6 Abs. b kann man das Zentrifugalmoment auf mehrfache Weise bestimmen.

Der vorliegenden Berechnung sei die im Abs. b, 4 aufgeführte Gleichung F_9 zugrunde gelegt. Danach folgt mit bezug auf Fig. 14 und 88.

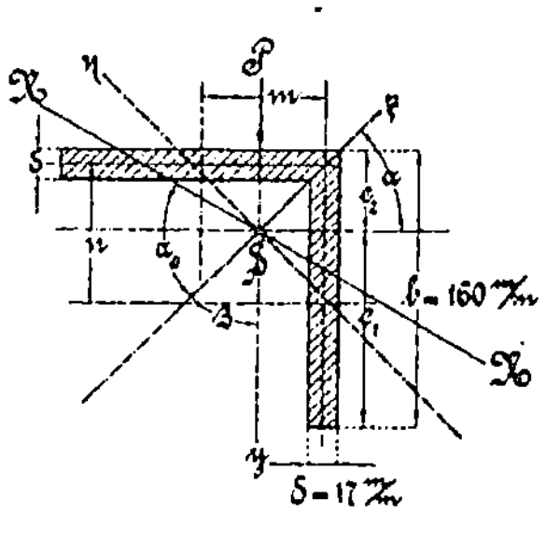

Fig. 88.

$$\varDelta_{xy} = \frac{F_1 F_2 ab}{F_1 + F_2},$$

worin $\quad F_1 = \delta b,$

$\qquad F_2 = (b - \delta)\delta,$

$$a = m = \frac{b}{2} - \frac{\delta}{2} = \frac{b - \delta}{2}$$

und

$$b = n = \frac{b - \delta}{2} + \frac{\delta}{2} = \frac{(b - \delta) + \delta}{2}$$

$$\text{,, } = \frac{b}{2} \text{ ist,}$$

$$\varDelta_{xy} = \frac{\delta b . (b - \delta)\delta \dfrac{b - \delta}{2} . \dfrac{b}{2}}{\delta b + (b - \delta)\delta}$$

$$\text{,, } = \frac{\delta^2 b^2 (b - \delta)^2}{4\delta\big(b + (b - \delta)\big)} = \frac{\delta b^2 (b - \delta)^2}{4(2 b - \delta)}$$

$$\text{,, } = \frac{1,7 . 16^2 (16 - 1,7)^2}{4 (2 . 16 - 1,7)} = \frac{1,7 . 256 . 14,3^2}{4 . 30,3}$$

$$\text{,, } = 734,9 \sim \underline{735 \text{ cm}^4}.$$

4. Die Richtungen der Hauptachsen ξ, η.

Nach § 6a, Gleichung 24 ist

$$\operatorname{tg} 2\alpha = \frac{2\varDelta_{xy}}{\Theta_y - \Theta_x}, \text{ worin } \Theta_y = \Theta_x \text{ ist,}$$

$$\text{,, } = \frac{2\varDelta_{xy}}{\Theta_x - \Theta_x} = \frac{2\varDelta_{xy}}{0} = \infty,$$

woraus

$$2\alpha = 90^0$$

und

$$\alpha = 45^0$$

folgt.

5. Die Hauptträgheitsmomente Θ_ξ und Θ_η.

Aus der Tabelle (S. Hütte, 18. Aufl. Seite 469) ist mit bezug auf Fig. 88

$$\Theta_\eta = \underline{506 \text{ cm}^4} \text{ (Minimum)}$$

und

$$\Theta_\xi = \underline{1945 \text{ cm}^4.} \text{ (Maximum)}$$

Durch Rechnung ergeben sich diese Werte aus den im § 6 aufgeführten Gleichungen 20 und 21.

6. Die Lage der neutralen Achse bei ungehinderter Durchbiegung des Querschnittes.

Der Neigungswinkel α_0 der neutralen Achse gegenüber der Hauptachse ξ ergibt sich nach § 8 Abs. a, Gleichung 28 zu

$$\operatorname{tg}\alpha_0 = \frac{\Theta_\xi}{\Theta_\eta}\operatorname{cotg}\beta, \quad \text{worin} \quad \operatorname{cotg}\beta = \operatorname{cotg}45^0 = 1,$$

$$\Theta_\xi = 1945 \text{ cm}^4$$
$$\text{und} \quad \Theta_\eta = 506 \text{ cm}^4 \text{ ist.}$$

Die Werte eingesetzt, liefert

$$\operatorname{tg}\alpha_0 = \frac{1945}{506}\cdot 1 = 3,8438,$$

$$\alpha_0 = 75^0\,25^!.$$

Senkrecht zur neutralen Achse würde sich somit das Winkeleisen durchbiegen, wenn es nicht daran gehindert wird.

7. Die Richtungsänderungen der neutralen Achse und der Durchbiegungsebene infolge der Anordnung der Spannstange.

Da die Spannstange eine seitliche Ausbiegung des Winkeleisens verhindert, eine Durchbiegung also nur in senkrechter Richtung eintritt, so muß die neutrale Achse N N mit der x-Achse zusammenfallen.

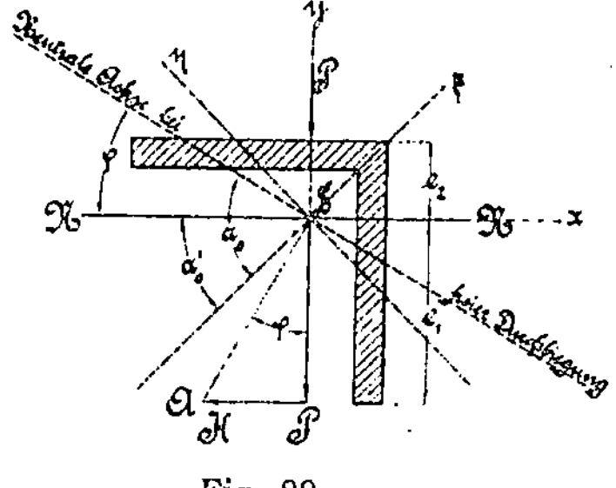

Fig. 89.

Es tritt hierbei gewissermaßen eine Verdrehung der neutralen Achse und der dazu senkrecht gerichteten Biegungsebene AS um den aus Fig 89 ersichtlichen Winkel

$$\varphi = \alpha_0 - \alpha'_0$$
$$„ = 75^0\,25^! - 45^0$$
$$„ = 30^0\,25^!$$

ein.

8. Die Horizontalkraft H.

Nach Fig. 89 erhält man

$$H = P\cdot\operatorname{tg}\varphi = P\cdot\operatorname{tg}30^0\,25^! = 0,587\,P.$$

Die am freien Trägerende auf jedes Winkeleisen einwirkende Einzellast P ergibt sich nach § 14 Abs. 1, Gleichung 58 der Einführung zu

$$M_b = W\,k_b = \frac{\Theta_x}{e_1}\,k_b, \quad \text{worin } M_b = Pl \text{ ist,}$$

$$Pl = \frac{\Theta_x}{e_1}\,k_b,$$

$$P = \frac{\Theta_x\,k_b}{e_1\,l} = \frac{1\,225\,.\,750}{11,4\,.\,200} = 402,9 \sim 400 \quad \text{kg.}$$

Die die Spannstange beanspruchende Kraft H beträgt somit
$$H = 0,587\,P = 0,587\,.\,400$$
$$\text{„} = 234,8 \sim 235 \quad \text{kg.}$$

NB. Streng genommen müßte die Spannstange in Richtung der x-Achse angeordnet werden, damit sie in der Verlängerung den Schwerpunkt S schneidet.

Außerhalb des Schwerpunktes, wie Fig. 87 erkennen läßt, tritt noch ein den Querschnitt beanspruchendes Drehmoment
$$M_t = H\,.\,h$$
auf, das bei nicht allzugroßem Werte von h vernachlässigt werden kann.

9. Der Durchmesser d der Spannstange.

Die auf Zug beanspruchte Stange berechnet sich nach § 2, Gleichung 7 der Einführung zu

$$H = f\,k_z = \frac{d^2\pi}{4}\,k_z,$$

$$d = \sqrt{\frac{4\,H}{\pi\,k_z}} = 1,128\,\sqrt{\frac{H}{k_z}} = 1,128\,\sqrt{\frac{235}{5}}$$

$$\text{„} = 1,128\,\sqrt{47} = 7,73 \sim \underline{8 \quad \text{mm.}}$$

Zweite Aufgabengruppe.

Zu § 9 bis 11: Exzentrische Zug- oder Druckbelastung. Kernfläche.

9. Aufgabe. Auf die rechteckige Grundfläche einer Mauer von der Breite 80 cm und der Länge 1 m wirke im Abstande 10 cm, parallel zur Mittellinie, ein über die Länge verteilter Druck von 8000 kg.

Zu bestimmen sind
1. der Abstand e_x der spannungslosen Querschnittsstelle und
2. die Spannungen an der rechten und linken äußersten Querschnittskante.

Lösung:

1. Der Abstand e_x.

Nach § 9 Abs. 1, Gleichung 32 ist

$$e_x = \frac{\Theta}{f\,.\,\lambda}, \quad \text{worin } \Theta = \frac{lb^3}{12}$$

$$\text{und}\quad f = b\,l\ \text{bedeutet,}$$

$$e_x = \frac{\dfrac{l\,b^3}{12}}{b\,l.\lambda} = \frac{b^2}{12\,\lambda} = \frac{80^2}{12.10} = \frac{6\,400}{120}$$

$$\text{,,} = 53{,}3\ \text{cm.}$$

Dieser Wert besagt, daß die spannungslose Stelle außerhalb des Querschnittes liegt.

Die Grundfläche erhält also nur Druckspannungen.

2. Die Kantenspannungen $\sigma_{i(r)}$ und $\sigma_{i(l)}$.

Nach der im § 9 Abs. 1 angegebenen Gleichung 33 findet man die gesuchten Spannungen zu

$$\sigma_i = - (\sigma \pm \sigma_b),\ \text{wo}\ \sigma = \frac{P}{f} = \frac{P}{b\,l}$$

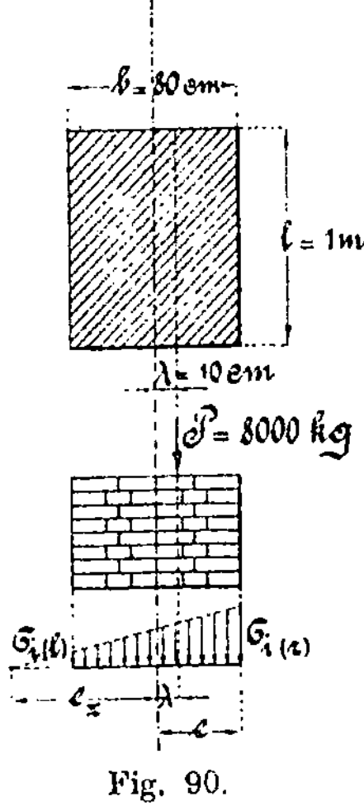

Fig. 90.

$$\text{und}\ \sigma_b = \frac{M_b . e}{\Theta} = \frac{P\lambda.\dfrac{b}{2}}{\dfrac{l\,b^3}{12}}$$

$$\text{,,} = \frac{6\,P\lambda}{b^2\,l}\ \text{ist,}$$

$$\text{,,} = - \left(\frac{P}{b\,l} \pm \frac{6\,P\lambda}{b^2\,l}\right) = - \frac{P}{b^2\,l}(b \pm 6\,\lambda).$$

Damit betragen die gesuchten Spannungen auf der rechten und linken Seite des Querschnittes

$$\sigma_{i(r)} = - \frac{P}{b^2\,l}(b + 6\,\lambda) = - \frac{8\,000}{80^2.100}(80 + 6.10) = - 1{,}75\ \text{kg/qcm,}$$

$$\sigma_{i(l)} = - \frac{P}{b^2\,l}(b - 6\,\lambda) = - \frac{8\,000}{80^2.100}(80 - 6\ 10) = - 0{,}25\ \text{kg/qcm.}$$

Wie in beiden Fällen das negative Vorzeichen andeutet, sind beide Spannungen Druckspannungen.

10. Aufgabe. In welchem Abstande λ muß im letzten Beispiele die Kraft P wirken, wenn an der linken Kante die Druckspannung gleich Null werden soll?

Lösung:

$$\text{Aus Gleichung 32}\qquad e_x = \frac{\Theta}{f\,\lambda},$$

erhält man

$$\lambda = \frac{\Theta}{f \cdot e_x} = \frac{\frac{l b^3}{12}}{b l \cdot \frac{b}{2}} = \frac{b}{6} = \frac{80}{6} = 13,3 \text{ cm}.$$

11. Aufgabe. Ein quadratischer Pfeiler von 1 m Seitenlänge habe eine Höhe von 2 m. Er wird mit 50 t exzentrisch belastet, wobei die größte Beanspruchung 12 Atm nicht überschreiten soll.

Das Gewicht pro cbm Mauerwerk betrage 1600 kg.

Wie groß ist mit bezug auf Fig. 91.

    1. der Abstand e_x der spannungslosen Stelle,

    2. die Exzentrizität λ und

    3. die kleinste Beanspruchung der Grundfläche?

Lösung:

1. Der Abstand e_x.

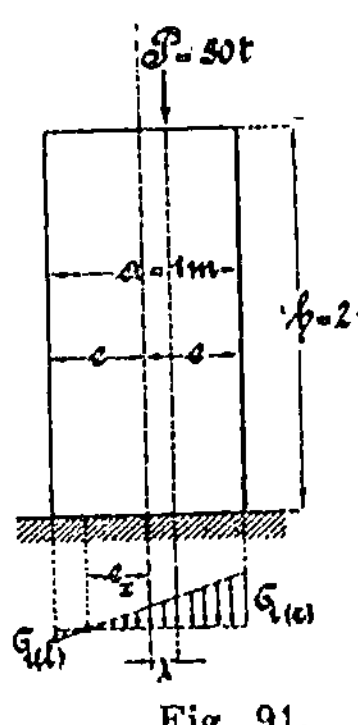

Fig. 91.

Nach Gleichung 31 folgt

$$e_x = e \frac{\sigma}{\sigma_b}, \quad \text{worin} \quad e = \frac{a}{2} = \frac{100}{2} = 50 \text{ cm},$$

$$\sigma = \frac{P + G}{f} = \frac{P + G}{a^2}$$

$$\text{''} = \frac{50000 + 2 \cdot 1600}{100^2} = 5,32 \text{ Atm,}$$

und nach Gleichung 33

$$\sigma_b = \sigma_{i(r)} - \sigma = 12 - 5,32 = 6,68 \text{ Atm ist.}$$

Mit diesen Werten erhält man den Abstand

$$e_x = 50 \cdot \frac{5,32}{6,68} = 39,8 \sim 40 \text{ cm.}$$

2. Die Exzentrizität λ.

Der Wert λ findet sich aus Gleichung 32 zu

$$e_x = \frac{\Theta}{f \cdot \lambda},$$

$$\lambda = \frac{\Theta}{f \cdot e_x} = \frac{\frac{a^4}{12}}{a^2 \cdot e_x} = \frac{a^2}{12 \cdot e_x} = \frac{100^2}{12 \cdot 40} = 20,8 \text{ cm.}$$

3. Die kleinste Beanspruchung $\sigma_{i(l)}$.

Die Gleichung 33 liefert

$$\sigma_{i(l)} = -(\sigma - \sigma_b)$$

$$\text{''} = -(5,32 - 6,68) = -(-1,36) = 1,36 \text{ Atm.}$$

Die linke Seite der Grundfläche wird also auf Zug beansprucht.

12. Aufgabe. Wie müßte im vorhergehenden Beispiele die Kraft P den Pfeiler exzentrisch belasten, wenn an der linken Seite die in

Lösung 3 gefundene Zugspannung gleich Null werden soll, und welcher Druckspannung wird hierbei die rechte Seite ausgesetzt sein?

Lösung:

1. Die Exzentrizität λ.

Um der gestellten Bedingung zu entsprechen, muß die Kraft P am Pfeiler am Umfange der Kernfläche angreifen.

Nach § 10, 3 erhält man den Abstand λ zu

$$\lambda = \frac{1}{6}\,a = 0{,}1667\,a$$

$$\text{\textquotedblright} = 0{,}1667 \cdot 100 = 16{,}67 \sim \underline{16{,}7\ \text{cm.}}$$

2. Die rechte Kantenspannung $\sigma_{i(r)}$.

Die Gleichung 33 liefert die an der rechten Seite der Grundfläche auftretende Druckspannung.

$$\sigma_{i(r)} = -(\sigma + \sigma_b), \quad \text{wo} \quad \sigma = \frac{P+G}{f} = 5{,}32\ \text{Atm}$$

$$\text{und} \quad \sigma_b = \frac{M_b}{\Theta} \cdot e = \frac{P\lambda}{\dfrac{a^4}{12}} \cdot \frac{a}{2}$$

$$\text{\textquotedblright} = \frac{6\,P\,\lambda}{a^3} = \frac{6 \cdot 50000 \cdot 16{,}7}{100^3}$$

$$\text{\textquotedblright} = 5{,}01 \sim 5\ \text{Atm.}$$

Damit erhält man

$$\sigma_{i(r)} = -(5{,}32 + 5{,}01) = -\underline{10{,}33\ \text{Atm.}}$$

13. Aufgabe. Ein 1,5 m langer Freiträger sei über seine ganze Länge mit 500 kg gleichmäßig verteilt und am freien Ende mit einer 40 cm starken Mauer von 1000 kg Gewicht belastet. Der Träger ist in einer Mauer von 64 cm Dicke eingemauert. Das darüber lastende Mauerwerk habe ein Gewicht von 20 t.

    1. Wo liegt die neutrale Querschnittsstelle?

    2. Welche Kantenspannungen erleidet das Mauerwerk, wenn auf der Druckseite eine Unterlagsplatte von $c = 15{,}8$ cm Breite, auf der Zugseite eine solche von $d = 66$ cm Breite angeordnet wird. (Siehe Fig. 207 im 55. Beispiele der Einführung.)

Lösung:

1. Der Abstand e_x der neutralen Stelle.
Nach Gleichung 32 erhält man

$$e_x = \frac{\Theta}{f\lambda}, \quad \text{wo} \quad \Theta = \frac{c\delta^3}{12},$$

$$f = c\delta,$$

$$\lambda = l_x + \frac{\delta}{2}$$

und $\qquad l_x = 112$ cm ist. (S. Seite 211 der Einführung.)

Die Werte eingesetzt, liefert

$$e_x = \frac{\dfrac{c\,\delta^3}{12}}{c\,\delta \cdot \left(l_x + \dfrac{\delta}{2}\right)} = \frac{\delta^2}{12\left(l_x + \dfrac{\delta}{2}\right)} = \frac{64^2}{12 \cdot 144} = 2{,}37 \text{ cm.}$$

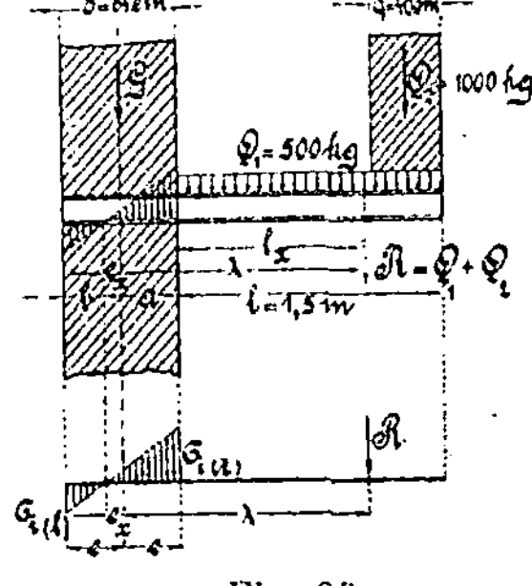

Fig. 92.

Mit diesen Werten sind die Längen a und b der Unterlagsplatten bestimmt.

Sie betragen

$$a = \frac{\delta}{2} + e_x = 32 + 2{,}37 = 34{,}37 \text{ cm}$$

und

$$b = \frac{\delta}{2} - e_x = 32 - 2{,}37 = 29{,}63 \text{ cm.}$$

(Vergl. Lösung 7 auf Seite 213 der Einführung.)

2. Die Kantenspannungen $\sigma_{i(r)}$ und $\sigma_{i(l)}$.
Nach Gleichung 33 erhält man

$$\sigma_{i(r)} = -(\sigma \pm \sigma_b), \text{ wo } \quad \sigma = \frac{R}{f} = \frac{R}{c\,\delta},$$

$$\sigma_{b(r)} = \frac{M_h}{W_d} = \frac{R\,\lambda}{W_d} = \frac{R\left(l_x + \dfrac{\delta}{2}\right)}{\dfrac{c\,\delta^2}{6}}$$

$$„ = \frac{6\,R\,(2l_x + \delta)}{2\,c\,\delta^2} = \frac{3\,R\,(2l_x + \delta)}{c\,\delta^2}$$

und $$\sigma_{b(l)} = \frac{M_b}{W_.} = \frac{R\left(l_x + \dfrac{\delta}{2}\right)}{\dfrac{d\,\delta^2}{6}}$$

$$„ = \frac{3\,R\,(2l_x + \delta)}{d\,\delta^2} \text{ ist.}$$

Die Werte eingesetzt, gibt

$$\sigma_{i(r)} = -\left(\frac{R}{c\,\delta} + \frac{3\,R\,(2l_x + \delta)}{c\,\delta^2}\right)$$

$$„ = -\frac{R}{c\,\delta^2}[\delta + 3\,(2l_x + \delta)]$$

$$\sigma_{i(r)} = -\frac{R}{c\,\delta^2}(4\delta + 6\,l_x)$$

$$„ = -\frac{2R}{c\,\delta^2}(2\delta + 3\,l_x)$$

$$„ = -\frac{2\,(1\,000 + 500)}{15,8 \cdot 64^2}(2 \cdot 64 + 3 \cdot 112)$$

$$„ = -21,5 \ \text{Atm}$$

und

$$\sigma_{i(l)} = -\left(\frac{R}{d\,\delta} - \frac{3R\,(2l_x + \delta)}{d\,\delta^2}\right)$$

$$„ = -\frac{R}{d\,\delta^2}[\delta - 3\,(2l_x + \delta)] = -\frac{R}{d\,\delta^2}(-2\delta - 6l_x)$$

$$„ = +\frac{2R}{d\,\delta^2}(\delta + 3l_x) = \frac{2\,(1\,000 + 500)}{66 \cdot 64^2}(64 + 3 \cdot 112)$$

$$„ = +4,43 \ \text{Atm.}$$

14. Aufgabe. Für eine hohle, gußeiserne Säule von 20 cm äußerem und 16 cm lichtem Durchmesser soll die Zentralellipse und der Querschnittskern bestimmt werden.

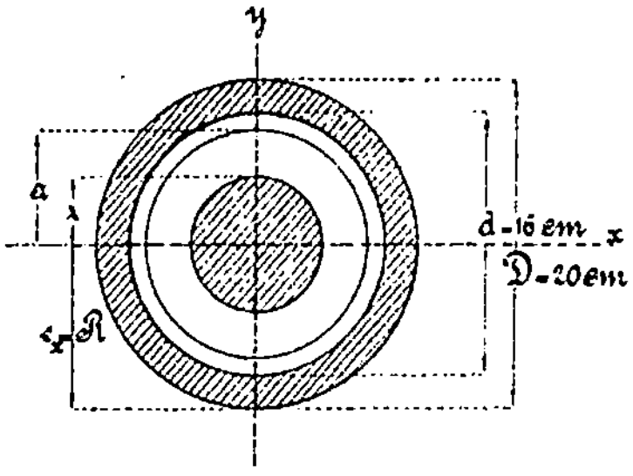

Lösung:

1. Die Zentralellipse.

Den Trägheitshalbmesser kann man nach § 7 Abs. b, Gleichung F oder nach § 8 Abs. c ermitteln.

Er beträgt hier

y

a

d = 16 cm x

D = 20 cm

Fig. 93.

$$a = \sqrt{\frac{\Theta}{F}}, \ \text{worin} \ \Theta = (D^4 - d^4)\frac{\pi}{64}$$

$$„ = \left\{(2R)^4 - (2r)^4\right\}\frac{\pi}{64}$$

$$„ = (R^4 - r^4)\frac{\pi}{4}$$

$$„ = (10^4 - 8^4)\frac{\pi}{4}$$

$$„ = 4\,635 \ \text{cm}^4$$

und

$$F = (R^2 - r^2)\,\pi$$

$$„ = (10^2 - 8^2)\,\pi$$

$$„ = 113 \ \text{cm}^2 \ \text{ist.}$$

Die Werte eingeführt, gibt

$$a = \sqrt{\frac{4635}{113}} = 6{,}4 \ \text{cm}.$$

Da die Trägheitsmomente für die beiden Achsen x, y gleich groß sind, so haben die beiden Halbmesser der Zentralellipse den gleichen Wert a, woraus zu erkennen ist, daß die Ellipse einen sogenannten Trägheitskreis bildet.

2. Die Kernfläche.

Nach § 10, 2 findet man den Halbmesser λ für den runden Kern mit bezug auf Gleichung 32

$$e_x \, \lambda = \frac{\Theta}{f}$$

$$\text{zu} \quad \lambda = \frac{\Theta}{f} \, e_x = \frac{R^2 + r^2}{4\,R} = \frac{10^2 + 8^2}{4 \cdot 10} = \frac{164}{40} = 4{,}1 \ \text{cm}.$$

Dritte Aufgabengruppe.

Zu § 12.   Schubspannungen im gebogenen Balken.

15. Aufgabe. Für den in Fig. 94 skizzierten Blechträger soll die Schubkraft angegeben werden, mit der die Nietbolzen zu berechnen sind.

Der sich aus mehreren, über die Trägerlänge von 8,4 m gleich verteilten Einzellasten ergebende Auflagerdruck betrage 20 250 kg.

Lösung:

Nach § 12 Abs. b, Gleichung F findet man die zwischen zwei Nietbolzen der Längs-Winkeleisen auftretende Schubkraft S, die von einem Nietbolzen

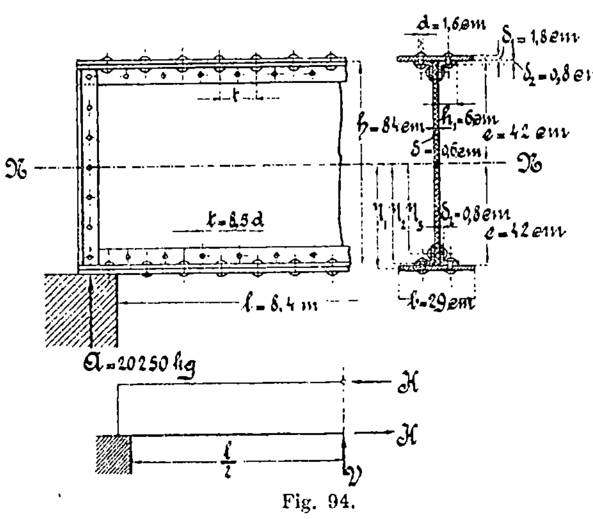

Fig. 94.

abzufangen ist, zu

$$S = \frac{P}{\Theta} \, M_{st} \, (l_2 - l_1),$$

worin $P = A$

und $l_2 - l_1 = t = 8{,}5 \, d \ \text{ist}.$

Das statische Moment M_{st} für die obere, aus dem Querblech und den beiden Winkeleisenquerschnitten bestehende Gurtung, in bezug auf die neutrale Achse N N, beträgt

$$M_{st} = F_1 \eta_1 + F_2 \eta_2 + F_3 \eta_3$$

$$_n = (b - 2d)\delta_1 \cdot \left(e + \frac{\delta_1}{2}\right) + 2(h_1 - d)\delta_2 \cdot \left(e - \frac{\delta_2}{2}\right) +$$

$$+ 2\delta_2(h_1 - \delta_2)\left(e - \delta_2 - \frac{h_1 - \delta_2}{2}\right)$$

$$M_{st} = 25{,}8 \cdot 1{,}8 \cdot 42{,}9 + 2 \cdot 4{,}4 \cdot 0{,}8 \cdot 41{,}6 + 2 \cdot 0{,}8 \cdot 5{,}2 \cdot 38{,}6$$

$$_n = 1992{,}3 + 292{,}8 + 322$$

$$_n = 2607{,}1 \sim 2607 \ cm^3.$$

Das Trägheitsmoment Θ berechnet man zu

$$\Theta = \frac{1}{12}\left\{(b - 2d)(h + 2\delta_1)^3 - (b - \delta - 2h_1)h^3 - (h_1 - d - \delta_2)2(h - 2\delta_2)^3 - \right.$$

$$\left. - 2\delta_2(h - 2h_1)^3\right\}$$

$$_n = \frac{1}{12}(25{,}8 \cdot 87{,}6^3 - 16{,}4 \cdot 84^3 - 3{,}6 \cdot 2 \cdot 82{,}4^3 - 2 \cdot 0{,}8 \cdot 72^3)$$

$$_n = \frac{1}{12}(17\,343\,000 - 9\,723\,000 - 4\,028\,300 - 597\,200)$$

$$_n = \frac{1}{12}2\,994\,500 = 249\,550 \ cm^4.$$

Diese Werte oben eingesetzt, gibt die Schubkraft

$$S = \frac{A}{\Theta} M_{st} \cdot t = \frac{20\,250}{249\,550} \cdot 2607 \cdot 8{,}5 \cdot 1{,}6 = 2877 \ kg.$$

NB. Bei der Berechnung eines Blechträgers pflegt man zumeist die Steghöhe h und die Breite b des Gurtungsbleches in Verhältnis zur freien Länge l des Trägers zu setzen.

So wählt man z. B. die Höhe h nach der empirischen Gleichung

$$h = \frac{1}{10}l \ bis \frac{1}{12}l,$$

die Breite b zu

$$b = 0{,}3h + 35 \ mm, \ wo \ h \ in \ mm \ zu \ setzen \ ist,$$

oder $b = 0{,}5l + 15$ cm, wo l die freie Trägerlänge in m bedeutet.

16. Aufgabe. Welcher Materialspannung sind im letzten Beispiele die Nieten ausgesetzt?

Lösung:

Mit Hilfe der vorher berechneten Schubkraft S erhält man nach § 12 Gleichung 40 der Einführung eine Materialspannung k_s von

$$S = f\,k_s = 2\,\frac{d^2\pi}{4}\,k_s = \frac{d^2\pi}{2}\,k_s,$$

$$k_s = \frac{S \cdot 2}{d^2\pi} = \frac{2877 \cdot 2}{1{,}6^2\pi} = 715{,}8 \sim 716 \ \text{kg/qcm}.$$

17. Aufgabe. Wie kann man in der Aufgabe 15 die Nietteilung der Längsnaht berechnen, wenn die zulässige Schubspannung 720 kg pro qcm betragen soll?

Lösung:

Da in diesem Falle die Schubkraft S nicht bekannt zu sein braucht, vereinigt man die im § 12 der Einführung und § 12 Abs. b des vorliegenden Werkes aufgeführten Gleichungen, die zur Berechnung der Festigkeiten des Nietes und des zwischen zwei benachbarten Nieten befindlichen Materiales dienen. Man eliminiert also die Schubkraft S aus beiden Gleichungen, wie folgt:

Mit bezug auf Fig. 94 ist:

nach § 12 Gleichung 40 der Einführung

$$S = f \cdot k_s = 2\,\frac{d^2\pi}{4} \cdot k_s = \frac{d^2\pi}{2}\,k_s,$$

nach § 12 Abs. b, Gleichung F

$$S = \frac{P}{\Theta}\,M_{st}\,(l_2 - l_1) = \frac{A}{\Theta}\,M_{st} \cdot t.$$

Beide Werte gleichgesetzt, gibt

$$\frac{A}{\Theta}\,M_{st} \cdot t = \frac{d^2\pi}{2} \cdot k_s,$$

und daraus die Nietteilung

$$t = \frac{d^2\pi}{2}\,k_s\,\frac{\Theta}{A\,M_{st}}, \quad \text{worin nach Aufgabe 15}$$

$$\Theta = 249\,550 \ \text{cm}^4,$$
$$A = 20\,250 \ \text{kg}$$
$$\text{und } M_{st} = 2\,607 \ \text{cm}^3 \text{ ist,}$$

$$„ = \frac{1{,}6^2\pi}{2} \cdot 720 \cdot \frac{249\,550}{20\,250 \cdot 2\,607}$$

$$„ = 13{,}67 \ \text{cm}.$$

Diesen Wert in Beziehung zum Nietdurchmesser gebracht, gibt

$$\frac{t}{d} = \frac{13{,}67}{1{,}6} \sim 8{,}5$$

oder $$t = 8{,}5 \ d.$$

NB. Hat man die Nietteilung t anzunehmen, so genügt zumeist ein Wert von etwa

$$t = 6 \ d,$$

wo der Nietdurchmesser d ungefähr gleich der doppelten Dicke des stärksten Bleches, für gewöhnliche Verhältnisse aber nicht über 20 mm. gewählt werden kann.

Zu einer anderen Wahl des Gurtungsnietdurchmessers gelangt man aus der mittleren Dicke $+$ 9 mm der Winkeleisen.

18. Aufgabe. Es soll die Blechdicke δ für den Steg des in der 15. Aufgabe angegebenen und in Fig. 94 dargestellten Blechträgers berechnet werden. Die in Aufgabe 16 festgestellte Schubspannung sei hier mit rd. 720 kg vorgelegt.

Lösung:

Die Blechdicke δ ist dadurch bestimmt, daß sie

1. der, in der neutralen Faserschicht NN auftretenden größten Schubkraft S_{max} und
2. der, an den Auflagen als Maximalwerte auftretenden Vertikalkraft A, die an dieser Stelle den Querschnitt des Steges auf Abscheren beansprucht, genügenden Widerstand leistet.

1. Berechnung gegenüber Schub in der neutralen Faser. Nach § 12 Abs. b, Gleichung 39

$$\tau_y = \frac{P}{x} \cdot \frac{M_{st}}{\Theta}$$

erhält man die in der neutralen Faserschicht NN erforderliche Blechdicke x bezw. δ zu

$$x = \delta = \frac{P}{\tau_y} \cdot \frac{M_{st}}{\Theta}, \quad \text{worin } P = A = 20250 \text{ kg,}$$

$$\tau_y = k_s = 720 \text{ kg pro qcm,}$$
$$M_{st} = 2607 \text{ cm}^3$$
$$\text{und } \Theta = 249550 \text{ cm}^4 \text{ ist.}$$

Damit wird

$$\delta = \frac{A M_{st}}{k_s \Theta} = \frac{20250 \cdot 2607}{720 \cdot 249550} = 0{,}293 \sim 0{,}3 \text{ cm.}$$

2. Berechnung gegenüber Schub an der Auflagerstelle A.

Wie die im § 23 der Einführung skizzierten Schubkraftflächen erkennen lassen, erhalten die die einzelnen Trägerquerschnitte auf Abscherung beanspruchenden Vertikalkräfte an den Auflagerstellen ihre größten Werte.

Mit bezug auf Fig. 94 erhält man die Blechdicke δ aus der im § 12 der Einführung aufgeführten Gleichung 40 zu

$$A = f \cdot k_s = \delta h \cdot k_s,$$
$$\delta = \frac{A}{h k_s} = \frac{20250}{84 \cdot 720} = 0{,}334 \text{ cm.}$$

3. Die auszuführende Blechdicke δ.

Damit der Steg des Trägers eine genügende seitliche Steifigkeit erhält, wählt man die praktisch kleinste Blechdicke nicht unter 6 mm, den größten Wert aber in der Regel nicht über 10 mm.

Im vorliegenden Falle würde man also eine Blechdicke von

$$\delta = 6 \text{ mm}$$

wählen, welcher Wert auch in Fig. 94 angenommen und der dortigen Rechnung zugrunde gelegt worden ist.

19. Aufgabe. Für den in der 15. Aufgabe vorgelegten Blechträger soll die Dicke δ_1 der Gurtungsbleche für eine Normalspannung von 900 kg berechnet werden.

Die Verteilung der gleichgroßen Einzellasten ist aus Fig. 95 zu ersehen.

Lösung:

Denkt man sich den Träger in der Mitte, wo er am meisten beansprucht wird, durchschnitten und nimmt man zugunsten der Konstruktion an, daß das Vertikalblech, wie es bei den Fachwerkträgern der Fall ist, nur die feste Verbindung zwischen den beiden Gurtungen bezwecken soll, so muß im Schwerpunkte der oberen und unteren Gurtung je eine horizontalwirkende Kraft H angebracht werden, damit das Gleichgewicht in der Trägerrichtung nicht gestört wird. Die beiden entgegengesetzt wirkenden Hilfskräfte müssen gleich groß sein.

Desgleichen muß in senkrechter Richtung eine Vertikalkraft V aufgewendet werden, mit der die senkrecht wirkenden Kräfte ins Gleichgewicht gebracht werden.

Legt man nun den Drehpunkt in die obere Gurtung, so besteht die Gleichgewichtsbedingung

$$M_{max} = H h,$$

worin h den Abstand der beiden Gurtungsschwerpunkte bedeutet, der annähernd gleich der Steghöhe gesetzt werden kann.

Fig. 95.

Ferner ist

$$M_{max} = A \left(\frac{l}{2} + 10\right) - P_1 \cdot \frac{5}{2} l_1 - P_1 \cdot \frac{3}{2} l_1 - P_1 \cdot \frac{l_1}{2}$$

$$\text{„}\quad = A \frac{l + 20}{2} - \frac{9}{2} P_1 l_1$$

$$\text{„}\quad = \frac{1}{2} \{A (l + 20) - 9 P_1 l_1\}$$

$$M_{max} = \frac{1}{2}(20\,250 \cdot 860 - 9 \cdot 6\,750 \cdot 120)$$

$$\text{„} = \frac{1}{2}(17\,415\,000 - 7\,290\,000)$$

$$\text{„} = \frac{1}{2} \cdot 10\,125\,000$$

$$\text{„} = 5\,062\,500 \text{ cmkg}$$

und

$$H = f k_z$$

$$\text{„} = \{(b - 2d)\delta_1 + [(h_1 - d)\delta_2 + (h_1 - \delta_2)\delta_2]\,2\}\,k_z$$

$$\text{„} = \{(29 - 3,2)\delta_1 + [(6 - 1,6)0,8 + (6 - 0,8)08]\,2\}\,k_z$$

$$\text{„} = \{25,8\delta_1 + (3,52 + 4,16)2\}\,k_z$$

$$\text{„} = (25,8\,\delta_1 + 15,36)\,k_z.$$

Die Werte eingesetzt, gibt

$$H = \frac{M_{max}}{h}$$

$$(25,8\delta_1 + 15,36)\,k_z = \text{„} ,$$

$$\delta_1 = \left(\frac{M_{max}}{h\,k_z} - 15,36\right)\frac{1}{25,8}$$

$$\text{„} = \frac{1}{25,8}\left(\frac{5\,062\,500}{84 \cdot 900} - 15,36\right)$$

$$\text{„} = \frac{1}{25,8}(66,96 - 15,36) = \frac{1}{25,8} \cdot 51,6 = \underline{2 \text{ cm}}.$$

NB. Die Blechdicke δ_1 ist in Aufgabe 15 mit 1,8 cm angenommen worden.

Die Blechstärken wählt man im allgemeinen nicht zu hoch. Sind aber große Stärken notwendig, so legt man zweckmäßig mehrere Bleche aufeinander.

20. Aufgabe. Ein Freiträger von I-förmigem Querschnitt habe eine Länge von 1,25 m und werde am freien Ende mit 3 200 kg belastet

    1. Welche Biegungsspannung k_b und

    2. welche Schubspannung k_s erleidet der gefährliche Querschnitt an der Stelle, wo der Steg in den Flansch übergeht?

Lösung:

1. Die Biegungsspannung k_b.

Nach § 14 Abs. 1 der Einführung, Gleichung 58 erhält man für die im Abstande η von der neutralen Achse aus gelegene Querschnittsstelle

$$k_b = \frac{M_{max}}{\Theta}\eta.$$

Hierin bedeutet

$$M_{max} = Pl = 3200 \cdot 125 = 400000 \text{ cmkg,}$$

$$\eta = \frac{h}{2} - \delta_1 = 12 - 1{,}5 = 10{,}5 \text{ cm}$$

und

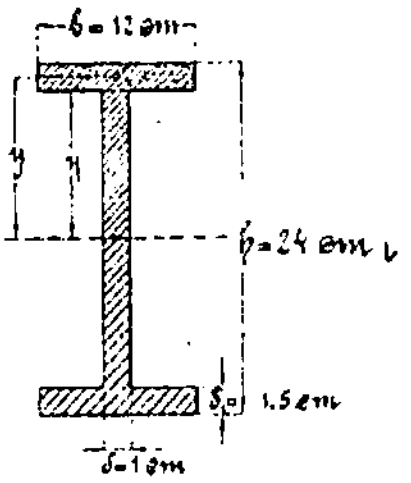

$$\Theta = \frac{bh^3}{12} - \frac{(b-\delta)(h-2\delta_1)^3}{12}$$

$$\text{„} = \frac{1}{12}(12 \cdot 24^3 - 11 \cdot 21^3)$$

$$\text{„} = \frac{64020}{12} = 5335 \text{ cm}^4.$$

Fig 96.

Setzt man diese Werte ein, so ergibt sich eine Biegungsspannung

$$k_b = \frac{400000}{5335} \cdot \eta = 74{,}9\,\eta \sim 75\,\eta$$

$$\text{„} = 75 \cdot 10{,}5 = 787{,}5 \sim \underline{787 \text{ kg pro qcm.}}$$

2. Die Schubspannung k_s.

Nach § 12 Abs. b, Gleichung 39 findet man die gesuchte Schubspannung

$$k_s = \frac{P}{x} \cdot \frac{M_{st}}{\Theta}, \quad \text{worin } P = 3200 \text{ kg,}$$

$$x = \delta,$$

$$\Theta = 5335 \text{ cm}^4.$$

$$\text{und } M_{st} = Fy = b\delta_1 \frac{h - \delta_1}{2}$$

$$\text{„} = 12 \cdot 1{,}5 \cdot 11{,}25 = 202{,}5 \text{ cm}^3 \text{ ist.}$$

Damit erhält man

$$k_s = \frac{3200}{1} \cdot \frac{202{,}5}{5335} = 121{,}5 \sim \underline{122 \text{ kg pro qcm.}}$$

NB. Das Zusammensetzen der beiden Spannungswerte k_b und k_s zu einer ideellen Spannung σ_i ist aus der in Aufgabe 44 Abs. IV, 5 aufgeführten Fig. 136 zu ersehen.

Vierte Aufgabengruppe.

Zu § 13. Das Zusammenwirken verschiedenartiger Normalspannungen.

21. Aufgabe. (Zug und Biegung.) Für das beistehende Hängelager soll der Lagerdruck P unter der Annahme berechnet werden, daß die Materialspannung auf der Zugseite 2 kg pro qmm und die Druckspannung etwa das 3 fache der Zugspannung betragen soll.

Es sind hier folgende Fragen zu beantworten:

1. Welche Rippendicke δ erhält der T-förmige Querschnitt?
2. Wie groß ist das Trägheitsmoment Θ?
3. Wie groß sind die Widerstandsmomente W_1 und W_2?
4. Wie groß kann der Lagerdruck P werden?

Lösung:

1. Die Rippendicke δ.

Nach § 20 Abs. b der Einführung ist mit bezug auf Fig. 97

$$F_\eta = F_1 \eta_1 + F_2 \eta_2,$$

$$\{(b - \delta)\delta_1 + h\delta\} e_1 = (b - \delta)\delta_1 \cdot \frac{\delta_1}{2} + h\delta \cdot \frac{h}{2}$$

$$b\delta_1 e_1 - \delta_1 e_1 \delta + h e_1 \delta = \frac{b}{2}\delta_1^2 - \frac{\delta_1^2}{2}\delta + \frac{h^2}{2}\delta$$

$$\left(h e_1 - \delta_1 e_1 + \frac{\delta_1^2}{2} - \frac{h^2}{2}\right)\delta = \frac{b\delta_1^2}{2} - b\delta_1 e_1,$$

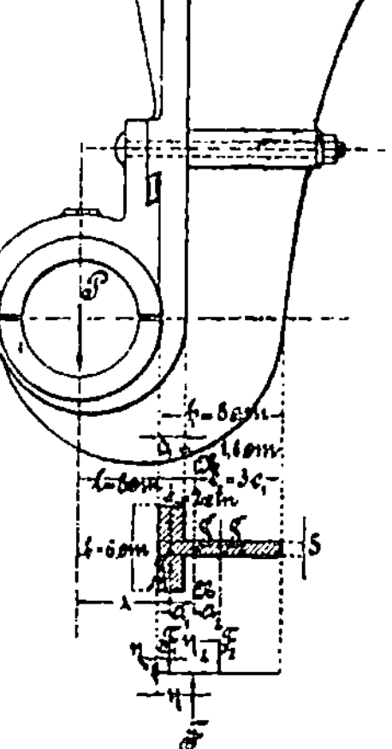

Fig. 97.

$$\delta = \frac{\dfrac{b}{2}\delta_1^2 - b\delta_1 e_1}{(h - \delta_1)e_1 + \dfrac{\delta_1^2 - h^2}{2}} = \frac{3 \cdot 1{,}8^2 - 6 \cdot 1{,}8 \cdot 2}{(8 - 1{,}8)2 + \dfrac{1{,}8^2 - 8^2}{2}}$$

$$\text{„} = \frac{9{,}72 - 21{,}6}{12{,}4 - 25{,}38} = 0{,}9 \sim 1 \text{ cm.}$$

2. Das Trägheitsmoment Θ.

Nach § 19, 3 der Einführung erhält man

$$\Theta = \overset{2}{\underset{1}{\Sigma}}(\Theta + Fa^2)$$

$$\text{„} = \Theta_1 + \Theta_2 + F_1 a_1^2 + F_2 a_2^2$$

$$\text{„} = \frac{(b - \delta)\delta_1^3}{12} + \frac{\delta h^3}{12} + (b - \delta)\delta_1\left(e_1 - \frac{\delta_1}{2}\right)^2 + \delta h \cdot \left(e_2 - \frac{h}{2}\right)^2$$

$$\text{„} = \frac{(6 - 1)1{,}8^3 + 1 \cdot 8^3}{12} + (6 - 1)1{,}8(2 - 0{,}9)^2 + 1 \cdot 8(6 - 4)^2$$

$$\text{„} = 45{,}09 + 10{,}89 + 32$$

$$\text{„} = 87{,}98 \sim 88 \text{ cm}^4.$$

3. Die Widerstandsmomente W_1 und W_2.

Es ist

$$W_1 = \frac{\Theta}{e_1} = \frac{88}{2} = \underline{44} \ \text{cm}^3$$

und

$$W_2 = \frac{\Theta}{e_2} = \frac{88}{6} = \underline{14{,}7 \ \text{cm}^3}.$$

4. Der Lagerdruck P.

Da im vorliegenden Belastungsfall die Zugseite am ungünstigsten beansprucht wird, die Zugspannung aber mit 2 kg pro qmm vorgeschrieben ist, erhält man die Belastung P nach § 13, Gleichung 41 zu

$$\sigma_{i(z)} = \frac{P}{f} + \frac{M_b}{W_1}, \quad \text{worin} \ M_b = P\lambda = P(1 + e_1)$$

$$\text{„} = P(8 + 2) = 10\,P$$
$$\text{und} \ f = b\delta_1 + \delta(h - \delta_1)$$
$$\text{„} = 6 \cdot 1{,}8 + 1(8 - 1{,}8)$$
$$\text{„} = 10{,}8 + 6{,}2 = 17 \ \text{cm}^2 \ \text{ist,}$$

$$\text{„} = \frac{P}{f} + \frac{P\lambda}{W_1} = P\left(\frac{1}{f} + \frac{\lambda}{W_1}\right),$$

$$P = \frac{\sigma_{i(z)}}{\frac{1}{f} + \frac{\lambda}{W_1}} = \frac{\sigma_{i(z)}}{\frac{W_1 + \lambda f}{f W_1}} = \frac{\sigma_{i(z)} f W_1}{W_1 + \lambda f}$$

$$\text{„} = \frac{200 \cdot 17 \cdot 44}{44 + (8 + 2)\,17} = \frac{149\,600}{214} = 699 \sim \underline{700 \ \text{kg.}}$$

Mit dieser Belastung berechnet sich auf der Gegenseite des Querschnittes eine Druckspannung

$$\sigma_{i(d)} = \frac{P}{f} - \frac{M_b}{W_2} = \frac{P}{f} - \frac{P\lambda}{W_2} = P\left(\frac{1}{f} - \frac{\lambda}{W_2}\right)$$

$$\text{„} = P\frac{W_2 - f\lambda}{f W_2} = 700\,\frac{14{,}7 - 17 \cdot 10}{17 \cdot 14{,}7} = 700\,\frac{-155{,}3}{249{,}9}$$

$$\text{„} = \underline{-435 \ \text{kg pro qcm.}}$$

NB. Soll diese Druckspannung den Wert von 600 kg pro qcm erreichen, so muß das Material des Querschnittes anders verteilt werden.

22. Aufgabe. (Zug und Biegung.) Es soll ein einfacher Haken für eine Höchstlast von 6000 kg hergestellt werden. Die Materialspannung des mit Gewinde versehenen Schaftes soll mit 600 kg, für den gefährlichen Querschnitt der Hakenkehle aber mit 750 kg bei Annäherungsrechnung, bei genauer Rechnung dagegen mit 1000 kg in Rechnung gezogen werden.

Die Form des Querschnittes ist so zu wählen, daß das Material möglichst gut ausgenutzt wird.

Es sind folgende Fragen zu beantworten:

1. Welchen zweckmäßigen Radius r erhält die Hakenkröpfung?
2. Welche Höhe h ist dem gefährlichen Querschnitt zu geben?
3. Wie groß wird die Breite b_1 und b_2 des gefährlichen Querschnittes
    a) bei Annäherungsrechnung und
    b) bei genauer Rechnung?
4. Welchen Kerndurchmesser d_1 erhält der mit Gewinde versehene Schaft?
5. Welchen Durchmesser d_s kann der Schaft erhalten?
6. Welche Abmessungen kommen sonst noch in Frage?

Lösung:

1. Der Radius r der Hakenkröpfung.

Im allgemeinen ist es ratsam, die Maulweite oder Hakenkröpfung möglichst klein zu wählen, damit das Biegungsmoment ein Minimum wird. Zumeist wählt man

$$r = \frac{3}{4}d \text{ bis } d,$$ falls d den Seildurchmesser bedeutet, oder

$$r = \delta \text{ bis } 1{,}5\ \delta,$$ sofern δ den Durchmesser des Ketteneisens darstellt.

Für den Fall, daß die Durchmesser nicht bekannt sind, kann man eine passende Wahl auch nach den empirischen Gleichungen

$$1. \text{ für } P < 7500 \text{ kg:} \quad r = \frac{P}{200} + 15 \text{ mm bis } \frac{P}{200} + 20 \text{ mm,}$$

$$2. \quad \text{,,} \quad P > 7500 \text{ kg:} \quad r = \frac{P}{400} + 30 \text{ mm bis } \frac{P}{400} + 35 \text{ mm}$$

treffen.

Gewählt sei im vorliegenden Falle der kleinste Wert

$$r = \frac{P}{200} + 15 = \frac{6000}{200} + 15 = 30 + 15 = \underline{45 \text{ mm.}}$$

2. Die Höhe h des gefährlichen Querschnittes.

Auch für eine zweckmäßige Wahl der Querschnittshöhe hat sich eine Erfahrungsgleichung

$$h = z \cdot r$$

herausgebildet, in welcher der Wert z zwischen 1,8 und 3 zu wählen ist.

Nimmt man hier den Mittelwert $z = 2{,}4$ an, so erhält man eine Höhe

$$h = z \cdot r = 2{,}4 \cdot 45 = \underline{108 \text{ mm.}}$$

3. Die Querschnittsabmessungen b_1 und b_2.

a) bei Annäherungsrechnung.

Nach § 13 Abs. 1, Gleichung 41 mit Hinweis auf § 13 Abs. 10, Gleichung 80 nebst Nachsatz erhält man mit bezug auf Fig. 98:

1. Die Materialspannung auf der Zugseite

$$\sigma_{i(z)} = \frac{P}{f} + \frac{M_b}{W_1} = \frac{P}{f} + \frac{P\varrho}{\dfrac{\Theta}{e_1}} = \frac{P}{f} + \frac{P(r+e_1)}{\Theta}e_1$$

$$\text{„} \quad = P\left(\frac{1}{f} + \frac{(r+e_1)e_1}{\Theta}\right),$$

2. Die Materialspannung auf der Druckseite

$$\sigma_{i(d)} = \frac{P}{f} - \frac{M_b}{W_2} = \frac{P}{f} - \frac{P\varrho}{\dfrac{\Theta}{e_2}} = \frac{P}{f} - \frac{P(r+e_1)}{\Theta}e_2$$

$$\text{„} \quad = P\left(\frac{1}{f} - \frac{(r+e_1)e_2}{\Theta}\right).$$

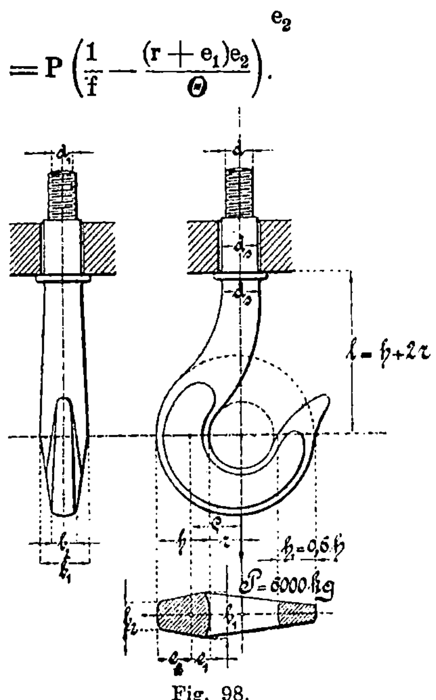

Fig. 98.

Soll nun das Material des Querschnittes auf der Zug- und Druckseite vollständig ausgenutzt werden, so muß die Bedingung erfüllt sein

$$\sigma_{i(z)} = -\,\sigma_{i(d)}$$

oder die Werte eingesetzt,

$$P\left(\frac{1}{f} + \frac{(r+e_1)e_1}{\Theta}\right) = -P\left(\frac{1}{f} - \frac{(r+e_1)e_2}{\Theta}\right)$$

$$\frac{1}{f} + \frac{(r+e_1)e_1}{\Theta} = -\frac{1}{f} + \frac{(r+e_1)e_2}{\Theta},$$

$$\frac{2}{f} + \frac{(r+e_1)e_1}{\Theta} - \frac{(r+e_1)e_2}{\Theta} = 0,$$

$$\frac{2}{f} + \frac{(r + e_1)(e_1 - e_2)}{\Theta} = 0,$$

$$\frac{2\Theta}{f} + (r + e_1)(e_1 - e_2) = 0,$$

$$\Theta = -\frac{f}{2}(r + e_1)(e_1 - e_2)$$

$$\text{''} = \frac{1}{2}f(r + e_1)(e_2 - e_1) \quad . \quad . \quad . \quad . \quad . \quad . \quad . \quad F_1$$

In dieser Gleichung beträgt
der Querschnitt

$$f = \frac{b_1 + b_2}{2}h,$$

das Trägheitsmoment

$$\Theta = \frac{b_1^2 + 4b_1b_2 + b_2^2}{36(b_1 + b_2)}h^3,$$

der Schwerpunktsabstand

$$e_1 = \frac{h}{3} \cdot \frac{b_1 + 2b_2}{b_1 + b_2} \text{ bezw. } e_2 = \frac{h}{3} \cdot \frac{2b_1 + b_2}{b_1 + b_2},$$

der Klammerwert

$$e_2 - e_1 = \frac{h}{3} \cdot \frac{2b_1 + b_2}{b_1 + b_2} - \frac{h}{3} \cdot \frac{b_1 + 2b_2}{b_1 + b_2}$$

$$\text{''} = \frac{h}{3} \cdot \frac{b_1 - b_2}{b_1 + b_2}.$$

Setzt man diese Werte in Gleichung F_1 ein, so erhält man folgende Beziehung zwischen den Seiten b_1 und b_2 des gefährlichen Querschnittes:

$$\frac{b_1^2 + 4b_1b_2 + b_2^2}{36(b_1 + b_2)}h^3 = \frac{1}{2} \cdot \frac{b_1 + b_2}{2}h \cdot \left(r + \frac{h}{3} \cdot \frac{b_1 + 2b_2}{b_1 + b_2}\right) \cdot \frac{h}{3} \cdot \frac{b_1 - b_2}{b_1 + b_2}$$

$$\text{''} = \frac{h^2}{12}(b_1 - b_2)\frac{3r(b_1 + b_2) + h(b_1 + 2b_2)}{3(b_1 + b_2)}$$

$$\text{''} = \frac{h^2}{36} \cdot \frac{b_1 - b_2}{b_1 + b_2}(3rb_1 + 3rb_2 + hb_1 + 2hb_2),$$

$$(b_1^2 + 4b_1b_2 + b_2^2)h = (b_1 - b_2)(3rb_1 + 3rb_2 + hb_1 + 2hb_2)$$

$$\text{''} = 3rb_1^2 + 3rb_1b_2 + b_1^2h + 2b_1b_2h - 3rb_1b_2 -$$
$$- 3rb_2^2 - b_1b_2h - 2b_2^2h$$

$$\text{''} = 3rb_1^2 - 3rb_2^2 + (b_1^2 + b_1b_2 - 2b_2^2)h,$$

$$(b_1^2 + 4b_1b_2 + b_2^2 - b_1^2 - b_1b_2 + 2b_2^2)h = 3r(b_1^2 - b_2^2),$$

$$(3b_1b_2 + 3b_2^2)h = \text{''}$$

$$h = \frac{3r(b_1^2 - b_2^2)}{3b_2(b_1 + b_2)} = \frac{r}{b_2}(b_1 - b_2)$$

$$h = r\left(\frac{b_1}{b_2} - 1\right),$$

$$\frac{b_1}{b_2} = \frac{h}{r} + 1 = z + 1 \quad . \quad . \quad . \quad F_2$$

Aus Gleichung F_1 ergibt sich nun weiter

$$\Theta = \frac{1}{2} f(r + e_1)(e_2 - e_1),$$

$$\frac{r + e_1}{\Theta} = \frac{2}{f \cdot (e_2 - e_1)} = \frac{2}{\dfrac{b_1 + b_2}{2} h \cdot \dfrac{h}{3} \cdot \dfrac{b_1 - b_2}{b_1 + b_2}} = \frac{12}{h^2(b_1 - b_2)},$$

welcher Wert in die obere, für die Zugseite gültige zusammengesetzte Spannungsgleichung

$$\sigma_{i(z)} = P\left(\frac{1}{f} + \frac{r + e_1}{\Theta} e_1\right)$$

eingeführt, folgende zweite Beziehung zwischen den Seiten b_1 und b_2 liefert:

$$\sigma_{i(z)} = P\left(\frac{1}{\dfrac{b_1 + b_2}{2} h} + \frac{12}{h^2(b_1 - b_2)} \cdot \frac{h}{3} \cdot \frac{b_1 + 2b_2}{b_1 + b_2}\right)$$

$$\sigma_{i(z)} = \frac{2P}{h(b_1 + b_2)} \cdot \left(1 + \frac{2(b_1 + 2b_2)}{b_1 - b_2}\right)$$

$$,, \quad = \frac{2P}{h(b_1 + b_2)} \cdot \frac{b_1 - b_2 + 2b_1 + 4b_2}{b_1 - b_2}$$

$$,, \quad = \frac{2P}{h(b_1 + b_2)} \cdot \frac{3b_1 + 3b_2}{b_1 - b_2} = \frac{2P \cdot 3(b_1 + b_2)}{h(b_1 + b_2)(b_1 - b_2)}$$

$$,, \quad = \frac{6P}{h(b_1 - b_2)}$$

$$b_1 - b_2 = \frac{6P}{h \cdot \sigma_{i(z)}} \cdot \quad\quad \Bigg\} \quad . \quad . \quad . \quad . \quad . \quad . \quad . \quad . \quad . \quad . \quad F_3$$

Aus den Gleichungen F_2 und F_3 erhält man nunmehr die Seiten b_1 und b_2 zu

$$\frac{b_1}{b_2} = z + 1$$

$$b_1 - b_2 = \frac{6P}{h\sigma_{i(z)}}.$$

Aus Gleichung 1 folgt

$$b_1 = b_2(z + 1).$$

In Gleichung 2 eingesetzt, gibt

$$b_2(z + 1) - b_2 = \frac{6P}{h\sigma_{i(z)}}$$

oder
$$b_2(z + 1 - 1) = \frac{6P}{h\,\sigma_{i(z)}},$$

$$b_2 = \frac{6P}{h\,\sigma_{i(z)}\cdot z} = \frac{6\cdot 6000}{108\cdot 7,5\cdot 2,4} = 18,5 \ \text{mm},$$

$$b_1 = b_2(z + 1) = 18,5(2,4 + 1) = 18,5\cdot 3,4$$
$$= 62,9 \sim 63 \ \text{mm}.$$

Dieses würden also die Abmessungen bei **angenäherter Rechnung** sein, bei der man die Hakenkrümmung unberücksichtigt gelassen hat.

b) Die Werte b_1 und b_2 bei genauer Rechnung.

Hier geht man von der im § 13 Abs. 10, 4 aufgeführten vereinfachten Spannungsgleichung 76

$$\sigma_i = \frac{M_b}{x\varrho f}\cdot\frac{\eta}{\varrho + \eta}$$

aus, in der für die Zugseite des fraglichen Querschnittes

die Normalkraft	$N = P$,
der Krümmungshalbmesser	$\varrho = r + e_1$,
der Abstand	$\eta = -e_1$
und das Biegungsmoment	$M_b = -P(r + e_1)$

zu schreiben ist.

Damit lautet die Gleichung für die größte Zugspannung

$$\sigma_{i(z)} = \frac{-P(r + e_1)}{x(r + e_1)f}\cdot\frac{-e_1}{(r + e_1) + (-e_1)}$$

$$\text{,,} = \frac{Pe_1}{xrf},$$

woraus
$$f = \frac{Pe_1}{xr\sigma_{i(z)}} \ \text{folgt.} \qquad\Bigg\} \quad \cdot\ \cdot\ \cdot\ \cdot\ \cdot\ \cdot\ \cdot\ \cdot\ \cdot \quad F_4$$

Für die links auftretende größte Druckspannung gilt

die Normalspannung	$N = P$,
der Krümmungshalbmesser	$\varrho = r + e_1$,
der Abstand	$\eta = e_2$
und das Biegungsmoment	$M_b = -P(r + e_1)$.

Damit erhält man

$$\sigma_{i(d)} = \frac{-P(r + e_1)}{x(r + e_1)f}\cdot\frac{e_2}{(r + e_1) + e_2}$$

$$\text{,,} = -\frac{Pe_2}{x(r + h)f}$$

und
$$f = \frac{Pe_2}{x(r + h)\sigma_{i(d)}}. \qquad\Bigg\} \quad \cdot\ \cdot\ \cdot\ \cdot\ \cdot\ \cdot\ \cdot\ \cdot\ \cdot \quad F_5$$

Die Hilfsgröße x ist nach der im § 13 Abs. 10, 5 unter 3 genannten Gleichung

$$x = -1 + \frac{2\varrho}{(b_1 + b_2)h} \left[\left\{ b_2 + \frac{b_1 - b_2}{h}(e_2 + \varrho) \right\} \log \mathrm{nat} \frac{\varrho + e_2}{\varrho - e_1} - (b_1 - b_2) \right]$$

zu ermitteln.

Zweckmäßig ist es, in den letzten Gleichungen die bereits in Frage 2 eingeführte Verhältniszahl „$z = \dfrac{h}{r}$" zu benutzen, mit der dann folgende Ergebnisse erhalten werden:

Aus Gleichung F_2 $\dfrac{b_1}{b_2} = z + 1$

erhält man

$$b_1 = b_2(z+1) \quad \text{oder} \quad b_2 = \frac{b_1}{z+1} \, .$$

Damit schreibt sich der Querschnitt

$$f = \frac{b_1 + b_2}{2} h = \frac{h}{2} \left(b_1 + \frac{b_1}{z+1} \right) = \frac{h}{2} \cdot \frac{b_1 [(z+1) + 1]}{z+1}$$

$$\text{\textquotedblright} = \frac{b_1 h}{2} \cdot \frac{z+2}{z+1} \, ,$$

der Schwerpunktsabstand

$$e_1 = \frac{h}{3} \cdot \frac{b_1 + 2b_2}{b_1 + b_2} = \frac{h}{3} \cdot \frac{b_1 + 2\dfrac{b_1}{z+1}}{b_1 + \dfrac{b_1}{z+1}}$$

$$\text{\textquotedblright} = \frac{h}{3} \cdot \frac{b_1[(z+1)+2]}{b_1[(z+1)+1]} = \frac{h}{3} \cdot \frac{z+3}{z+2}$$

bezw. $e_2 = \dfrac{h}{3} \cdot \dfrac{2b_1 + b_2}{b_1 + b_2} = \dfrac{h}{3} \cdot \dfrac{2b_1 + \dfrac{b_1}{z+1}}{b_1 + \dfrac{b_1}{z+1}}$

$$\text{\textquotedblright} = \frac{h}{3} \cdot \frac{b_1[(2z+2)+1]}{b_1[(z+1)+1]} = \frac{h}{3} \cdot \frac{2z+3}{z+2}$$

und die Hilfsgröße

$$x = -1 + \frac{2\varrho}{(b_1 + b_2)h} \left[\left\{ b_2 + \frac{b_1 - b_2}{h}(e_2 + \varrho) \right\} \log \mathrm{nat} \frac{\varrho + e_2}{\varrho - e_1} - (b_1 - b_2) \right]$$

$$\text{\textquotedblright} = -1 + \frac{2(r + e_1)}{\left(b_1 + \dfrac{b_1}{z+1} \right)h} \left[\left\{ \frac{b_1}{z+1} + \frac{b_1 - \dfrac{b_1}{z+1}}{h}(e_2 + r + e_1) \right\} \right.$$

$$\left. \log \mathrm{nat} \frac{r + e_1 + e_2}{r + e_1 - e_1} - \left(b_1 - \frac{b_1}{z+1} \right) \right]$$

$$x = -1 + \frac{2(r+e_1)(z+1)}{b_1 h(z+1+1)} b_1 \left[\left\{\frac{1}{z+1} + \frac{z+1-1}{h(z+1)}(r+h)\right\}\right.$$
$$\left. \log nat \frac{r+h}{r} - \frac{z+1-1}{z+1}\right]$$

$$„ = -1 + 2\frac{r+e_1}{h} \cdot \frac{z+1}{z+2}\left[\frac{h+z(r+h)}{h(z+1)} \log nat\left(1+\frac{h}{r}\right) - \frac{z}{z+1}\right]$$

$$„ = -1 + \frac{2}{h}\left(\frac{h}{z} + \frac{h}{3}\cdot\frac{z+3}{z+2}\right)\frac{z+1}{z+2}\left[\frac{h+z\left(\frac{h}{z}+h\right)}{h(z+1)} \log nat\,(z+1) - \frac{z}{z+1}\right]$$

$$„ = -1 + \frac{2h}{h}\left(\frac{1}{z} + \frac{z+3}{3(z+2)}\right)\frac{z+1}{z+2}\left[\frac{h(1+1+z)}{h(z+1)} \log nat\,(z+1) - \frac{z}{z+1}\right]$$

$$„ = -1 + 2\left(\frac{1}{z} + \frac{z+3}{3(z+2)}\right)\frac{z+1}{z+2}\left[\frac{z+2}{z+1} \log nat\,(z+1) - \frac{z}{z+1}\cdot\frac{z+2}{z+2}\right]$$

$$„ = -1 + 2\left(\frac{1}{z} + \frac{z+3}{3(z+2)}\right)\frac{z+1}{z+2}\cdot\frac{z+2}{z+1}\left[\log nat\,(z+1) - \frac{z}{z+2}\right]$$

$$„ = -1 + 2\left(\frac{1}{z} + \frac{z+3}{3(z+2)}\right)\left[\log nat\,(z+1) - \frac{z}{z+2}\right]. \quad \ldots \ldots \quad F_6$$

Führt man nun in Gleichung F_4 für f, e_1 und r die vorgenannten Werte ein, so ermittelt sich die Breite b_1 wie folgt:

$$f = \frac{Pe_1}{xr\sigma_{i(z)}},$$

$$\frac{b_1 h}{2}\cdot\frac{z+2}{z+1} = \frac{P}{\frac{h}{x\frac{1}{z}\sigma_{i(z)}}}\cdot\frac{h}{3}\cdot\frac{z+3}{z+2},$$

$$b_1 = \left(\frac{2}{3}\cdot\frac{z(z+1)(z+3)}{(z+2)^2}\cdot\frac{1}{x}\right)\frac{P}{h\sigma_{i(z)}} = \varphi\cdot\frac{P}{h\sigma_{i(z)}}. \quad \ldots \ldots \quad F_7$$

Rechnet man die nur von z abhängige Klammergröße φ für die zwischen 1,8 bis 3 liegenden, gebräuchlichen Werte von z aus, so erhält man nach Gleichung F_6 und F_7

$$\text{für } z = 1,8 \quad \ldots \ldots \ldots \quad x = 0,0858$$
$$\varphi = 13,017,$$
$$\text{für } z = 2 \quad \ldots \ldots \ldots \quad x = 0,09743$$
$$\varphi = 12,83,$$
$$\text{für } z = 2,2 \quad \ldots \ldots \ldots \quad x = 0,1089$$
$$\varphi = 12,704,$$
$$\text{für } z = 2,4 \quad \ldots \ldots \ldots \quad x = 0,1203$$
$$\varphi = 12,613,$$
$$\text{für } z = 2,5 \quad \ldots \ldots \ldots \quad x = 0,1259$$
$$\varphi = 12,584,$$
$$\text{für } z = 3 \quad \ldots \ldots \ldots \quad x = 0,1532$$
$$\varphi = 12,533.$$

Im vorliegenden Beispiele ergeben sich somit die gesuchten Querschnittsabmessungen b_1 und b_2 nach Gleichung F_7 zu

$$b_1 = \varphi \cdot \frac{P}{h\,\sigma_{i(z)}}, \quad \text{worin } \varphi = 12{,}613 \sim 12{,}6\,,$$

$$\sigma_{i(z)} = 1000 \ \text{kg/qcm}$$

$$\text{und } h = 108 \ \text{mm beträgt},$$

$$b_1 = 12{,}6 \cdot \frac{6\,000}{10{,}8\,.\,1\,000} = \frac{12{,}6\,.\,6}{10{,}8} = \underline{7 \ \text{cm.}}$$

Nach Gleichung F_2 folgt dann

$$b_2 = \frac{b_1}{z+1} = \frac{7}{2{,}4+1} = \frac{7}{3{,}4} = 2{,}06 \sim \underline{2{,}1 \ \text{cm.}}$$

NB. Für die vorgenannten im Absatz a und b behandelten zwei Belastungsfälle sind in Fig. 99 die in dem am meist beanspruchten Hakenquerschnitte auftretenden zusammengesetzten Spannungen graphisch aufgetragen.

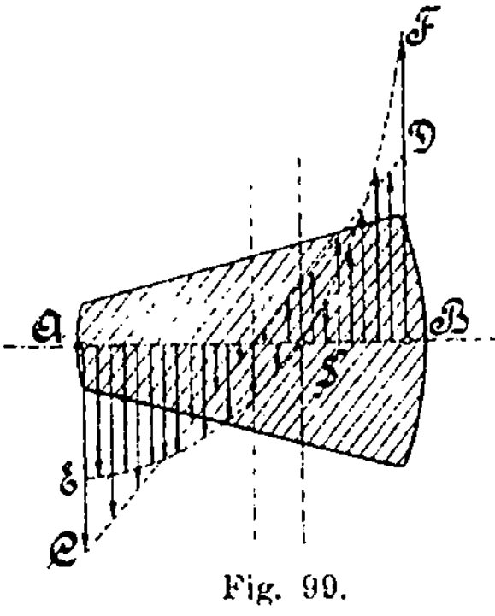

Fig. 99.

Wird der Querschnitt einem **geraden Stabe** zugehörig gedacht, wie es im Absatz a angenommen ist, so wird das Spannungsdiagramm durch die gerade Linie CD begrenzt. Hierbei sind die absoluten Werte der Zug- und Druckspannungen gleich gross.

Gehört dagegen der Querschnitt einem **gebogenen Körper** an, wie es im Absatz b vorausgesetzt ist, so wird die Spannungsfläche von der gebogenen Linie ESF begrenzt. Die größte Zugspannung liefert hierbei die Gleichung F_4, die größte Druckspannung dagegen die Gleichung F_5. Beide Gleichungen ergeben für die durch den Schwerpunkt gehende Faserschicht eine Spannung gleich Null.

Die Spannungsflächen lassen erkennen, daß beim gebogenen Körper die Zugspannung wesentlich größer wird (ca. 30%) als beim geraden Stabe, während die Druckspannungen im ersteren Falle kleinere Werte darstellen als im letzteren.

4. **Der Kerndurchmesser d_1 des Schaftgewindes.**

Nach der im § 2 der Einführung aufgeführten Zuggleichung 7 erhält man

$$P = f k_z = \frac{d_1{}^2 \pi}{4} k_z,$$

$$d_1 = \sqrt{\frac{4P}{\pi k_z}} = 1{,}128 \sqrt{\frac{P}{k_z}} = 1{,}128 \sqrt{\frac{6\,000}{600}}$$

$$\text{,, } = 1{,}128 \sqrt{10} = \underline{3{,}56 \ \text{cm.}}$$

Diesem Kerndurchmesser entspricht nach der Whitworthschen Gewindetabelle eine $1^3/_4''$ Schraube mit einem Außendurchmesser von

$$d = 4{,}4 \ \text{cm}.$$

5. Der Schaftdurchmesser d_s.

Bei der Befestigung des Hakens im Querhaupte oder Schekel ist auf seine freie Beweglichkeit zu achten, damit ein ungleichmäßiges Anspannen der Querschnittsfasern nicht möglich werden kann.

Für alle Fälle ist es ratsam, dem Schafte einen etwas größeren Durchmesser zu geben, als der Außen- oder Gewindedurchmesser beträgt.

Man wähle

$$d_s \sim 5 \ \text{cm},$$

welcher Wert auch der unter dem Bunde befindlichen Hakenkehle gegeben werden kann.

6. Die sonstigen Abmessungen.

Der dem in Frage 3 behandelten gefährlichen Querschnitte gegenüberliegende Querschnitt erhält nach praktischen Ausführungen eine Höhe von

$$h_1 = 0{,}5\,h \ \text{bis} \ 0{,}6\,h.$$

Gewählt sei

$$h_1 = 0{,}6\,h = 0{,}6 \cdot 108 = 64{,}8 \ \text{mm}.$$

Die äußere Begrenzung der Hakenkröpfung wird zumeist kreisförmig gewählt, wofür der Radius aus den vorliegenden Abmessungen erhalten wird.

Er beträgt mit bezug auf Fig. 98

$$R = \frac{h + 2\,r + h_1}{2} = \frac{108 + 2 \cdot 45 + 64{,}8}{2} = \frac{262{,}8}{2}$$

$$„ = 131{,}4 \sim 130 \ \text{mm}.$$

Die von Mitte Hakenkehle bis Unterkante Querhaupt zu messende Hakenlänge l wählt man passend zu

$$l = h + 2\,r = 108 + 2 \cdot 45 = 198 \sim 200 \ \text{mm}.$$

23. Aufgabe. (Zug und Biegung). Für eine Last von 50000 kg soll ein Doppelhaken hergestellt werden.

Der Querschnitt des Schaftes soll kreisförmig sein, während der der Hakenkehle Trapezform erhalten soll. Das aus bestem Schweißeisen bestehende Hakenmaterial soll im Schaft, Kehle und im Gewindeteile nur mit 500 kg pro qcm beansprucht werden.

Zu wählen und zu berechnen sind.

1. Der Radius r der Hakenkröpfung,
2. die Höhe h des gefährlichen Querschnittes,
3. die dazu gehörigen Breiten b_1 und b_2,
4. der Kerndurchmesser d_1 des Gewindeteiles und
5. der Schaftdurchmesser d_s.

Lösung:

1. Der Radius r der Hakenkröpfung.

Die in vorhergehender Aufgabe für den einfachen Haken angegebenen Verhältnisse haben auch hier Geltung.

Man wähle den Radius r nach der empirischen Gleichung

$$r = \frac{Q_1}{400} + 35 \text{ mm} = \frac{25\,000}{400} + 35 = 62,5 + 35$$

$$\text{„} = 97,5 \sim 100 \text{ mm.}$$

2. Die Höhe h des gefährlichen Querschnittes.

Auch hier sei die Höhe h gewählt nach der Erfahrungsgleichung „h = z . r", wo z zwischen 1,8 und 3 liegt.

Mit z = 2,2 folgt

$$h = z \cdot r = 2,2 \cdot 100 = 220 \text{ mm.}$$

3. Die Breiten b_1 und b_2 des gefährlichen Querschnittes.

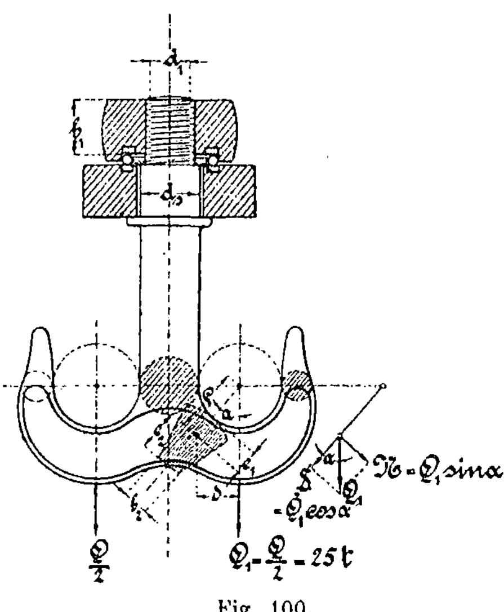

Fig. 100.

Während bei dem in Fig. 98 dargestellten einfachen Haken die Lage des gefährlichen Querschnittes und damit auch der Hebelarm für das Biegungsmoment bekannt war, trifft dieses bei dem vorliegenden Doppelhaken nicht zu.

Hier hat man insofern mehr schätzungsweise vorzugehen, als man entweder die Lage und die Abmessungen des gefährlichen Querschnittes wählt und die dadurch festgelegte Materialspannung auf ihre Zulässigkeit kontrolliert oder, daß man die Lage des gefährlichen Querschnittes schätzt und mit der gegebenen Spannung direkt die gesuchten Breiten b_1 und b_2 berechnet.

Der Rechnung sei die im § 13 Abs. 10,3 aufgeführte allgemeine Spannungsgleichung 74

$$\sigma_i = \frac{1}{f}\left(N + \frac{M_b}{\varrho} + \frac{M_b}{x\,\varrho} \cdot \frac{\eta}{\varrho + \eta}\right)$$

zugrunde gelegt.

Wählt man hier den zwischen dem gefährlichen Querschnitt und der Kraftrichtung liegenden Winkel

$$\alpha = 34^0,$$

so erhält man mit bezug auf die Fig. 60 und 100, nach den in vorhergehender Aufgabe unter der Frage 3 b gegebenen Ausführungen,
den Querschnitt

$$f = \frac{b_1 h}{2} \cdot \frac{z+2}{z+1} = \frac{(z+2)h}{(z+1)2} \cdot b_1 = \frac{(2,2+2)\,220}{(2,2+1)2} \cdot b_1$$

$$\text{„} = 144,375\, b_1,$$

die Normalkraft

$$N = Q_1 \sin \alpha = 25\,000 \sin 34^0 = 25\,000 \cdot 0,55\,919$$

$$\text{„} = 13\,979,7 \sim 13\,980 \ \text{kg},$$

den größten Zugfaserabstand

$$e_1 = \frac{h}{3} \cdot \frac{z+3}{z+2} = \frac{220\,(2,2+3)}{3\,(2,2+2)} = 90,79 \ \text{mm},$$

den Krümmungshalbmesser

$$\varrho = r + e_1 = 100 + 90,79 = 190,79 \ \text{mm},$$

den Hebelarm

$$\delta = \varrho \sin \alpha = 190,79 \cdot 0,55\,919 = 106,69 \ \text{mm},$$

das Biegungsmoment

$$M_b = - Q_1 \delta = - 25\,000 \cdot 106,69 = - 2\,667\,250 \ \text{mm kg},$$

den Abstand

$$\eta = - e_1 = - 90,79 \ \text{mm} \quad \text{und}$$

die Hilfsgröße

$$x = 0,1089.$$

Werden diese Werte oben eingeführt, so erhält man unter Beachtung
der Vorzeichen die auf der Zugseite des Querschnittes auftretende größte
Materialspannung

$$\sigma_{i(z)} = \frac{1}{f}\left(N - \frac{M_b}{\varrho} + \frac{M_b}{x\,\varrho} \cdot \frac{e_1}{r}\right)$$

$$\text{„} = \frac{1}{144,375\, b_1}\left(13\,980 - \frac{2\,667\,250}{190,79} + \frac{2\,667\,250}{0,1089 \cdot 190,79} \cdot \frac{90,79}{100}\right).$$

Damit erhalten die Breiten b_1 und b_2 des Querschnittes die Abmessungen

$$b_1 = \frac{1}{144,375\,\sigma_{i(z)}}\,(13\,980 - 13\,979 + 116\,550)$$

$$\text{„} = \frac{1}{144,375 \cdot 5} \cdot 116\,551$$

$$\text{„} = \frac{116\,551}{721,875} = 161,5 \sim \underline{160 \ \text{mm}}$$

und

$$b_2 = \frac{b_1}{z+1} = \frac{160}{2,2+1} = \frac{160}{3,2} = \underline{50 \ \text{mm}}.$$

4. Der Kerndurchmesser d_1.

Da der vorliegende Doppelhaken nur als solcher benutzt werden soll, ist eine exzentrische Belastung nicht zu berücksichtigen.

Es folgt deshalb nach § 2, Gleichung 7 der Einführung

$$Q = \frac{d_1^2 \pi}{4} \cdot k_z,$$

der Kerndurchmesser

$$d_1 = \sqrt{\frac{4\,Q}{\pi\,k_z}} = 1{,}128 \sqrt{\frac{Q}{k_z}} = 1{,}128 \sqrt{\frac{50\,000}{500}}$$

$$\text{„} = 1{,}128 \sqrt{100} = 11{,}28 \text{ cm.}$$

Damit erhält man nach der Tabelle von **Whitworth** einen äußeren Gewindedurchmesser von

$$d = 4^3/4'' = 120{,}65 \text{ mm,}$$

mit einem Kerndurchmesser von

$$d_1 = 108{,}84 \text{ mm.}$$

Die zugehörige Mutterhöhe beträgt $h_1 = 121$ mm.

5. Der Durchmesser d_8 des Schaftes.

Es ist auch hier zweckmäßig, den Schaftdurchmesser etwas größer als den Gewindedurchmesser zu wählen.

Angenommen sei $d_8 = 130$ mm,

welcher Wert bis zur Mittellinie der Hakenkehle auf 140 mm erhöht werden kann, was jedoch nicht unbedingt nötig ist.

24. Aufgabe. (Zug und Biegung.) Ein stabförmiger Körper von rundem Querschnitt werde durch eine am Umfang desselben angreifende Kraft P auf Zug beansprucht. Die Kraftrichtung laufe parallel zur geometrischen Achse.

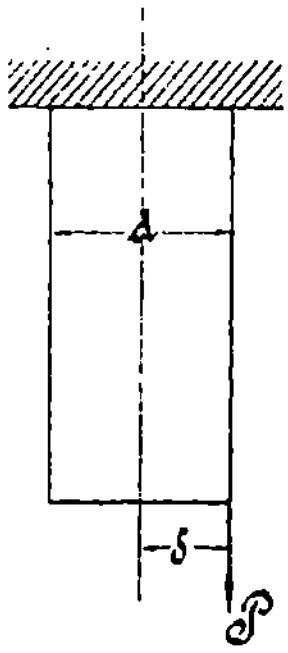

Es soll angegeben werden, um wievielmal mehr der Körper unter dieser exzentrischen Belastung beansprucht wird, als wenn die gleiche Last zentrisch wirken würde.

Lösung:

Nach Gleichung 41 ist

$$\sigma_{i(z)} = \frac{P}{f} + \frac{M_b}{\Theta} e_1, \text{ worin } f = \frac{d^2 \pi}{4},$$

$$M_b = P \delta = P \frac{d}{2},$$

$$\Theta = \frac{d^4 \pi}{64}$$

$$\text{und } e_1 = \delta = \frac{d}{2} \text{ ist.}$$

Fig. 101.

Mit diesen Werten erhält man eine Materialspannung

$$\sigma_{i\,(z)} = \frac{P}{f} + \frac{P\,\frac{d}{2}}{\frac{d^4\pi}{64}} \cdot \frac{d}{2} = \frac{P}{f} + \frac{16\,P}{d^2\pi}$$

$$_{\text{„}} = \frac{P}{f} + \frac{4\,P}{\frac{d^2\pi}{4}} = \frac{P}{f}(1+4) = 5 \cdot \frac{P}{f} = 5 \cdot k_z.$$

Dieses Resultat besagt, daß die vorliegende Belastung den Körper 5 mal so hoch beansprucht, als es bei zentrischer Belastung der Fall ist.

25. Aufgabe. (Druck und Biegung.) Ein aus Schmiedeeisen von rechteckigem Querschnitt hergestellter Ausleger von 1,5 m Länge sei am freien Ende mit 1,8 t belastet.

Das Eigengewicht des Auslegers nebst den daran hängenden Teilen betrage schätzungsweise 400 kg, das zur Hälfte auf das Mauerwerk, zur anderen Hälfte auf die Belastung gerechnet werden soll, so daß am freien Ende eine Gesamtlast von 2 t in Frage kommt.

Welche Breite und Höhe ist dem Ausleger an der Einspannstelle zu geben,

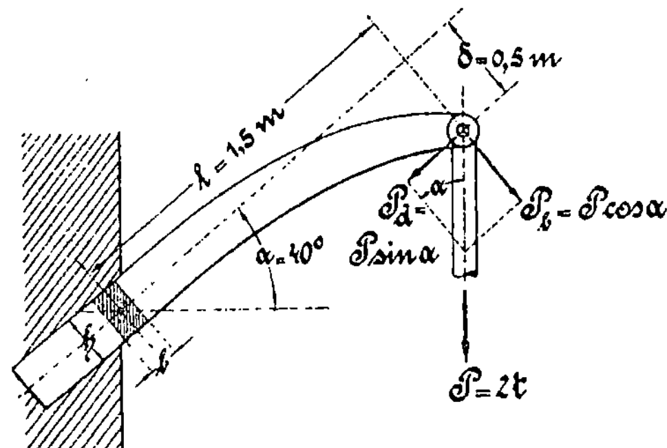

Fig. 102.

wenn eine Materialspannung von 700 kg nicht überschritten werden und zwischen der Breite und Höhe des Querschnittes das Verhältnis 1 : 2 bestehen soll.

Lösung:

Für diesen Belastungsfall gilt die im § 13 Abs. 4 aufgeführte Gleichung 46, die ihren größten Spannungswert auf der Druckseite liefert.

Man erhält mit bezug auf Fig. 102

$$\sigma_{i\,(d)} = -\frac{P_d}{f} - \frac{M_{b(l)} + M_{b(\delta)}}{\Theta}\,e$$

$$_{\text{„}} = -\frac{P\sin\alpha}{b\,h} - \frac{P\cos\alpha \cdot l + P\sin\alpha \cdot \delta}{\frac{b\,h^2}{6}}$$

$$_{\text{„}} = -\frac{P\sin\alpha}{b \cdot 2b} - \frac{(Pl\cos\alpha + P\delta\sin\alpha)\,6}{b \cdot 4\,b^2},$$

$$b^3 \sigma_{i(d)} = -\frac{P}{2}(b \sin \alpha + 3\delta \sin \alpha + 3 l \cos \alpha),$$

$$b = \sqrt[3]{-\frac{P}{2\sigma_{i(d)}}[\sin \alpha (b + 3\delta) + 3 l \cos \alpha]}.$$

Diese Gleichung läßt sich näherungsweise am zweckmäßigsten so behandeln, daß man sie unter vorläufiger Vernachlässigung der unter der Wurzel stehenden Größe b benutzt und zahlenmäßig ausrechnet, womit ein Anhaltepunkt für die gesuchte Breite b gewonnen wird.

Dieses Verfahren liefert dann den Näherungswert

$$b = \sqrt[3]{\frac{2000}{2.800}[0{,}64279 . 3 . 50 + 3 . 150 . 0{,}76604]}$$

$$\text{„} = \frac{1}{2}\sqrt[3]{10 . 150(0{,}64279 + 2{,}29812)}$$

$$\text{„} = \frac{1}{2}\sqrt[3]{1500 . 2{,}94091} = \underline{8{,}2 \text{ cm}}.$$

Da die unter der Wurzel stehende Größe b keinen großen Einfluß auf den Wurzelwert hat, sei nunmehr

$$b = 8{,}5 \text{ cm}$$

gewählt und unter der Wurzel eingeführt. Damit erhält man

$$b = \sqrt[3]{\frac{2000}{2.800}[0{,}64279(8{,}5 + 3 . 50) + 3 . 150 . 0{,}76604]}$$

$$\text{„} = \frac{1}{2}\sqrt[3]{10(0{,}64279 . 158{,}5 + 450 . 0{,}76604)}$$

$$\text{„} = \frac{1}{2}\sqrt[3]{10(101{,}88 + 344{,}71)}$$

$$\text{„} = \frac{1}{2}\sqrt[3]{10 . 446{,}59} = \frac{1}{2}\sqrt[3]{4465{,}9} = 8{,}234 \text{ cm}.$$

Dieses nur wenig über dem Näherungswert 8,2 cm liegende Resultat läßt erkennen, daß die gewählte Breite von 8,5 cm bereits zu groß ist.

Man kann daher die Breite

$$b = \underline{8{,}2 \text{ cm}}$$

beibehalten, mit der dann die Höhe

$$h = 2b = 2 . 8{,}2 = \underline{16{,}4 \text{ cm}}$$

erhalten wird.

NB. Bei diesen großen Abmessungen würde es natürlich zweckmäßiger sein, dem Querschnitte ein Profil zu geben.

26. Aufgabe. (Druck, Knickung und Biegung.) Um den senkrecht gewachsenen Stamm einer Eiche von 30 cm Durchmesser ist in 15 m Höhe ein Seil in der aus Fig. 103 ersichtlichen Weise gelegt, an dessen freiem Ende ein Zug von 1500 kg ausgeübt wird. Das Seil schließe mit der Achsenrichtung des Baumes einen Winkel von 40 Grad ein.

Welche Spannungen werden auf der Zug- und Druckseite des am meisten beanspruchten Querschnittes auftreten?

Lösung:

Das vorliegende Beispiel entspricht dem in § 13 Abs. 4 unter Fig. 46 c aufgeführten Belastungsfalle, zu dessen Berechnung die Gleichung 46

$$\sigma_1 = -\frac{P_v}{f} \pm \frac{M_{b(l)} + M_{b(\delta)}}{\Theta} e$$

unter Berücksichtigung der Gleichung 44

$$M_{b(\delta)} = \frac{P_v \delta}{\cos(a\,l)}$$

zu benutzen ist.

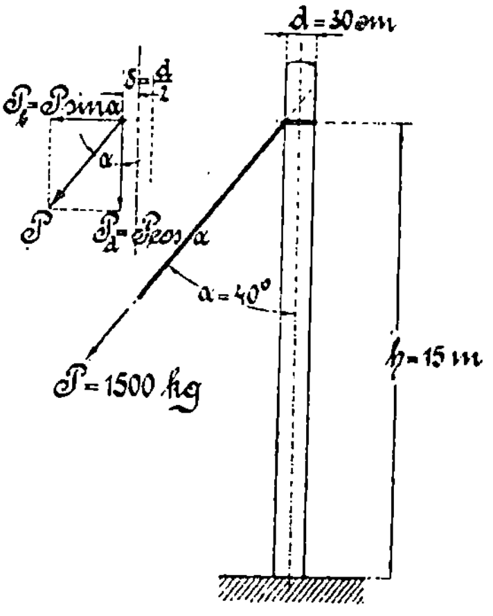

1. Die Spannung $\sigma_{i(z)}$ auf der Zugseite.

Mit bezug auf Fig. 103 ist

$$\sigma_{i(z)} = -\frac{P_d}{f} + \frac{M_{b(l)} + M_{b(\delta)}}{\Theta} e = -\frac{P_d}{f} + \frac{1}{W}(M_{b(l)} + M_{b(\delta)})$$

$$\text{''} \quad = -\frac{P_d}{f} + \frac{1}{W}\left(P_b \cdot h + \frac{P_d \cdot \delta}{\cos(a\,h)}\right)$$

$$\text{''} \quad = -\frac{P\cos\alpha}{\dfrac{d^2\pi}{4}} + \frac{1}{\dfrac{d^3\pi}{32}}\left(P\sin\alpha \cdot h + \frac{P\cos\alpha \cdot \dfrac{d}{2}}{\cos(a\,h)}\right)$$

$$\text{''} \quad = -\frac{P}{\dfrac{d^3\pi}{4}}\left[d\cos\alpha - 8\left(h\sin\alpha + \frac{0{,}5\,d\cos\alpha}{\cos(a\,h)}\right)\right]$$

$$\text{''} \quad = -\frac{4P}{d^3\pi}\left(d\cos\alpha - 8\,h\sin\alpha - \frac{4\,d\cos\alpha}{\cos(a\,h)}\right)$$

$$\text{''} \quad = -\frac{4P}{d^3\pi}\left(\frac{d\cos\alpha\,(\cos(a\,h) - 4)}{\cos(a\,h)} - 8\,h\sin\alpha\right),$$

worin nach § 13 Abs. 3 b

$$a = \frac{180}{\pi}\sqrt{\frac{P_d}{E\,\Theta}} = \frac{180}{\pi}\sqrt{\frac{P\cos\alpha}{E\dfrac{d^4\pi}{64}}} = \frac{180 \cdot 8}{\pi d^2}\sqrt{\frac{P\cos\alpha}{E\pi}}$$

$$a = \frac{1440}{\pi \cdot 30^2} \sqrt{\frac{1500 \cdot \cos 40^0}{100000 \cdot \pi}} = \frac{0,144 \cdot 0,564}{9\pi} \sqrt{150 \cos 40^0}$$

$$\text{,,} = 0,030806$$

und

$$\cos(ah) = \cos(0,030806 \cdot 1500)$$
$$\text{,,} \quad = \cos 46,209^0 = \cos 46^0\, 12^{\text{I}}\, 32^{\text{II}}$$
$$\text{,,} \quad = 0,692038$$

beträgt.

Führt man diesen Wert in die vorstehende Gleichung ein, so erhält man die gesuchte Zugspannung

$$\sigma_{i(z)} = -\frac{4 \cdot 1500}{30^3 \cdot \pi}\left(\frac{30 \cdot \cos 40^0\,(0,692038 - 4)}{0,692038} - 8 \cdot 1500 \sin 40^0\right)$$

$$\text{,,} \quad = -\frac{2}{9\pi} \cdot (10,23 - 7713,48)$$

$$\text{,,} \quad = -\frac{2}{9\pi}(-7723,71) = \frac{15\,447,42}{9\pi} = \underline{546,6\ \text{kg/qcm.}}$$

2. Die Spannung $\sigma_{i(d)}$ auf der Druckseite.

$$\sigma_{i(d)} = -\frac{P_d}{f} - \frac{M_{b(l)} + M_{b(\delta)}}{\Theta}\,e = -\frac{P_d}{f} - \frac{1}{W}(M_{b(l)} + M_{b(\delta)})$$

$$\text{,,} \quad = -\left[\frac{P_d}{f} + \frac{1}{W}(M_{b(l)} + M_{b(\delta)})\right]$$

$$\text{,,} \quad = -\frac{4\,P}{d^3\pi}\left(\frac{d\cos\alpha\,(\cos(ah) + 4)}{\cos(ah)} + 8\,h\sin\alpha\right)$$

$$\text{,,} \quad = -\frac{4 \cdot 1500}{30^3 \cdot \pi}\left(\frac{30 \cdot \cos 40^0\,(0,692038 + 4)}{0,692038} + 8 \cdot 1500 \sin 40^0\right)$$

$$\text{,,} \quad = -\frac{2}{9\pi}(155,82 + 7713,48)$$

$$\text{,,} \quad = -\frac{2}{9\pi} \cdot 7869,30 = -\frac{15\,738,6}{9\pi} = \underline{-556,9\ \text{kg/qcm.}}$$

27. Aufgabe. (Druck und Biegung). Gegeben ist ein aus 2 gleichlangen Teilen hergestellter, einfach armierter Balken von 9 m Länge, dessen Querschnitt eine Breite und Höhe von 18 und 32 cm hat.

Die aus Rundeisen hergestellten Zugstangen schließen mit dem Balken einen Winkel von 22^0 40$'$ ein.

1. Mit welcher gleichmäßig verteilten Last kann der Balken belastet werden, wenn die zulässige Beanspruchung des Materiales 44 kg pro qcm betragen soll und

2. welchen Durchmesser erhalten die Zugstangen bei 750 kg Spannung?

Lösung:

1. Die Belastung Q des Balkens.

Der vorliegende Belastungsfall ist nach der im § 13 Abs. 9a angegebenen Gleichung 55

$$\sigma_{i(d)} = -\left(\frac{P_h}{f} + \frac{M_{max}}{\Theta}\,e\right)$$

durchzuführen, worin das Biegungsmoment M_{max} mit Hilfe der Gleichung 54 festzustellen ist.

Rechnet man mit dem in § 23b Abs. 6 der Einführung angegebenen Biegungsmomente, so erhält man mit bezug auf Fig. 104

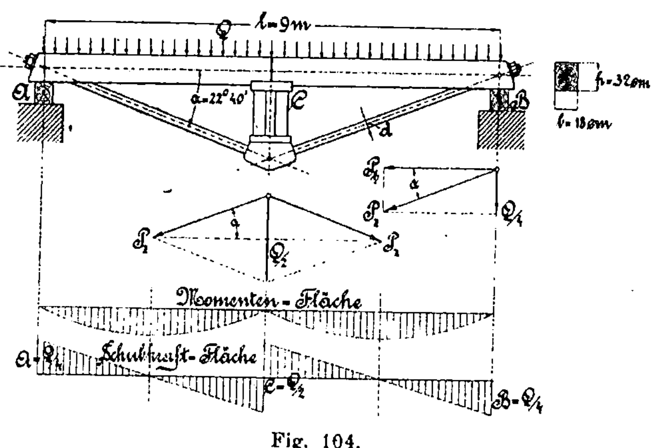

Fig. 104.

$$\sigma_{i(d)} = -\left(\frac{P_h}{f} + \frac{M_{max}}{W}\right), \quad \text{worin } P_h = \frac{Q}{4}\,\text{cotg}\,\alpha,$$

$$f = bh,$$

$$M_{max} = \frac{\frac{Q}{2}\cdot\frac{l}{2}}{8} = \frac{Ql}{32}$$

$$\text{und}\quad W = \frac{bh^2}{6}\ \text{ist,}$$

$$\text{,,} = -\left(\frac{\frac{Q}{4}\,\text{cotg}\,\alpha}{b\cdot h} + \frac{\frac{Ql}{32}}{\frac{bh^2}{6}}\right) = -\frac{Q}{16\,bh^2}(4\,h\,\text{cotg}\,\alpha + 3l),$$

$$Q = \frac{16\,bh^2\,\sigma_{i(d)}}{4\,h\,\text{cotg}\,\alpha + 3l} = \frac{16\cdot18\cdot32^2\cdot44}{4\cdot32\,\text{cotg}\,22°40' + 3\cdot900}$$

$$Q = \frac{4 \cdot 18 \cdot 32^2 \cdot 44}{32 \cdot \mathrm{cotg}\, 22^0\, 40^| + 675} = \frac{72 \cdot 32^2 \cdot 44}{76{,}623 + 675}$$

$$\text{\textquotedbl} = \frac{72 \cdot 32^2 \cdot 44}{751{,}623} = 4316\ \text{kg.}$$

2. Der Durchmesser d der Zugstangen.

$$P_z = f k_z = \frac{d^2 \pi}{4} k_z,$$

$$d = \sqrt{\frac{4\, P_z}{\pi\, k_z}} = 0{,}564 \sqrt{\frac{4}{k_z}\frac{Q}{4 \sin \alpha}} = 0{,}564 \sqrt{\frac{Q}{k_z \sin \alpha}}$$

$$\text{\textquotedbl} = 0{,}564 \sqrt{\frac{4316}{750 \sin 22^0\, 40^|}} = 2{,}18\ \text{cm} \sim 22\ \text{mm.}$$

28. Aufgabe. (Knickung und Biegung.) Es soll in dem vorhergehenden Beispiele für die berechnende Belastung von 4316 kg das Biegungsmoment M_{max} unter Zuhilfenahme der genaueren Momentengleichung 54

$$M_{max} = \frac{Q_1}{a^2 l_1}\left(\frac{1}{\cos(a l_1)} - 1\right)$$

festgestellt werden.

In dieser Gleichung ist

$$Q_1 = \frac{4316}{4} = 1079\ \text{kg,}$$

$$l_1 = \frac{9}{4} = 2{,}25\ \text{m,}$$

$$a = \sqrt{\frac{P_h}{E\Theta}} = \sqrt{\frac{Q \cot g\, \alpha}{4\, E\Theta}} = \sqrt{\frac{4316\, \mathrm{cotg}\, 22^0\, 40^|}{4 \cdot 100000 \cdot \dfrac{18 \cdot 32^3}{12}}}$$

$$\text{\textquotedbl} = 0{,}000725 = 0{,}725 \cdot 10^{-3},$$

$$\cos(a l_1) = \cos(0{,}000725 \cdot 225) = \cos 0{,}163125^0$$

$$\text{\textquotedbl} \quad = \cos 9^| 47^{||} \sim \cos 10^|$$

$$\text{\textquotedbl} \quad = 0{,}999996$$

und $\quad a^2 = 0{,}5256 \cdot 10^{-6}.$

Mit diesen Werten erhält man

$$M_{max} = \frac{1079}{0{,}5256 \cdot 10^{-6} \cdot 225}\left(\frac{1}{0{,}999996} - 1\right)$$

$$\text{\textquotedbl} = \frac{2158 \cdot 10^6}{0{,}5256 \cdot 450}(1{,}000004 - 1)$$

$$\text{\textquotedbl} = \frac{2158 \cdot 10^6}{0{,}5256 \cdot 450} \cdot 0{,}4 \cdot 10^{-5}$$

$$\text{\textquotedbl} = \frac{863{,}2 \cdot 10}{0{,}5256 \cdot 450} = 36{,}5\ \text{cmkg.}$$

Dieses kleine Resultat läßt erkennen, daß die vorstehende Gleichung nur bei größeren Stablängen Geltung bezw. Bedeutung hat, denn mit Zunahme der Länge tritt eine wesentliche Vergrößerung des Biegungsmomentes ein.

Für die in der Praxis vorkommenden Balken oder Träger genügt in der Regel der in Aufgabe 27 angegebene Rechnungsgang.

29. Aufgabe. (Druck und Biegung). Ein mit 10 t gleichmäßig verteilter Holzbalken von 5 m Länge soll einfach armiert werden. Die mittlere Stützenhöhe betrage 50 cm.

1. Welche Spannungen empfangen die einzelnen Teile?
2. Welche Abmessungen erhält der Balken, dessen Breite zur Länge das Verhältnis $4:5$ bilden und 60 kg Druckspannung nicht überschritten werden soll?
3. Welchen Durchmesser erhalten die Zugstangen bei einer zulässigen Materialspannung von 700 kg?
4. Welche Abmessungen erhält der aus Gußeisen hergestellte Stützenquerschnitt für eine Druckspannung von 500 kg.

Lösung:

1. Die einzelnen Spannkräfte.

Zunächst ist hier auf den Unterschied der Balkenlagerung der in den Fig. 104 und 105 dargestellten einfach armierten Balken aufmerksam zu machen.

Während in Fig. 104 die Mittelstütze von $C = 2 \cdot \dfrac{Q}{4} = \dfrac{Q}{2}$ belastet wird und das größte Biegungsmoment nach § 23 b Abs. 6, Gleichung 96 der Einführung zu bestimmen ist, sind in Fig. 105 die Verhältnisse zu berücksichtigen, wie sie aus § 23 c Abs. 5 der Einführung zu ersehen sind.

Im vorliegenden Falle kann die Mittelstütze als Einspannstelle betrachtet werden, da die zugehörigen Bedingungen vollständig erfüllt sind. Dieser Stützendruck ist deshalb nach § 23 c Abs. 5, Gleichung 116 der Einführung

$$C = 2 \cdot \frac{5}{16} Q = \frac{5}{8} Q = \frac{5}{8} \cdot 10\,000$$
$$,, = 6250 \text{ kg.}$$

Die beiden Endstützendrücke erhält man nach Gleichung 115 daselbst zu

$$A = B = \frac{3}{16} Q = \frac{3}{16} \cdot 10\,000 = \underline{1875 \text{ kg.}}$$

Die Druckkraft P_h im Balken ergibt sich aus dem schraffierten Kräftedreieck zu

$$P_h = \frac{1}{2} \cdot \frac{5}{8} Q \cdot \cot g\,\alpha = \frac{5}{16} Q \cdot \frac{\frac{1}{2} l}{h} = \frac{5}{32} Q \frac{l}{h}$$

$$\text{,,} = \frac{5}{32} \cdot 10000 \cdot \frac{500}{50} = \underline{\underline{15\,625 \text{ kg.}}}$$

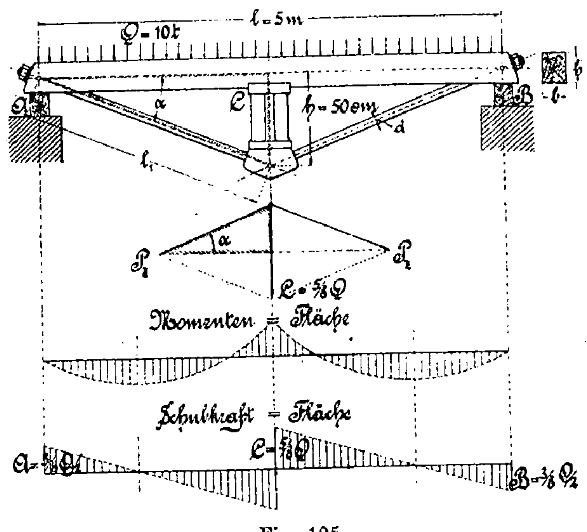

Fig. 105.

Die gleichgroßen Zugkräfte P_z der Zugstangen betragen

$$P_z = \frac{\frac{1}{2} \cdot \frac{5}{8} \cdot Q}{\sin\alpha} = \frac{\frac{5}{16} Q}{\dfrac{h}{l_1}} = \frac{5}{16} Q \frac{l_1}{h} = \frac{5}{16} Q \frac{\sqrt{\left(\frac{l}{2}\right)^2 + h^2}}{h}$$

$$\text{,,} = \frac{5}{16} \cdot 10000 \frac{\sqrt{2,5^2 + 0,5^2}}{0,5} = \frac{100\,000}{16} \sqrt{6,5} = 6\,250 \cdot 2,55$$

$$\text{,,} = 15\,937,5 \sim \underline{\underline{15\,940 \text{ kg.}}}$$

2. Die Breite b und Höhe h des Balkens.

Hier ist wieder nach § 13 Abs. 9a, Gleichung 55

$$\sigma_{i(d)} = -\left(\frac{P_h}{f} + \frac{M_{max}}{\Theta} e\right) = -\left(\frac{P_h}{f} + \frac{M_{max}}{W}\right)$$

vorzugehen, worin das Biegungsmoment M_{max} nach § 23b Abs. 6, Gleichung 117 der Einführung

$$M_{max} = \frac{\frac{Q}{2} \cdot \frac{l}{2}}{8} = \frac{Ql}{32}$$

zu bestimmen ist.

Das Widerstandsmoment beträgt

$$W = \frac{bh^2}{6}, \quad \text{wo} \quad b : h = 4 : 5$$

$$\text{oder} \quad b = \frac{4h}{5} = 0,8\,h \text{ ist,}$$

$$W = \frac{0,8 \cdot h \cdot h^2}{6} = \frac{0,4\,h^3}{3}$$

Setzt man die Werte ein, so folgt

$$\sigma_{i(d)} = - \left(\frac{P_h}{bh} + \frac{\frac{Ql}{32} \cdot}{\frac{0,4\,h^3}{3}} \right) = - \left(\frac{P_h}{0,8\,h^2} + \frac{5\,Q \cdot l}{12,8\,h^3} \right)$$

$$\text{,,} \quad = - \frac{16\,h\,P_h + 5\,Ql}{12,8\,h^3},$$

$$h = \sqrt[3]{- \frac{16\,h\,P_h + 5\,Ql}{12,8\,\sigma_{i(d)}}}.$$

Wählt man nun für das unter der Wurzel stehende h einen Schätzungsbetrag von 30 cm, so erhält man unter Vernachlässigung des Vorzeichens

$$h = \sqrt[3]{\frac{16 \cdot 30 \cdot 15\,625 + 3 \cdot 10\,000 \cdot 500}{12,8 \cdot 60}} = \sqrt[3]{\frac{3 \cdot 8 \cdot 20 \cdot 2\,(7\,812,5 + 312,5 \cdot 50)}{3 \cdot 8 \cdot 0,8 \cdot 2 \cdot 20}}$$

$$\text{,,} \quad = \sqrt[3]{\frac{7\,812,5 + 15\,625}{0,8}} = \sqrt[3]{29\,297} = 30,8 \text{ cm.}$$

Die Höhe kann also mit „$h = 30$ cm" zur Ausführung kommen, womit dann die Breite

$$b = 0,8\,h = 0,8 \cdot 30 = 24 \text{ cm}$$

beträgt.

3. Der Durchmesser d der Zugstangen.

Um nicht einen zu hohen Durchmesser zu erhalten, ist es zweckmäßig, zwei Stangen nebeneinander anzuordnen, deren jeder ein Durchmesser von

$$P_z = f\,k_z = 2\,\frac{d^2\pi}{4}\,k_z,$$

$$d = \sqrt{\frac{4\,P_z}{2\pi\,k_z}} = 0,564\,\sqrt{2\,\frac{P_z}{k_z}} = 0,564\,\sqrt{\frac{2 \cdot 15\,940}{700}}$$

$$\text{,,} \quad = 3,8 \text{ cm}$$

zu geben ist.

4. Der Querschnitt f der Mittelstütze.

Da diese Stütze keine allzugroße Länge hat, ist der Querschnitt nach der einfachen Druckgleichung

$$C = f k_d$$

zu berechnen, woraus

$$f = \frac{C}{k_d} = \frac{6250}{500} = 12,5 \ \text{cm}^2$$

folgt.

Wählt man eine Rippenbreite b gleich der 3fachen Dicke, so erhält man

$$f = 2\delta b - \delta^2 = 2\delta \cdot 3\delta - \delta^2 = 5\delta^2,$$

$$\delta = \sqrt{\frac{f}{5}} = \sqrt{\frac{12,5}{5}} = \sqrt{2,5} = 1,58 \sim 1,6 \ \text{cm}$$

und $\qquad$ $b = 3\delta = 3 \cdot 1,6 = 4,8 \ \text{cm}.$

30. Aufgabe. (Druck und Biegung.) Ein zweifach armierter Träger von 8,1 m Länge soll als Deckenunterzug für eine gleichmäßig verteilte Last von 18000 kg hergestellt werden. Die beiden Mittelstützen haben eine Länge von 1 m.

Es sollen die gleichen Fragen beantwortet werden, wie sie aus der Aufgabe 29 zu ersehen sind.

Lösung:

1. Die Spannkräfte der einzelnen Teile.

In diesem Falle handelt es sich um einen durchgehenden Balken, der auf 4 in gleicher Höhe liegenden Stützen gelagert ist.

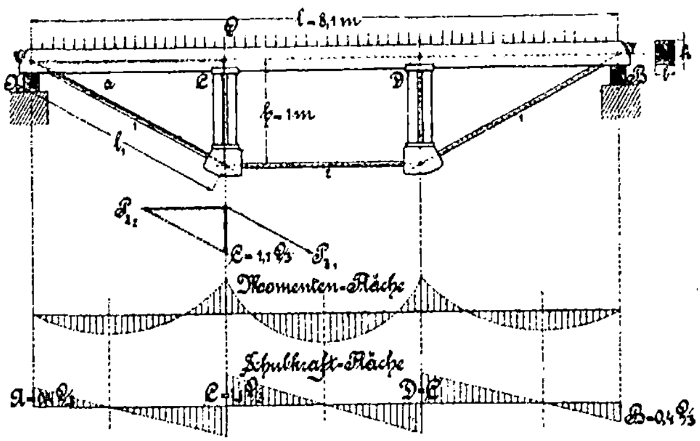

Fig. 106.

Die über die Länge des Balkens sich gleichmäßig verteilte Last Q konzentriert sich auf die vier Lagerstellen, von denen zur Berechnung der Stabspannungen nur die bei C und D wirkenden Belastungen

$$C = D = 1,1\,\frac{Q}{3} = 1,1\,\frac{18000}{3} = 6600 \text{ kg}$$

in Frage kommen, da die bei A und B wirkenden Lasten

$$A = B = 0,4\,\frac{Q}{3} = 0,4\,.\,\frac{18000}{3} = 2400 \text{ kg}$$

lediglich auf die Auflager entfallen.

Die in den Zugstangen 1 und 2 auftretenden Zugkräfte P_{z1} und P_{z2}, sowie die den Balken beanspruchende Druckkraft P_h ergeben sich aus dem in Fig. 106 schraffierten Kräftedreieck, und zwar beträgt die Zugkraft P_{z1}

$$P_{z1} = \frac{C}{\sin\alpha} = \frac{C}{\dfrac{h}{l_1}} = \frac{C}{h}\,l_1 = \frac{C}{h}\sqrt{\left(\frac{l}{3}\right)^2 + h^2}$$

$$" = \frac{6600}{1}\sqrt{\left(\frac{8,1}{3}\right)^2 + 1^2} = 6600\,\sqrt{8,29} = 19001,4$$

$$" = \sim 19000 \text{ kg,}$$

die Zugkraft P_{z2}

$$P_{z2} = \frac{C}{\operatorname{tg}\alpha} = \frac{C}{\dfrac{h}{e/_3}} = \frac{C}{h}\frac{l}{3} = \frac{6600\,.\,8,1}{1\,.\,3} = 17820 \text{ kg,}$$

die Druckkraft P_h im Balken

$$P_h = -\,P_{z2} = -\,17820 \text{ kg.}$$

2. Die Breite b und Höhe h des Balkens.
Nach § 13 Abs. 9a, Gleichung 55 ist

$$\sigma_{1(d)} = -\left(\frac{P_h}{f} + \frac{M_{max}}{\Theta}\,e\right) = -\left(\frac{P_h}{f} + \frac{M_{max}}{W}\right).$$

Hierin beträgt das bei C und D auftretende größte Biegungsmoment

$$M_{max} = \frac{\dfrac{Q}{3}\,.\,\dfrac{l}{3}}{10} = \frac{Ql}{90}$$

und das Widerstandsmoment, wie in Aufgabe 29, nämlich

$$W = \frac{0,4\,h^3}{3}.$$

Mit diesen Werten erhält man

$$\sigma_{1(d)} = -\left(\frac{P_h}{bh} + \frac{\dfrac{Ql}{90}}{\dfrac{0,4\,h^3}{3}}\right) = -\left(\frac{P_h}{0,8\,h^2} + \frac{Ql}{12\,h^3}\right)$$

$$\sigma_{i(d)} = -\frac{12\,h\,P_h + 0{,}8\,Q\,l}{9{,}6\,h^3},$$

$$h = \sqrt[3]{-\frac{12\,h\,P_h + 0{,}8\,Q\,l}{9{,}6\,\sigma_{i(d)}}} = -\sqrt[3]{\frac{4(3\,h\,P_h + 0{,}2\,Q\,l)}{4 \cdot 2{,}4\,\sigma_{i(d)}}}$$

$$\text{''} = -\sqrt[3]{\frac{3\,h\,P_h + 0{,}2\,Q\,l}{2{,}4\,\sigma_{i(d)}}},$$

Setzt man für das unter der Wurzel stehende h schätzungsweise den Wert $h = 32$ cm ein, so erhält man unter Vernachlässigung des nur auf Druckbeanspruchung hinweisenden negativen Vorzeichens

$$h = \sqrt[3]{\frac{3 \cdot 32 \cdot 17\,820 + 0{,}2 \cdot 18\,000 \cdot 810}{2{,}4 \cdot 60}} = \sqrt[3]{\frac{3 \cdot 4 \cdot 5 \cdot 8 \cdot 3(1188 + 22{,}5 \cdot 90)}{2{,}4 \cdot 60}}$$

$$\text{''} = \sqrt[3]{10(1188 + 2025)} = \sqrt[3]{32\,130} = 31{,}8 = \sim 32 \text{ cm.}$$

Die Breite beträgt dann

$$b = 0{,}8\,h = 0{,}8 \cdot 32 = 25{,}6 \sim 25 \text{ cm.}$$

3. Die Durchmesser d_1 und d_2 der Zugstangen.

Ordnet man auch hier zwei Stangen nebeneinander an, so erhält jede Stange einen Durchmesser von je

$$P_{z1} = f\,k_z = 2\,\frac{d_1^2\,\pi}{4}\,k_z = \frac{d_1^2\,\pi}{2}\,k_z,$$

$$d_1 = \sqrt{\frac{2\,P_{z1}}{\pi\,k_z}} = 0{,}564\,\sqrt{\frac{2 \cdot 19\,000}{700}} = 0{,}564\,\sqrt{\frac{380}{7}}$$

$$\text{''} = 4{,}155 \sim 4{,}2 \text{ cm und}$$

$$P_{z2} = f\,k_z = 2\,\frac{d_2^2\,\pi}{4}\,k_z = \frac{d_2^2\,\pi}{2}\,k_z,$$

$$d_2 = \sqrt{\frac{2\,P_{z2}}{\pi\,k_z}} = 0{,}564\,\sqrt{\frac{2 \cdot 17\,820}{700}} = 0{,}564\,\sqrt{\frac{356{,}4}{7}}$$

$$\text{''} = 4{,}025 \sim 4 \text{ cm.}$$

4. Der Querschnitt der beiden Mittelstützen.

Wählt man auch hier kreuzförmigen Querschnitt, dessen Rippenhöhe gleich der 7 fachen Dicke sein soll, so genügt auch in diesem Falle die einfache Druckgleichung

$$C = f\,k_d,$$

woraus

$$f = \frac{C}{k_d} = \frac{6600}{500} = \frac{66}{5} = 13{,}2 \text{ qcm}$$

folgt. Damit findet man die Dicke δ und Höhe h der Rippen zu

$$f = 2\,h\,\delta - \delta^2 = 2 \cdot 7\,\delta \cdot \delta - \delta^2 = 13\,\delta^2,$$

$$\delta = \sqrt{\frac{f}{13}} = \sqrt{\frac{13,2}{13}} = \sqrt{1,015} = \sim 1 \ \text{cm}$$

und $\mathrm{h} = 7\delta = 7 \cdot 1 = 7$ cm.

31. Aufgabe. (Druck und Knickung.) Zur Aufnahme einer Transmissionswelle nebst Lager im Gesamtgewichte von 8000 kg soll an einer hohlen, gußeisernen Säule von 30 cm äußerem Durchmesser bei 4 cm Wandstärke eine Konsole angebracht werden, deren Tischplatte vom Fuße der Säule einen Abstand von 4 m hat.

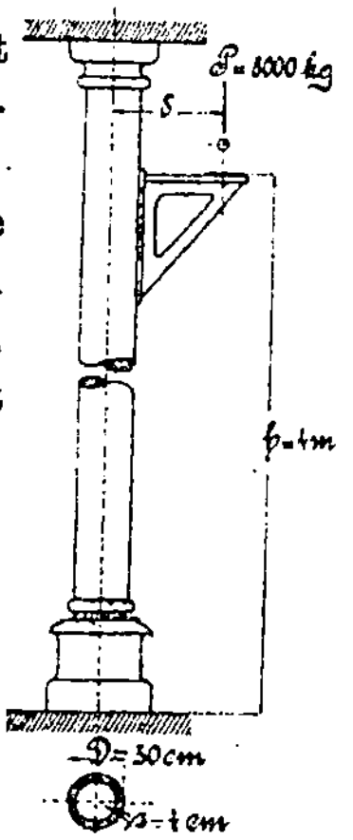

Welche größte, von Mitte Säule bis Mitte Welle zu messende Ausladung darf die Last erhalten, wenn 200 kg/qcm Spannung auf der Zugseite vorgeschrieben ist und eine andere Belastung auf die Säule nicht einwirkt?

Lösung:

Nach § 13 Abs. 3b, Gleichung 45 erhält man im vorliegenden Falle

$$\sigma_{i(z)} = - \left(\frac{P}{f} \mp \frac{M_{b(\delta)}}{\Theta \cos(al)} \, e \right) = - \frac{P}{f} + \frac{M_{b(\delta)}}{W \cos(ah)},$$

worin $\mathrm{a} = \dfrac{180}{\pi} \sqrt{\dfrac{P}{E\Theta}} = \dfrac{180}{\pi} \sqrt{\dfrac{P}{E(D^4 - d^4)\dfrac{\pi}{64}}}$

Fig. 107.

$$\mathrm{a} = \frac{180}{\pi} \cdot 0,564 \sqrt{\frac{8000 \cdot 64}{1000\,000 \cdot (30^4 - 22^4)}}$$

$$\text{\textquotedbl} = 0,030489,$$

$$\cos(ah) = \cos(0,030\,489 \cdot 400 = \cos 12,1956^0$$

$$\text{\textquotedbl} = \cos 12^0\, 11'\, 31,2'' = 0,977\,447,$$

$$M_{b(\delta)} = P\delta,$$

$$W = \frac{D^4 - d^4}{D} \cdot \frac{\pi}{32} = \frac{30^4 - 22^4}{30} \cdot 0,1 = \sim 1919,147 \ \text{cm}^3$$

und $\mathrm{f} = (D^2 - d^2)\dfrac{\pi}{4} = (30^2 - 22^2)\dfrac{\pi}{4} = 326,73 \ \text{cm}^2$

beträgt.

Diese Werte eingeführt, gibt

$$\sigma_{i(z)} = - \frac{P}{f} + \frac{P\delta}{W \cos(ah)},$$

$$\delta = \left(\sigma_{i(z)} + \frac{P}{f} \right) \frac{W \cos(ah)}{P}$$

$$\delta = \left(200 + \frac{8000}{326,73}\right) \frac{1919,147 \cdot 0,977447}{8000}$$

$$„ = (200 + 24,49)\, 0,23448 = 224,49 \cdot 0,23448$$

$$„ = 52,64 \sim \underline{52\ \text{cm}}.$$

32. Aufgabe. (Zug und Biegung.) Eine aus Rundeisen von 3 cm Durchmesser hergestellte, 8 m lange Zugstange werde mit 4000 kg beansprucht. Das spez. Gewicht des vorliegenden Materiales sei 7,8.

Welche Biegungsspannung σ_b erleidet die Stange

    1. bei Berücksichtigung der Zugbelastung,

    2. bei Vernachlässigung der Zugbelastung und

    3. welchen Wert erreicht die größte Materialspannung σ_i?

Lösung:

1. Die Biegungsspannung σ_b bei Einwirkung der Zugkraft P.

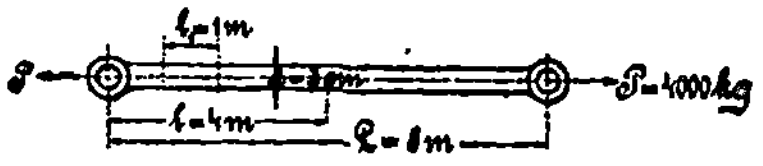

Aus der Biegungsgleichung 58 der Einführung

$$M_{max} = \frac{\Theta}{e}\, \sigma_b$$

Fig. 108.

folgt mit bezug auf § 13 Abs. 9b, Gleichung 56

$$\sigma_b = \frac{M_{max}}{\Theta}\, e = \frac{e}{\Theta}\, M_{max}$$

$$„ = \frac{e}{\Theta} \cdot \frac{Q}{a^2 l}\left(1 - \frac{1}{\text{Cos}\,(a\,l)}\right)$$

$$„ = \frac{e}{\Theta}\, \frac{p\,l}{\dfrac{P}{E\Theta}\,l}\left(1 - \frac{1}{\text{Cos}\,(a\,l)}\right) = \frac{e\,E\,p}{P}\left(1 - \frac{1}{\text{Cos}\,(a\,l)}\right),$$

worin

$$e = \frac{d}{2} = \frac{3}{2} = 1,5\ \text{cm},$$

$$E = 2\,000\,000\ \text{kg/qcm},$$

$$p = f\,l_1\,\gamma = \frac{d^2\,\pi}{4}\,l_1\,\gamma = \frac{0,3^2\,\pi}{4} \cdot 10 \cdot 7,8$$

$$„ = 5,5107 \sim 5,51\ \text{kg pro lfd. m}$$

$$„ = 0,0551\ \text{kg pro lfd. cm},$$

$$\Theta = \frac{d^4\,\pi}{64} = \frac{3^4\,\pi}{64} = \frac{81 \cdot \pi}{64} = 3,974\ \text{cm}^4,$$

$$a = \sqrt{\frac{P}{E\,\Theta}} = \sqrt{\frac{4000}{2\,000\,000 \cdot 3,974}} = \sqrt{\frac{2}{3974}}$$

$$„ = 0,02243,$$

$$al = 0,02243 \cdot \frac{800}{2} = 8,972,$$

$$e^{al} = 2,71828^{8,972} = 7889 \text{ und}$$

nach § 13 Abs. 1

$$\mathrm{Cos}(al) = \frac{1}{2}(e^{al} + e^{-al}) = \frac{1}{2}\left(e^{al} + \frac{1}{e^{al}}\right)$$

$$\text{\textquotedbl} \quad = \frac{1}{2}\left(7889 + \frac{1}{7889}\right) = \sim \frac{1}{2} \cdot 7889$$

$$\text{\textquotedbl} \quad = 3944,5 \text{ ist.}$$

Mit diesen Werten erhält man

$$\sigma_b = \frac{1,5 \cdot 2\,000\,000 \cdot 0,0551}{4000}\left(1 - \frac{1}{3944,5}\right)$$

$$\text{\textquotedbl} \quad = 41,325\,(1 - 0,00025) = 41,325 \cdot 0,99975$$

$$\text{\textquotedbl} \quad = 41,31 \text{ kg/qcm.}$$

NB. Das zweite Glied in der Klammer hat hier einen so kleinen Wert, daß es auf das Resultat so gut wie keinen Einfluß hat. Man hätte deshalb die gesuchte Spannung auch nach der einfacheren Gleichung 59 bestimmen können.

2. Die Biegungsspannung σ_b ohne Einwirkung der Zugkraft P.

In diesem Falle hat man es mit dem im § 23 Abs. 6 der Einführung aufgeführtem Belastungsfall zu tun, für den die Gleichung 96 der Einführung

$$M_{max} = \frac{QL}{8} = \frac{pL \cdot L}{8} = \frac{pL^2}{8} = \frac{5,51 \cdot 8^2}{8} = 5,51 \cdot 8$$

$$\text{\textquotedbl} \quad = 44,08 \text{ mkg} = 4408 \text{ cmkg}$$

gültig ist.

Damit erhält man nach der im § 14 Abs. 1 der Einführung genannten Biegungsgleichung 58 die gesuchte Spannung

$$M_{max} = \frac{\Theta}{e}\,\sigma_b,$$

$$\sigma_b = \frac{M_{max}}{\Theta}\,e = \frac{4408}{3,974} \cdot 1,5 = 1663,8 \text{ kg/qcm.}$$

3. Die ideelle Spannung σ_i.

Die auf der Zugseite auftretende größte Spannung $\sigma_{i(z)}$ erhält man nach § 13 Abs. 9b, Gleichung 57 zu

$$\sigma_{i(z)} = \frac{P}{f} + \frac{M_{max}}{\Theta}\,e, \quad \text{worin } f = \frac{d^2\pi}{4} = \frac{3^2\pi}{4}$$

$$\text{\textquotedbl} = 7,0686 \text{ qcm beträgt,}$$

$$\sigma_{i(z)} = \frac{4000}{7,0686} + 41,31 = 565,9 + 41,31$$

$$\text{,,} \quad = 607,21 \ \text{kg/qcm.}$$

33. Aufgabe. Ein aus Rundeisen von 1 m Länge und 1 cm Durchmesser hergestellter Stab werde mit 15 kg in der Achsenrichtung so auf Druck beansprucht, daß der Angriffspunkt der Kraft vom Schwerpunkte des Querschnittes einen Abstand von 4 mm hat.

Welche Durchbiegung wird das freie Stabende erleiden?

Lösung:

Nach der im § 13 Abs. b angegebenen Elastizitätsgleichung erhält man die Durchbiegung

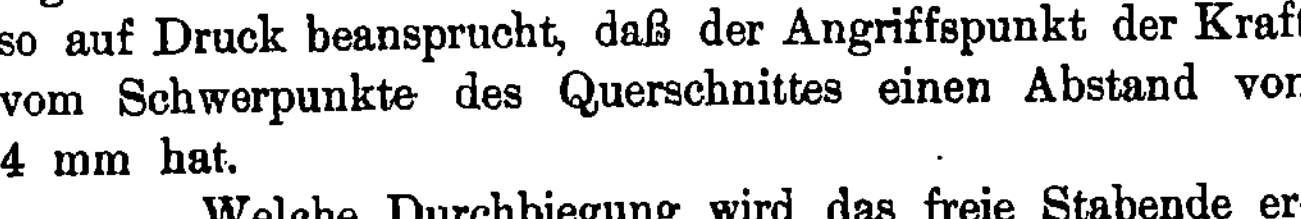

Fig. 109.

$$i = \delta \left(\frac{1}{\cos(al)} - 1 \right),$$

worin $\delta = 0,4$ cm,

$$l = 100 \ \text{cm,}$$

$$\Theta = \frac{d^4 \pi}{64} = \frac{1^4 \pi}{64} = 0,049078$$

$$\text{,,} \quad = 0,05 \ \text{cm}^4,$$

$$E = 2\,000\,000 \ \text{kg/qcm,}$$

$$a = \frac{180}{\pi} \sqrt{\frac{P}{E\Theta}} = \frac{180}{\pi} \sqrt{\frac{15}{2\,000\,000 \cdot 0,05}}$$

$$\text{,,} \quad = 0,7021$$

$$\text{und} \quad \cos(al) = \cos(0,7021 \cdot 100) = \cos 70,21^0$$

$$\text{,,} \quad = \cos 70^0\ 12'\ 36'' = 0,33858 \ \text{ist.}$$

Diese Werte eingesetzt, gibt

$$i = \delta \left(\frac{1}{0,33858} - 1 \right) = \delta\,(2,953 - 1)$$

$$\text{,,} \quad = 1,953\ \delta = 1,953 \cdot 0,4 = 0,7812 \sim 0,8 \ \text{cm.}$$

34. Aufgabe. (Druck und Drehung.) Es soll der Druck bestimmt werden, den man mit der Spindel einer Presse von 10 cm Kerndurchmesser ausüben kann, wenn der Reibungskoeffizient zwischen Spindel und Preßplatte als auch zwischen Spindel und Mutter mit 0,1 angenommen wird. Die Materialspannung soll 5 kg nicht überschreiten.

Lösung:

Hier vereinigt sich nach Gleichung 67 eine Druckspannung mit einer zusammengesetzten Torsionsspannung. Um die letztere bestimmen zu können muß man erst die als Torsionsmomente in Frage kommenden

Reibmomente zwischen Spindel und Preßplatte, desgleichen zwischen Spindel und Mutter berechnen.

1. Das Reibmoment M_{t1} zwischen Spindel und Preßpatte.

Nach einem Satze der Mechanik erhält man das gesuchte Moment M_{t1} zu

$$M_{t2} = P\mu_1 \cdot \frac{2}{3} \cdot \frac{d_1}{2} = \frac{2}{3}\,\mu_1\,\frac{d_1}{2}\,P$$

$$\text{,,} \quad = \frac{2}{3} \cdot 0,1 \cdot \frac{10}{2}\,P = \frac{1}{3}\,P \text{ cmkg.}$$

2. Das Reibmoment M_{t2} zwischen Spindel und Mutter.

Mit bezug auf beistehende Figur erhält man das für den mittleren Umfang des Gewindes gültige Reibmoment

$M_{t2} = H \cdot R$, worin der mittlere Radius

$$R = \frac{1}{2}(d_1 + t) = \frac{1}{2}\left(d_1 + \frac{d_1}{8}\right) = \frac{1}{2} \cdot 1,125\,d_1$$

$$R = 0,5625\,d_1,$$

die Steigung

$$s = 2 \cdot t = 2 \cdot 0,5625\,d_1 = 1,125\,d_1$$

und die Horizontalkraft

$$H = P\,\mathrm{tg}\,(\alpha + \varrho) = P\,\frac{\mathrm{tg}\,\alpha + \mathrm{tg}\,\varrho}{1 - \mathrm{tg}\,\alpha\,\mathrm{tg}\,\varrho}$$

$$\text{,,} \quad = P\,\frac{\dfrac{s}{2\,R\,\pi} + \mu_2}{1 - \dfrac{s}{2\,R\,\pi}\cdot\mu_2} = P\,\frac{s + 2\,R\,\pi\mu_2}{2\,R\,\pi - s\mu_2}$$

$$\text{,,} \quad = \frac{1,125\,d_1 + 2 \cdot 0,5625\,d_1 \cdot \pi \cdot 0,1}{2 \cdot 0,5625\,d_1 \cdot \pi - 1,125\,d_1 \cdot 0,1}\,P$$

$$\text{,,} \quad = \frac{1,125\,d_1\,(1 + 0,1\,\pi)}{1,125\,d_1\,(\pi - 0,1)}\,P = \frac{1 - 0,314}{3,14 - 0,1}\,P$$

$$\text{,,} \quad = \frac{0,686}{3,04}\,P = 0,2257\,P \text{ ist.}$$

Diese Werte eingesetzt, liefert ein Reibmoment von

$$M_{t2} = 0,2257\,P \cdot 0,5625\,d_1 = 0,2257 \cdot 0,5625 \cdot 10\,P$$

$$\text{,,} \quad = \underline{1,27\,P \text{ cmkg.}}$$

3. Der Schraubendruck P.

Wie bereits gesagt, hat hier die Gleichung 67 Geltung. Damit

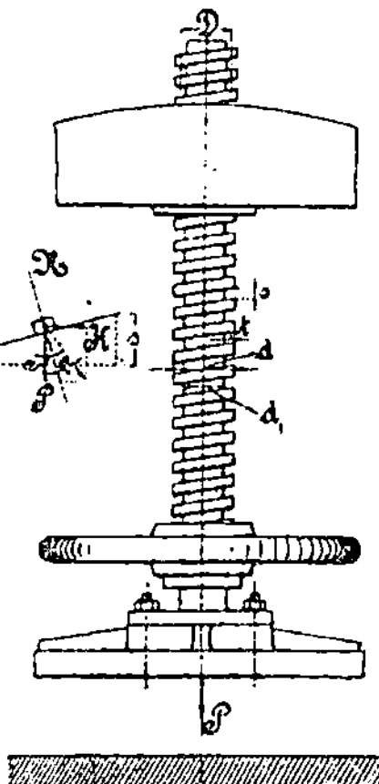

Fig. 110.

erhält man, für $m = \dfrac{10}{3}$, den größten Wert aus

$$\sigma_i = 0{,}35\,\sigma_d + 0{,}65\,\sqrt{\sigma_d{}^2 + 4\,(\alpha_0\,\tau)^2}.$$

Hierin beträgt die Druckspannung

$$\sigma_d = \frac{P}{f} = \frac{P}{\dfrac{d_1{}^2\,\pi}{4}}$$

$$\text{''} = \frac{4}{10^2\pi}\,P$$

$$\text{''} = 0{,}01274\,P\ \text{kg/qcm},$$

die Schubspannung

$$\tau = \frac{M_{t1} + M_{t2}}{W_p} = \frac{\dfrac{1}{3}\,P + 1{,}27\,P}{\dfrac{d_1{}^3\,\pi}{16}}$$

$$\text{''} = \frac{(1 + 3{,}81)\,16}{3 \cdot 10^3\pi}\,P$$

$$\text{''} = 0{,}00817\,P\ \text{kg/qcm}$$

und nach Gleichung 16

$$\alpha_0 = \frac{\sigma_d}{1{,}3\,\tau} = \frac{0{,}01274\,P}{1{,}3 \cdot 0{,}00817\,P}$$

$$\text{''} = 1{,}19 \sim 1{,}2.$$

Der Schraubendruck P ermittelt sich nunmehr zu

$$\sigma_i = 0{,}35 \cdot 0{,}01274\,P + 0{,}65\,\sqrt{(0{,}01274\,P)^2 + 4\,(1{,}2 \cdot 0{,}00817\,P)^2}$$

$$\text{''} = P\left(0{,}35 \cdot 0{,}01274 + 0{,}65\,\sqrt{0{,}01274^2 + 4 \cdot 1{,}44 \cdot 0{,}00817^2}\right)$$

$$\text{''} = P\left(0{,}004459 + 0{,}65\,\sqrt{0{,}0001623 + 0{,}0003845}\right)$$

$$\text{''} = P\left(0{,}004459 + 0{,}65\,\sqrt{0{,}0005468}\right)$$

$$\text{''} = P\left(0{,}004459 + 0{,}0152\right)$$

$$\text{''} = P \cdot 0{,}019659,$$

$$P = \frac{\sigma_i}{0{,}019659} = \frac{500}{0{,}019659} = \underline{25\,430\ \text{kg}}.$$

Fünfte Aufgabengruppe.

Zu § 14. Das Zusammenwirken verschiedenartiger Schubspannungen.

35. Aufgabe. (Schub und Torsion.) In dem rechteckig geformten Endzapfen einer Welle ist pendelartig eine Flacheisenstange von 1,5 m Länge befestigt, an deren Ende ein Gewicht $G = 400$ kg hängt. Die Welle macht 70 Umdrehungen pro Minute.

Es ist der Reihenfolge nach zu bestimmen

1. die Umfangsgeschwindigkeit v des Gewichts,
2. die Schwung- oder Zentrifugalkraft P,
3. die Breite β und Dicke δ der Zugstange bei 4 kg Materialbeanspruchung und dem Verhältnis $\beta = 2\delta$,
4. die Breite b und Höhe h des Zapfens, dessen höchste Beanspruchung 400 kg betragen, während $b : h = 2 : 3$ sein soll, und
5. der Durchmesser d der Welle, auf der der rechteckige Zapfen angesetzt ist.

Lösung:

1. Die Umfangsgeschwindigkeit v des Gewichtes.

$$v = \frac{2l\pi \cdot n}{60} = \frac{2 \cdot 1{,}5 \cdot \pi \cdot 70}{60} = 10{,}99 \sim 11 \text{ m pro Sek.}$$

2. Die Schwung- oder Zentrifugalkraft P.

$$P = m \cdot p, \text{ worin die Masse } m = \frac{G}{g}$$

$$\text{und die Beschleunigung } p = \frac{v^2}{l}$$

bedeutet.

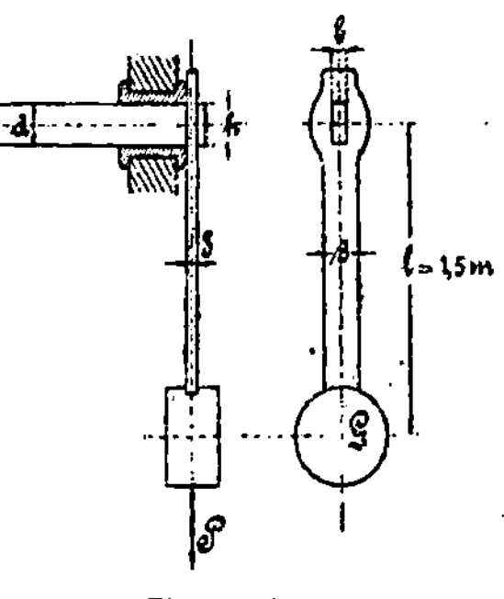

Fig. 111.

Damit erhält man

$$P = \frac{G}{g} \cdot \frac{v^2}{l} = \frac{400}{9{,}81} \cdot \frac{11^2}{1{,}5}$$

$$= 3289{,}2 \sim 3290 \text{ kg.}$$

3. Die Breite β und Dicke δ der Zugstange.

$$P = f \cdot k_z = \beta\delta \cdot k_z = 2\delta \cdot \delta \cdot k_z = 2\delta^2 \cdot k_z,$$

$$\delta = \sqrt{\frac{P}{2k_z}} = \sqrt{\frac{3290}{2 \cdot 400}} = 2{,}028 \sim 2 \text{ cm}$$

und $$\beta = 2\delta = 2 \cdot 2 = 4 \text{ cm}$$

4. Die Breite b und Höhe h des Zapfens.
Nach der im § 14 Abs. 3 genannten Gleichung 88 folgt:

$$\sigma_i = \frac{3}{2bh}\left(P + \frac{M_t}{b}\right), \text{ worin } b : h = 2 : 3$$

$$\text{oder} \quad b = \frac{2}{3}h,$$

$$M_t = G \cdot l$$

$$\text{und} \quad \sigma_i = 400 \text{ kg/cm}^2$$

beträgt.

Diese Werte eingesetzt, liefert

$$\sigma_i = \frac{3}{2 \cdot \frac{2}{3} h \cdot h} \left(P + \frac{Gl}{\frac{2}{3} h} \right),$$

$$h^2 = \frac{9}{4 \sigma_i} \left(P + \frac{3Gl}{2h} \right).$$

Wählt man für das in der Klammer stehende h schätzungsweise den Wert 9 cm, so erhält man

$$h = \sqrt{\frac{9}{4 \cdot 400} \left(3290 + \frac{3 \cdot 400 \cdot 150}{2 \cdot 9} \right)} = \frac{30}{40} \sqrt{32,9 + 100}$$

$$\text{„} = \frac{3}{4} \sqrt{132,9} = \frac{3}{4} \cdot 11,532 = 3 \cdot 2,883 = 8,649 \sim \underline{9 \text{ cm.}}$$

Wie das Resultat erkennen läßt, kann der Schätzungswert beibehalten werden.

Damit beträgt dann die Breite

$$b = \frac{2}{3} h = \frac{2}{3} \cdot 9 = 2 \cdot 3 = \underline{6 \text{ cm.}}$$

5. Der Wellendurchmesser d.

Mit bezug auf Fig. 111 ist

$$d^2 = b^2 + h^2 = \left(\frac{2}{3} h \right)^2 + h^2 = \frac{4}{9} h^2 + h^2 = \frac{13}{9} h^2,$$

$$d = \sqrt{\frac{13 h^2}{9}} = \frac{h}{3} \sqrt{13} = \frac{9}{3} \cdot 3,606 = 9 \cdot 1,202$$

$$\text{„} = 10,818 \sim \underline{10,8 \text{ cm.}}$$

Sechste Aufgabengruppe.

Zu § 15. Zusammenwirken verschiedenartiger Normal- und Schubspannungen.

36. Aufgabe. (Zug und Torsion.) Das Laufrad einer Turbine übertrage seine Bewegung auf die in Fig. 112 dargestellte hohle, gußeiserne Welle, die sich mittelst eines Oberwasserzapfens auf eine schmiedeeiserne, massive Säule von 4 m Länge stützt, deren Belastung sich aus den Gewichten

1. der Hohlwelle nebst der Laterne und dem damit verschraubten Wellenstück samt Kegelrad,

2. dem auf der Hohlwelle sitzenden Turbinenrad und

3. der über dem Lauf- bezw. Leitrad stehenden Wassersäule zusammenstellt.

Die Belastung der Standsäule sei mit 6000 kg gegeben. Die Leistung der Turbine soll bei 40 Umdrehungen pro Minute 50 PS betragen.

1. Welchen Durchmesser d_1 muß die Standsäule bei 20facher Sicherheit erhalten?

2. Wie groß wird der äußere Durchmesser D der Hohlwelle, deren lichter Durchmesser d um 20 mm größer, als der Säulendurchmesser sein und die ideelle Spannung σ_i den Wert von 200 kg nicht überschreiten soll?

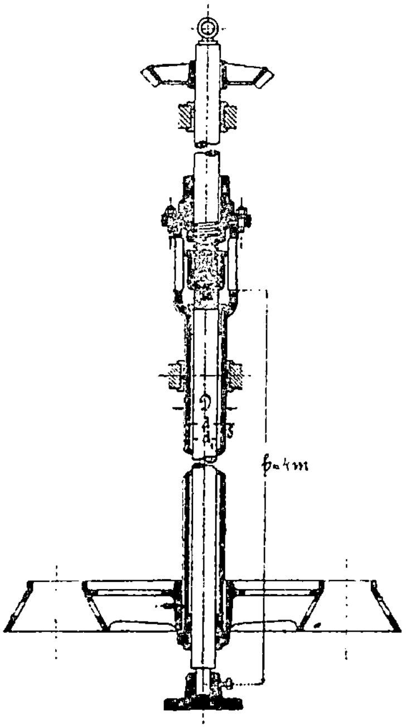

Lösung:

1. Der Durchmesser d_1 der Standsäule.

Nach § 25 Abs. 2, Gleichung 142 der Einführung erhält man

$$P = \frac{\omega}{m} \cdot \frac{\pi^2}{\alpha} \cdot \frac{\Theta}{l^2}, \text{ worin } \omega = 1,$$

$$m = 20,$$

$$\alpha = \frac{1}{2\,000\,000},$$

$$\Theta = \frac{d_1^4 \pi}{64}$$

und $l = h = 400$ cm ist.

Diese Werte eingesetzt, liefert

$$P = \frac{\omega}{m} \cdot \frac{\pi^2}{\alpha} \cdot \frac{\dfrac{d_1^4 \pi}{64}}{h^2} = \frac{\omega \pi^3 d_1^4}{m\,\alpha\,h^2\,64},$$

$$d_1 = \sqrt[4]{\frac{P\,m\,\alpha\,h^2\,64}{\omega\,\pi^3}} = \sqrt[4]{\frac{6000 \cdot 20 \dfrac{1}{2\,000\,000} \cdot 400^2 \cdot 64}{1 \cdot \pi^3}}$$

$$\text{,,} = \sqrt[4]{\frac{600 \cdot 16 \cdot 64}{\pi^3}} = 11{,}87 \sim 12 \text{ cm.}$$

2. Der Außendurchmesser D der Hohlwelle.

Der Durchmesser D ist als die einzige unbekannte Größe aus der zusammengesetzten Gleichung 90

$$\sigma_i = \frac{m-1}{2\,m}\,\sigma_z + \frac{m+1}{2\,m}\sqrt{\sigma_z^2 + 4\,(\alpha_0\,\tau)^2}$$

zu ermitteln, was jedoch eine für die Praxis zu umständliche Rechnung bedingt.

Fig. 112.

Um die Sache einfacher zu gestalten, bestimme man zunächst den Durchmesser D aus der im § 26 Abs. 3 der Einführung entwickelten Torsionsgleichung 146

$$M_t = W_p \tau,$$

in der die Torsionsspannung $\tau = 150$ kg pro qcm angenommen werden kann.

Setzt man ferner nach Gleichung 149 der Einführung das Torsionsmoment

$$M_t = 716\,200\,\frac{N}{n} = 716\,200\,\frac{50}{40} = 895\,250 \text{ kgmm.}$$

$$\text{,,} \quad = 89525 \text{ kgcm}$$

und das polare Widerstandsmoment

$$W_p = \frac{D^4 - d^4}{D}\,\frac{\pi}{16} = \frac{D^4 - (12 + 2)^4}{D}\,0{,}2$$

$$\text{,,} \quad = \left(D^3 - \frac{14^4}{D}\right) 0{,}2 \sim 0{,}2\,(D^3 - 14^3),$$

worin das im Nenner stehende D, infolge seines geringen Einflusses am Gesamtwerte, vorübergehend gleich d angenommen worden ist, so erhält man

$$M_t = W_p \tau$$

$$\text{,,} \quad = 0{,}2\,(D^3 - 14^3)\tau,$$

woraus dann

$$D = \sqrt[3]{\frac{M_t}{0{,}2\,\tau} + 14^3} = \sqrt[3]{\frac{89\,525}{0{,}2 \cdot 150} + 2744}$$

$$\text{,,} \quad = \sqrt[3]{2984{,}16 + 2744} = \sqrt[3]{5728{,}16} = 17{,}89 \sim 18 \text{ cm}$$

folgt. Führt man nun diesen Wert für das in der oberen Biegungsgleichung im Nenner stehende D ein, so erhält man weiter

$$M_t = W_p \tau$$

$$\text{,,} \quad = 0{,}2\left(D^3 - \frac{14^4}{18}\right)\tau,$$

$$D = \sqrt[3]{\frac{M_t}{0{,}2\,\tau} + \frac{14^4}{18}} = \sqrt[3]{\frac{89\,525}{0{,}2 \cdot 150} + \frac{38\,416}{18}}$$

$$\text{,,} \quad = \sqrt[3]{2984{,}16 + 2134{,}22} = \sqrt[3]{5118{,}38}$$

$$\text{,,} \quad = 17{,}23 \sim 17{,}5 \text{ cm,}$$

welcher Wert nunmehr in der oberen zusammengesetzten Spannungsgleichung eingesetzt werden kann, um festzustellen, ob die Spannung σ_i innerhalb der vorgeschriebenen 200 kg liegt oder diesen Wert möglichst erreicht.

Man findet daher

$$\text{für } m = \frac{10}{3}: \quad \sigma_i = 0{,}35\,\sigma_z + 0{,}65\,\sqrt{\sigma_z{}^2 + 4\,(\alpha_0\,\tau)^2},$$

$$\text{worin}\quad \sigma_z = \frac{P}{f} = \frac{P}{(D^2 - d^2)\frac{\pi}{4}} = \frac{6000}{(17,5^2 - 14^2)\frac{\pi}{4}}$$

$$\text{\textquotedbl} = \frac{24\,000}{110,25\,\pi} = 69,3 \text{ kg/qcm,}$$

$$\tau = 150 \text{ kg/qcm}$$

$$\text{und}\quad \alpha_0 = \frac{\sigma_z}{1,3\,\tau} = \frac{69,3}{1,3 \cdot 150} = 0,35 \sim 1$$

beträgt.

Diese Werte eingesetzt, liefert die Spannung

$$\sigma_i = 0,35 \cdot 69,3 + 0,65 \sqrt{69,3^2 + 4(1 \cdot 150)^2}$$
$$\text{\textquotedbl} = 24,255 + 0,65 \sqrt{4802,49 + 90\,000}$$
$$\text{\textquotedbl} = 24,255 + 0,65 \sqrt{94802,69}$$
$$\text{\textquotedbl} = 24,255 + 200,1 = 224,355 \sim 224 \text{ kg/qcm.}$$

Da dieses Resultat bereits die vorgeschriebene Spannung von 200 kg überschreitet, ist es notwendig, den Durchmesser D etwas größer zu wählen. Ein Wert von D = 17,6 cm würde den Verhältnissen vollkommen genügen.

NB. Wird die Welle durch etwaige Querkräfte, z. B. durch Zahndruck, einseitige Beaufschlagung etc., auch noch auf Biegung beansprucht, so hat man nur die Normalspannungen, im vorliegenden Falle also die Biegungsspannung mit der Zugspannung, zu addieren und den so erhaltenen Wert in die vorstehende zusammengesetzte Spannungsgleichung einzusetzen.

37. Aufgabe. (Biegung und Abscherung.) Ein schmiedeeiserner Stirnzapfen werde mit 5000 kg beansprucht. Die Materialspannung sei mit 5 kg pro qmm angenommen und der spez. Flächendruck betrage 0,3 kg pro qmm.

Welchen Durchmesser erhält der Zapfen

1. bei Berücksichtigung der Biegung allein und
2. bei Berücksichtigung der Biegung und Abscherung?

Lösung:

Zunächst ist das Verhältnis zwischen der Länge und dem Durchmesser des Zapfens festzustellen.

Mit bezug auf die in der Einführung Seite 189 und 190 aufgeführte Aufgabe 47 ist

$$\frac{l}{d} = \sqrt{\frac{0,2\,k_b}{p}} = \sqrt{\frac{0,2 \cdot 5}{0,3}} = \sqrt{\frac{10}{3}} = 1,82.$$

1. Berechnung auf Biegung.

Nach § 14 Gleichung 58 der Einführung folgt

$$M_b = W\,k_b, \quad \text{worin} \quad M_b = \frac{Pl}{2} = \frac{P\alpha d}{2}$$

$$\text{und} \quad W = \frac{d^3\pi}{32} \quad \text{ist,}$$

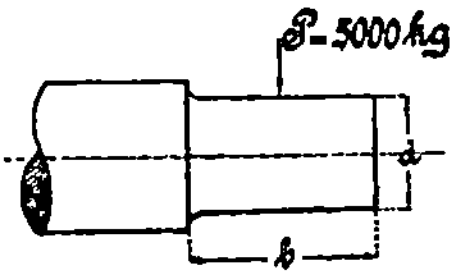

Fig. 113.

$$\frac{P\alpha d}{2} = \frac{d^3\pi}{32} k_b,$$

$$P\alpha = \frac{d^2\pi}{16} k_b,$$

$$d = \sqrt{\frac{16\,P\alpha}{\pi k_b}} = 4\cdot0,564\sqrt{\frac{P\alpha}{k_b}}$$

$$d = 2,256\sqrt{\frac{5000\cdot1,82}{5}} = 22,56\sqrt{18,2} = \underline{96,24\ \text{mm.}}$$

2. Berechnung auf Biegung und Abscherung.

Nach Gleichung 92 ergibt sich für $m = \dfrac{10}{3}$

$$\sigma_i = 0,35\,\sigma_b + 0,65\sqrt{\sigma_b{}^2 + 4\,(\alpha_0\tau)^2},$$

worin nach § 12 Abs. b, 2

$$\tau = \frac{4}{3}\cdot\frac{P}{f} = \frac{4}{3}\cdot\frac{P}{\dfrac{d^2\pi}{4}} = \frac{16}{3}\cdot\frac{P}{d^2\pi},$$

$$\alpha_0 = 1$$

und

$$\sigma_b = \frac{M_b}{W} = \frac{P\dfrac{l}{2}}{\dfrac{d^3\pi}{32}} = \frac{P\alpha d}{2\dfrac{d^3\pi}{32}}$$

$$,, = \frac{16\,P\alpha}{d^2\pi} \quad \text{beträgt.}$$

Es ist also

$$\sigma_i = 0,35\,\frac{16\,P\alpha}{d^2\pi} + 0,65\sqrt{\left(\frac{16\,P\alpha}{d^2\pi}\right)^2 + 4\left(\frac{16\,P}{3\,d^2\pi}\right)^2}$$

$$,, = 0,35\,\frac{16\,P\alpha}{d^2\pi} + 0,65\,\frac{16\,P}{3\,d^2\pi}\sqrt{(3\,\alpha)^2 + 4}$$

$$,, = 0,5\,\frac{16\,P}{d^2\pi}\left(0,7\,\alpha + 1,3\cdot\frac{1}{3}\sqrt{9\cdot1,82^2 + 4}\right)$$

$$,, = \frac{8\,P}{d^2\pi}\left(0,7\cdot1,82 + 0,43\sqrt{33,8116}\right)$$

$$,, = \frac{8\,P}{d^2\pi}(1,274 + 2,501) = \frac{8\,P}{d^2\pi}\cdot3,775,$$

$$d = \sqrt{\frac{30,200\,P}{\pi\sigma_i}} = 0,564\,\sqrt{30,2 \cdot \frac{5\,000}{5}}$$

$$\text{\textit{„}} = 5,64\,\sqrt{302} = 98,01 \sim \underline{98\ \text{mm.}}$$

38. Aufgabe. (Biegung und Torsion.) Welchen Durchmesser wird der vorhergenannte Stirnzapfen erhalten, wenn Biegung und Torsion in Rechnung gezogen werden soll. Der zwischen Zapfen und Lager auftretende Reibungskoeffizient betrage 0,1.

Lösung:

Nach Gleichung 98 ist für $m = \dfrac{10}{3}$.

$$M_{bi} = 0,35\,M_b + 0,65\,\sqrt{M_b{}^2 + (\alpha_0 M_t)^2}.$$

Hierin ist

$$M_{bi} = \frac{d^3\pi}{32}\,\sigma_i,$$

$$M_b = \frac{P \cdot l}{2} = \frac{P \cdot \alpha d}{2},$$

$$M_t = P\mu \cdot \frac{d}{2}$$

und
$$\alpha_0 = 1.$$

Damit erhält man

$$M_{bi} = 0,35\,\frac{P\alpha d}{2} + 0,65\,\sqrt{\left(\frac{P \cdot \alpha d}{2}\right)^2 + \left(P\mu \cdot \frac{d}{2}\right)^2}$$

$$\text{\textit{„}} = 0,35\,\frac{P\alpha d}{2} + 0,65\,\frac{Pd}{2}\,\sqrt{\alpha^2 + \mu^2}$$

$$\text{\textit{„}} = \frac{0,5}{2}\,Pd\left(0,7\,\alpha + 1,3\,\sqrt{\alpha^2 + \mu^2}\right),$$

$$\frac{d^3\pi}{32}\,\sigma_i = \frac{0,5}{2}\,Pd\left(0,7 \cdot 1,82 + 1,3\,\sqrt{1,82^2 + 0,1^2}\right)$$

$$\frac{d^2\pi}{16}\,\sigma_i = 0,5\,P\,(1,274 + 2,37),$$

$$d = \sqrt{\frac{0,5 \cdot 16 \cdot P \cdot 3,644}{\pi \cdot \sigma_i}} = 4 \cdot 0,564\,\sqrt{\frac{1,8220 \cdot 5000}{5}}$$

$$\text{\textit{„}} = 2,256\,\sqrt{1822} = \underline{96,3\ \text{mm.}}$$

39. Aufgabe. (Biegung, Abscherung und Torsion.) Wie groß wird der Durchmesser des in Aufgabe 36 genannten Stirnzapfens, wenn Biegung, Abscherung und Torsion in Rechnung gestellt werden?

Lösung:

Hier hat man in erster Linie die beiden Schubspannungen nach

§ 14 Abs. 1 zu summieren. Nach der daselbst aufgestellten Gleichung 86 erhält man die zusammengesetzte Schubspannung σ_1, die hier mit τ bezeichnet sein soll,

$$\tau = \frac{16}{d^2\pi}\left(\frac{P}{3} + \frac{M_t}{d}\right)$$

$$\text{"} = \frac{16}{d^2\pi}\left(\frac{P}{3} + \frac{P\mu.\frac{d}{2}}{d}\right)$$

$$\text{"} = \frac{16}{d^2\pi}\left(\frac{P}{3} + \frac{P\mu}{2}\right) = \frac{8P}{3d^2\pi}(2 + 3\mu).$$

Setzt man diesen Wert in die Gleichung 92 ein, so erhält man für $m = \frac{10}{3}$

$$\sigma_1 = 0.35\,\sigma_b + 0,65\,\sqrt{\sigma_b^2 + 4(\alpha_0\tau)^2}$$

$$\text{"} = 0,35\,\frac{16P\alpha}{d^2\pi} + 0,65\,\sqrt{\left(\frac{16P\alpha}{d^2\pi}\right)^2 + 4\left\{\frac{8P}{3d^2\pi}(2 + 3\mu)\right\}^2}$$

$$\text{"} = 0,35\,\frac{16P\alpha}{d^2\pi} + 0,65\,\frac{16P}{3d^2\pi}\sqrt{(3\alpha)^2 + (2 + 3\mu)^2}$$

$$\text{"} = 0,5\,\frac{16P}{d^2\pi}\left(0,7\alpha + 1,3.\frac{1}{3}\sqrt{(3.1,82)^2 + (2 + 3.0,1)^2}\right).$$

$$\text{"} = \frac{8P}{d^2\pi}\left(0,7 . 1,82 + 0,43\,\sqrt{35,1016}\right)$$

$$\text{"} = \frac{8P}{d^2\pi}(1,274 + 2,548),$$

$$d = \sqrt{\frac{8P . 3,822}{\pi . \sigma_1}} = 1,128\,\sqrt{\frac{7,644\,P}{\sigma_1}}$$

$$\text{"} = 1,128\,\sqrt{\frac{7,644 . 5000}{5}} = 1,128\,\sqrt{7644}$$

$$\text{"} = \underline{98,62\ \text{mm}.}$$

40. Aufgabe. (Biegung und Torsion.) Auf dem 0,7 m langen, freitragenden Ende einer schmiedeeisernen Welle sitzt eine Riemenscheibe vom Radius 800 mm, mittelst der eine Umfangskraft von 250 kg zu übertragen ist. Das Gewicht der Riemenscheibe betrage 300 kg, der gesamte Riemenzug von rd. 3 P wirke senkrecht abwärts.

Welchen Durchmesser muß man der Welle geben, wenn sie eine Materialspannung von 5 kg erhalten soll?

Lösung:

Nach der nur für Schmiedeeisen und Stahl gültigen Gleichung 99 erhält man zunächst das ideelle Biegungsmoment

$$M_{bi} = 0,35\,M_b + 0,65\,\sqrt{M_b{}^2 + M_t{}^2}.$$

Hierin ist
$$M_b = (3\,P + G)\,l = (3 . 250 + 300)\,l$$
$$\text{„} = 1050\,l = 1050 . 70 = 73\,500 \text{ cmkg}$$
und
$$M_t = P\,R = 250 . 80 = 20\,000 \text{ cmkg.}$$

Die Werte eingesetzt, gibt
$$M_{bi} = 0,35 . 73\,500 +$$
$$+ 0,65\,\sqrt{73\,500^2 + 20\,000^2}$$
$$\text{„} = 35 . 735 + 65\,\sqrt{735^2 + 200^2}$$
$$\text{„} = 25\,725 + 49\,512$$
$$\text{„} = 75\,237 \text{ cmkg.}$$

Damit erhält man nun einen Wellendurchmesser von

$$M_{bi} = W\,k_b = \frac{d^3\pi}{32}\,k_b \sim 0,1\,d^3 k_b,$$

$$d = \sqrt[3]{\frac{M_{bi}}{0,1\,k_b}} = \sqrt[3]{10\,\frac{75\,237}{500}} = \sqrt[3]{1504,74}$$

$$\text{„} = 11,46 \text{ cm} \sim \underline{115 \text{ mm.}}$$

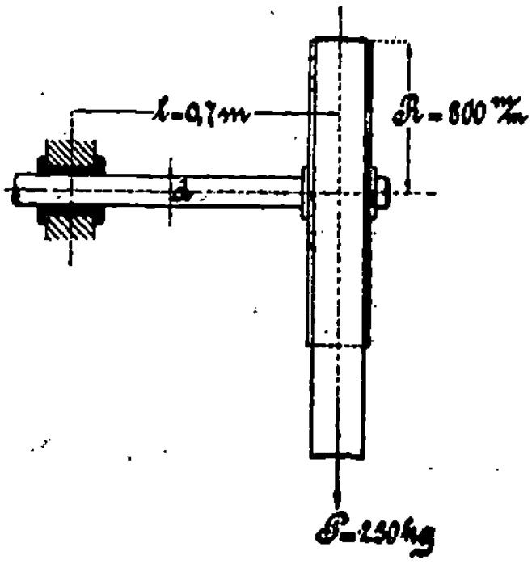

l = 0,7m

R = 800 mm

P = 250 kg

Fig. 114.

NB. Es ist zweckmäßig, die im 58. Beispiel der Einführung nur auf Biegung berechnete Achse mit Hilfe der zusammengesetzten Festigkeit nachzurechnen.

41. Aufgabe. (Biegung und Torsion.) Welche freitragende Länge kann eine 90 mm starke Welle erhalten, wenn die gleichen Verhältnisse vorliegen, wie in der vorhergehenden Aufgabe angegeben sind.

Lösung:

a) Bei genauer oder direkter Rechnung.

Wiederum von der Gleichung 99 ausgehend, erhält man
$$M_{bi} = 0,35\,M_b + 0,65\,\sqrt{M_b{}^2 + M_t{}^2},$$
$$\text{worin } M_b = (3\,P + G)\,l = 1050\,l,$$
$$M_t = P\,R = 20\,000 \text{ cmkg}$$
$$\text{und } M_{bi} = \sim 0,1\,d^3\,k_i \text{ beträgt.}$$

Damit folgt weiter
$$0,1\,d^3 k_i = 0,35 . 1050\,l + 0,65\,\sqrt{(1050\,l)^2 + 20\,000^2},$$
$$(0,1\,d^3 k_i - 367,5\,l)^2 = 6,5^2\,(10,5^2\,l^2 + 200^2)$$
$$0,01\,d^6 k_i{}^2 - 73,5\,d^3 k_i\,l + 367,5^2\,l^2 = (6,5 . 10,5)^2\,l^2 + (6,5 . 200)^2,$$
$$(68,25^2 - 367,5^2)\,l^2 + 73,5\,d^3 k_i\,l + (1300^2 - 0,01\,d^6 k_i{}^2) = 0,$$

$$l = \frac{-73,5\,d^3 k_i \pm \sqrt{(73,5\,d^3 k_i)^2 - 4\,(68,25^2 - 367,5^2)\,(1300^2 - 0,01\,d^6 k_i{}^2)}}{2\,(68,25^2 - 367,5^2)}$$

$$l =$$

$$\frac{-73{,}5 \cdot 9^3 \cdot 500 \pm \sqrt{(73{,}5 \cdot 9^3 \cdot 500)^2 + 4 \cdot 130400 \cdot (1300^2 - 0{,}01 \cdot 9^6\, 500^2)}}{-2 \cdot 130\,400}$$

$$l = \frac{500\left[-73{,}5 \cdot 729 \pm \sqrt{(73{,}5 \cdot 729)^2 + 521\,600\,(2{,}6^2 - 0{,}01 \cdot 531\,441)}\right]}{-260\,800}$$

$$" = \frac{-535\,815 \pm \sqrt{2871 \cdot 10^8 - 521{,}6 \cdot 10^8 \cdot 5307{,}65}}{-521{,}6}$$

$$" = \frac{100\left[-5358{,}15 \pm 3\sqrt{3\,190\,000 - 521{,}6 \cdot 58{,}974}\right]}{-521{,}6}$$

$$" = \frac{3\left[-1786{,}05 \pm \sqrt{3\,190\,000 - 30\,760}\right]}{-3 \cdot 1{,}7387}$$

$$" = \frac{1786{,}05 \pm \sqrt{3\,059\,240}}{1{,}7387}$$

$$" = \frac{1786{,}05 - 1749}{1{,}7387} = \frac{37{,}05}{1{,}7387} = 21{,}3 \sim 22 \text{ cm.}$$

Der zweite Wert der quadratischen Gleichung, der auch positiv ist, hat nur mathematische Bedeutung, praktisch ist er unmöglich

b) Bei angenäherter oder indirekter Rechnung.

Mit Hilfe der Annäherungsgleichung 100 erhält man unter der vorläufigen Annahme, daß $M_b > M_t$ ist,

$$M_{bi} = 0{,}975\, M_b + 0{,}25\, M_t,$$

$$\text{worin } M_b = 1050\, l,$$

$$M_t = 20000 \text{ cmkg}$$

und $M_{bi} = \sim 0{,}1\, d^3 k_i = 0{,}1 \cdot 9^3 \cdot 500 = 36450$ cmkg ist.

Die Werte eingesetzt, liefert

$$M_{bi} = 0{,}975 \cdot 1050\, l + 0{,}25\, M_t,$$

$$l = \frac{M_{bi} - 0{,}25\, M_t}{0{,}975 \cdot 1050} = \frac{36450 - 0{,}25 \cdot 20000}{0{,}975 \cdot 1050}$$

$$" = \frac{36450 - 5000}{0{,}975 \cdot 1050} = \frac{31450}{0{,}975 \cdot 1050} = 30{,}72 \text{ cm} \sim 30 \text{ cm.}$$

42. Aufgabe. Der größte Kolbendruck einer Dampfmaschine, der als konstant angenommen sei, betrage 4000 kg. Es soll für einen Halbmesser von 40 cm eine schmiedeeiserne Kurbel hergestellt werden, deren Breite konstant und die Höhe des größten Armquerschnittes etwa der 5 fachen Breite sein soll. Die Materialspannung soll 6 kg pro qmm nicht wesentlich überschreiten.

Der aus Stahl hergestellte Kurbelzapfen soll mit 5 kg pro qmm beansprucht werden, während der auf die gleiche Einheit bezogene Flächendruck 0,5 kg betragen soll.

Die aus Schmiedeeisen gefertigte Welle soll infolge der ungünstigen Beanspruchung mit 4 kg gegen Biegung und mit 3 kg pro qmm gegen Drehung in Rechnung gezogen werden, wobei ein, zwischen Lager- und Kurbelzapfenmitte gemessener Abstand von 36 cm gegeben sei.

Im übrigen betrage die Pleuelstangenlänge das 5 fache des Kurbelradius.

Die Rechnung soll

    a) durch Annäherung, wie es praktisch vielfach geschieht, und

    b) durch genauere Berücksichtigung der wirklich vorliegenden Verhältnisse erfolgen.

Im wesentlichen sind folgende Fragen zu beantworten:

    1. Welche Bohrung erhält die Nabe der Kurbel?

    2. Welche Abmessungen sind dem Kurbelzapfen zu geben?

    3. Welche Stärken bezw. Durchmesser und Längen erhalten die Naben?

    4. Welche Breite und Höhe erhält der größte und

    5. welche Höhe der kleinste Armquerschnitt?

Lösung:

a) Angenäherter Rechnungsgang.

Bei praktischen Rechnungen ist es zumeist üblich, den Kolbendruck ohne Rücksichtnahme auf die veränderliche Richtung und die Länge der Pleuelstange, als Zapfendruck anzunehmen, der senkrecht zur Kurbel gerichtet ist, wie die beistehende Figur 115 erkennen läßt.

Die Armquerschnitte werden hierbei

    1. auf Schub, nach der Gleichung 40 der Einführung

$$P = f \cdot k_s,$$

    2. auf Biegung, nach der Gleichung 58 der Einführung

$$M_b = W \cdot k_b$$

und

    3. auf Torsion, nach der Gleichung 146 der Einführung

$$M_t = W_p \cdot k_t$$

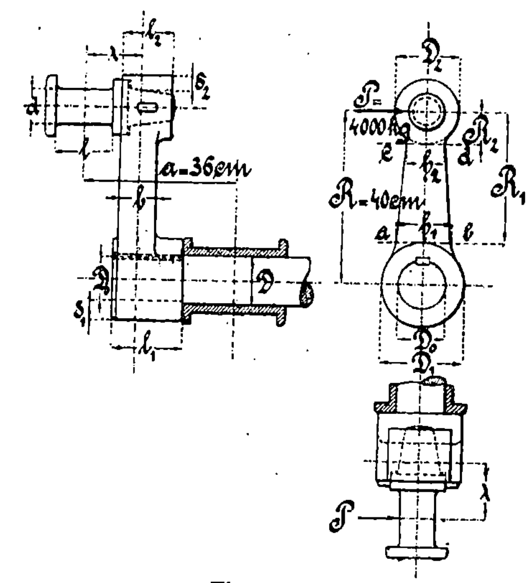

Fig. 115.

beansprucht, wovon in der Regel die Schubspannung ihrer Geringfügigkeit wegen außer Rechnung gelassen wird.

Was den kleinsten Armquerschnitt betrifft, ist für dessen Berechnung oftmals die Todpunktstellung der Kurbel maßgebend, in der das unter 3 genannte Torsionsmoment als Biegungsmoment wirkt.

1. Die Bohrung D_0 der Kurbelnabe.

Da die Bohrung für gewöhnlich einige Millimeter kleiner als der Wellendurchmesser gehalten wird, ist zunächst die Berechnung des letzteren nötig.

Der Durchmesser der auf Biegung und Torsion beanspruchten Welle ergibt sich mit Hilfe der allgemeinen Gleichung 15

$$\sigma_i = 0{,}35\,\sigma_b + 0{,}65\,\sqrt{\sigma_b{}^2 + 4\,(\alpha_0\,\tau)^2}$$

wie folgt:

Die die Welle beanspruchende Biegungsspannung σ_b beträgt nach Gleichung 58 der Einführung

$$\sigma_b = \frac{M_b}{W} = \frac{P\,.\,a}{W},$$

die Torsionsspannung τ nach Gleichung 146 bezw. 151 der Einführung

$$\tau = \frac{M_t}{W_p} = \frac{P\,.\,R}{\omega\,.\,W}$$

und das Anstrengungsverhältnis α_0 nach Gleichung 16, für $m = \dfrac{10}{3}$,

$$\alpha_0 = \frac{\sigma_b}{\dfrac{m+1}{m}\,.\,\tau} = \frac{\sigma_b}{\dfrac{\dfrac{10}{3}+1}{\dfrac{10}{3}}\,.\,\tau} = \frac{\sigma_b}{1{,}3\,\tau} = \frac{4}{1{,}3}\,\frac{}{3} = 1{,}03.$$

Setzt man diese Werte in die zusammengesetzte Spannungsgleichung ein, so erhält man den Wellendurchmesser D wie folgt:

$$\sigma_i = 0{,}35\,\frac{P\,.\,a}{W} + 0{,}65\,\sqrt{\left(\frac{P\,.\,a}{W}\right)^2 + 4\left(\alpha_0\,\frac{P\,.\,R}{\omega\,W}\right)^2}$$

$$,, \quad = 0{,}35\,\frac{P\,a}{W} + 0{,}65\,\frac{P}{W}\,\sqrt{a^2 + 4\left(\alpha_0\,\frac{R}{\omega}\right)^2}$$

$$,, \quad = \frac{P}{W}\,.\,0{,}5\left(0{,}7\,a + 1{,}3\,\sqrt{a^2 + 4\left(1{,}03\,\frac{R}{2}\right)^2}\right)$$

$$,, \quad = \frac{0{,}5\,P}{0{,}1\,D^3}\left(0{,}7\,a + 1{,}3\,\sqrt{a^2 + (1{,}03\,R)^2}\right)$$

$$D = \sqrt[3]{\frac{5\,P}{\sigma_i}\left(0{,}7\,a + 1{,}3\,\sqrt{a^2 + (1{,}03\,R)^2}\right)}$$

$$D = \sqrt[3]{\frac{5 \cdot 4000}{4}\left(0,7 \cdot 360 + 1,3 \sqrt{360^2 + (1,03 \cdot 400)^2}\right)}$$

$$\text{„} = 10 \sqrt[3]{5\left(252 + 1,3 \cdot 10 \sqrt{1296 + 1697,44}\right)}$$

$$\text{„} = 10 \sqrt[3]{5\left(252 + 13 \sqrt{2993,44}\right)}$$

$$\text{„} = 10 \sqrt[3]{5\left(252 + 711,3\right)} = 10 \sqrt[3]{5 \cdot 963,3}$$

$$\text{„} = 10 \sqrt[3]{4816,5} = 168,9 \sim 170 \text{ mm.}$$

Die Bohrung D_0 der Kurbelnabe sei nunmehr mit

$$D_0 = 160 \text{ mm}$$

angenommen.

2. Die Abmessungen des Kurbelzapfens.

Da hier der spez. Flächendruck p und die Materialbeanspruchung σ_b vorgeschrieben ist, so ist zunächst das zwischen der Länge und dem Durchmesser des Zapfens bestehende Verhältnis nach dem in der Einführung auf Seite 190 behandelten Beispiele festzustellen.

Es beträgt

$$\frac{l}{d} = \sqrt{0,2 \frac{\sigma_b}{p}} = \sqrt{0,2 \frac{5}{0,5}} = \sqrt{2} = 1,414.$$

Damit erhält man nach Lösung 1 desselben Beispieles einen Durchmesser

$$d = \sqrt{5 \cdot \frac{P}{\sigma_b} \cdot \frac{l}{d}} = \sqrt{5 \cdot \frac{4000}{5} \cdot 1,414} = 20 \sqrt{14,14}$$

$$\text{„} = 75,2 \sim 76 \text{ mm}$$

und eine Länge

$$l = 1,414 d = 1,414 \cdot 76 = 107,46 \sim 108 \text{ mm.}$$

3. Die Durchmesser und Längen der Naben.

Für diese Abmessungen hat man Erfahrungsgleichungen aufgestellt, die den praktischen Verhältnissen vollkommen entsprechen.

So erhält man die Nabenstärken δ_1 und δ_2 aus

$$\delta_1 = 0,4 D_0 + 1 = 0,4 \cdot 160 + 1 = 64 + 1 = 65 \text{ mm}$$

und $\quad \delta_2 = 0,5 d = 0,5 \cdot 76 = 38 \text{ mm.}$

Damit betragen die Nabendurchmesser D_1 und D_2

$$D_1 = D_0 + 2 \delta_1 = 160 + 2 \cdot 65 = 290 \text{ mm}$$

$$\text{und} \quad D_2 = d + 2 \delta_2 = 76 + 2 \cdot 38 = 152 \text{ mm.}$$

Für die Nabenlängen hat man

1. für die Nabe des Wellenzapfens

$l_1 \geqq D_0$, wenn die Kurbel warm oder mittelst der Presse aufgezogen und

$l_1 \geqq 1,25 D_0$, wenn sie kalt aufgebracht, d. h. nur verkeilt wird,

2. für die Nabe des Kurbelzapfens
$$l_2 = 1{,}5\,d \text{ bis } 1{,}75\,d.$$

4. Die Breite b und Höhe h_1 des größten Armquerschnittes.

Wie am Eingange der Lösung bereits gesagt, sind die Armquerschnitte auf Biegung und Torsion zu berechnen. Da nun aber, wie aus der Figur ersichtlich ist, das Torsionsmoment vom Hebelarm λ, d. h. von der Zapfenlänge und der noch zu bestimmenden Armbreite abhängig ist, so ist es zweckmäßig, für diese Breite vorläufig einen Wert auf grund der einfachen Biegungsbeanspruchung festzustellen.

Auf diese Weise erhält man
$$M_b = W\,\sigma_b, \text{ worin } M_b = PR_1,$$
$$W = \frac{b\,h_1^2}{6} = \frac{b(5b)^2}{6} = \frac{25\,b^3}{6}$$
$$\text{und } R_1 = R - \frac{D_1}{2} = 400 - 145$$
$$„ = 255 \text{ mm beträgt.}$$

Damit folgt
$$PR_1 = \frac{25\,b^3}{6} \cdot \sigma_b,$$

$$b = \sqrt[3]{\frac{6\,PR_1}{25\,\sigma_b}} = \sqrt[3]{\frac{6 \cdot 4000 \cdot 255}{25 \cdot 6}} = 34{,}4 \sim 35 \text{ mm.}$$

Der Hebelarm λ erhält nun einen Wert von
$$\lambda = \frac{l}{2} + \frac{b}{2} + x,$$

wo für die Anlaufbreite x ein Betrag von etwa
$$x = 1{,}5\,e = 1{,}5\,(0{,}07\,d + 3) = 1{,}5\,(0{,}07 \cdot 76 + 3)$$
$$„ = 1{,}5\,(5{,}32 + 3) = 1{,}5 \cdot 8{,}32 = 12{,}48 \sim 12 \text{ mm}$$
gerechnet werden kann.

Damit wird
$$\lambda = \frac{108}{2} + \frac{35}{2} + 12 = 54 + 17{,}5 + 12 = 83{,}5 \sim 84 \text{ mm.}$$

Führt man nunmehr die Biegungsspannung
$$\sigma_b = \frac{M_b}{W} = \frac{PR_1}{\dfrac{b\,h_1^2}{6}} = \frac{6\,PR_1}{b(5b)^2} = \frac{6\,PR_1}{25\,b^3}$$

und die Torsionsspannung
$$\tau = \frac{M_t}{W} = \frac{P\lambda}{\dfrac{b\,h_1}{6}\,\sqrt{b^2 + h_1^2}} = \frac{6\,P\lambda}{b \cdot 5\,b\,\sqrt{b^2 + (5b)^2}}.$$

$$\tau = \frac{6\,P\lambda}{5\,b^2\,\sqrt{26\,b^2}} = \frac{6\,P\lambda}{5\,b^3\,\sqrt{26}} = \frac{6\,P\lambda}{25,5\,b^3}$$

in die allgemeine Gleichung 15 ein, so erhält man

$$\sigma_i = 0,35\,\sigma_b + 0,65\,\sqrt{\sigma_b{}^2 + 4\,(\alpha_0\,\tau)^2}$$

$$\mathbf{,,} = 0,35\,\frac{6\,P\,R_1}{25\,b^3} + 0,65\,\sqrt{\left(\frac{6\,P\,R_1}{25\,b^3}\right)^2 + 4\left(1\cdot\frac{6\,P\lambda}{25,5\,b^3}\right)^2}$$

$$\mathbf{,,} = 0,35\,\frac{6\,P\,R_1}{25\,b^3} + 0,65\,\frac{6\,P}{25\,b^3}\,\sqrt{R_1{}^2 + \frac{4\cdot\lambda^2}{1,02^2}}$$

$$\mathbf{,,} = 0,5\,\frac{6\,P}{25\,b^3}\left\{0,7\,R_1 + 1,3\,\sqrt{R_1{}^2 + \frac{\lambda^2}{0,51^2}}\right\}$$

$$\mathbf{,,} = 0,12\,\frac{P}{b^3}\left\{0,7\,R_1 + \frac{1,3}{0,51}\,\sqrt{0,51^2\,R_1{}^2 + \lambda^2}\right\}$$

$$\mathbf{,,} = \frac{0,12}{0,51}\,\frac{P}{b^3}\left\{0,357\,R_1 + 1,3\,\sqrt{0,2601\,R_1{}^2 + \lambda^2}\right\},$$

$$b = \sqrt[3]{\frac{4}{17}\,\frac{P}{\sigma_i}\left(0,357\,R_1 + 1,3\,\sqrt{0,2601\,R_1{}^2 + \lambda^2}\right)}$$

$$\mathbf{,,} = \sqrt[3]{\frac{4}{17}\cdot\frac{4000}{4}\left(0,357\cdot 255 + 1,3\,\sqrt{0,26\cdot 255^2 + 84^2}\right)}$$

$$\mathbf{,,} = 10\,\sqrt[3]{\frac{4}{17}\left(91,035 + 1,3\,\sqrt{16\,906,5 + 7056}\right)}$$

$$\mathbf{,,} = 10\,\sqrt[3]{\frac{4}{17}\left(91,035 + 1,3\,\sqrt{23\,962,5}\right)}$$

$$\mathbf{,,} = 10\,\sqrt[3]{\frac{4}{17}\left(91,035 + 201,23\right)}$$

$$\mathbf{,,} = 10\,\sqrt[3]{\frac{4}{17}\cdot 292,265} = 40,97 \sim 42\ \ \text{mm}.$$

Die Höhe h_1 beträgt dann

$$h_1 = 5\,b = 5\cdot 42 = 210\ \ \text{mm}.$$

5. Die Höhe h_2 des kleinsten Armquerschnittes.

Da der Armquerschnitt nach dem Kurbelzapfen zu kleiner wird, was besonders in den Fällen zu beachten ist, in welchen sich die Breite proportional der Höhe verjüngt, so ist die Berechnung der Höhe h_2 nicht nur allein in der vorangegangenen Weise durchzuführen, wobei der Zapfendruck senkrecht zur Kurbel wirkend gedacht war, sondern es muß im vorliegenden Falle auch die Todpunktlage der Kurbel, als zweite ungünstigste -Stellung, berücksichtigt werden, in welcher der Zapfendruck außer auf Zug oder Druck auch noch verbiegend auf den Querschnitt einwirkt, dessen neutrale Achse in die Richtung der Armhöhe fällt.

Man unterscheidet deshalb folgende zwei Rechnungen.

α) **Der Zapfendruck wirkt senkrecht zur Kurbel.**

Auch hier ist, wie vorher, von der allgemeinen Gleichung 15

$$\sigma_i = 0{,}35\,\sigma_b + 0{,}65\,\sqrt{\sigma_b{}^2 + 4\,(\alpha_0\,\tau)^2}$$

auszugehen, worin die Biegungsspannung

$$\sigma_b = \frac{M_b}{W} = \frac{P R_2}{\dfrac{b h_2{}^2}{6}} = \frac{6 P R_2}{b h_2{}^2}$$

und die Torsionsspannung

$$\tau = \frac{M_t}{W_p} = \frac{P \lambda}{\dfrac{b h_2}{6}\sqrt{b^2 + h_2{}^2}} = \frac{6 P \lambda}{b h_2\,\sqrt{b^2 + h_2{}^2}}$$

zu setzen ist.

Mit diesen Werten erhält man

$$\sigma_i = 0{,}35\,\frac{6 P R_2}{b h_2{}^2} + 0{,}65\,\sqrt{\left(\frac{6 P R_2}{b h_2{}^2}\right)^2 + 4\left(1\cdot\frac{6 P \lambda}{b h_2\,\sqrt{b^2 + h_2{}^2}}\right)^2}$$

$$\text{,,} = 0{,}35\,\frac{6 P R_2}{b h_2{}^2} + 0{,}65\,\frac{6 P}{b h_2{}^2}\sqrt{R_2{}^2 + 4\left(\frac{\lambda h_2}{\sqrt{b^2 + h_2{}^2}}\right)^2}$$

$$\text{,,} = 0{,}5\,\frac{6 P}{b h_2{}^2}\left(0{,}7\,R_2 + 1{,}3\,\sqrt{R_2{}^2 + \frac{(2\,\lambda\,h_2)^2}{b^2 + h_2{}^2}}\right).$$

Da das Auflösen dieser Gleichung nach der gesuchten Höhe h_2 sehr umständlich ist, ist es ratsam, für h_2 einen Schätzungswert einzuführen und die Rechnung nach der gegebenen Materialspannung zu kontrollieren.

Mit $h_2 = 115$ mm erhält man

$$\sigma_i = \frac{3 \cdot 4000}{42 \cdot 115^2}\left(0{,}7\cdot 76 + 1{,}3\,\sqrt{76^2 + \frac{(2\cdot 84\cdot 115)^2}{42^2 + 115^2}}\right)$$

$$\text{,,} = \frac{2000}{7\cdot 115^2}\left(53{,}2 + 1{,}3\,\sqrt{76^2 + \frac{2^2(84\cdot 115)^2}{2^2(21^2 + 57{,}5^2)}}\right)$$

$$\text{,,} = \frac{2000}{7\cdot 13225}\left(53{,}2 + 1{,}3\,\sqrt{5776 + \frac{9660^2}{441 + 3306{,}25}}\right)$$

$$\text{,,} = \frac{2000}{92575}\left(53{,}2 + 1{,}3\,\sqrt{5776 + 24903}\right)$$

$$\text{,,} = \frac{2000}{92575}\left(53{,}2 + 1{,}3\,\sqrt{30679}\right)$$

$$\sigma_i = \frac{80}{3703}(53,2 + 227,7)$$

$$\text{\textquotedblright} = \frac{80}{3703} \cdot 280,9 = \underline{6,07 \text{ kg pro qmm.}}$$

Dieses Resultat läßt erkennen, daß die gewählte Höhe

$$h_2 = 115 \text{ mm}$$

den gestellten Bedingungen entspricht.

β) Der Zapfendruck wirkt in der Richtung der Kurbel.

Steht die Kurbel in der Todpunktlage, d. h. fallen die geometrischen Achsen von Pleuelstange und Kurbel zusammen, so beansprucht der Zapfendruck· den hier in Frage kommenden Kurbelarmquerschnitt· auf Zug oder Druck mit Biegung, je nachdem die Kurbel die linke oder rechte Todlage hat.

Es kommen hier die im § 13 Abs. 1 und 3 genannten Gleichungen 41 und 43, nämlich

$$\sigma_i = \pm \left(\frac{P}{f} + \frac{M_b}{W}\right),$$

in Frage, worin $P = 4000$ kg,

$$f = b h_2,$$

$$M_b = P \lambda$$

$$\text{und } W = \frac{h_2 b^2}{6}$$

beträgt.

Damit erhält man die Höhe h_2 zu

$$\sigma_i = \frac{P}{b h_2} + \frac{P \lambda}{\frac{h_2 b^2}{6}} = \frac{P}{b^2 \cdot h_2}(b + 6\lambda),$$

$$h_2 = \frac{P}{b^2 \sigma_i}(b + 6\lambda)$$

$$\text{\textquotedblright} = \frac{4000}{42^2 \cdot 6}(42 + 6 \cdot 84)$$

$$\text{\textquotedblright} = \frac{4000}{1764 \cdot 6}(42 + 504) = \frac{1000}{2646} \cdot 546 = \underline{206,3 \text{ mm.}}$$

Mit diesem Resultat ist festgestellt, daß die vorliegende Beanspruchung der Kurbel eine sehr ungünstige ist. Die unter α bestimmte Höhe ist gegenüber der vorliegenden viel zu klein.

Da der Durchmesser der Kurbelzapfennabe nur 152 mm ist, so darf die Höhe h_2 diesen Wert nicht viel übersteigen. Es muß somit das hier vorliegende Resultat reduziert werden, was eine größere Armbreite zur

Folge hat. Erhöht man diese auf etwa <u>50 mm</u>, so würde sich eine brauchbare Höhe von etwa <u>148 mm</u> ergeben.

b) Genauer Rechnungsgang.

Bei genauer Rechnung ist zu beachten, daß für jede Kolben- bezw. Kurbelstellung ein anderer Kurbelzapfendruck in Frage kommt.

Das gleiche gilt auch für verschiedene Verhältnisse zwischen der Pleuelstangenlänge und dem Kurbelhalbmesser.

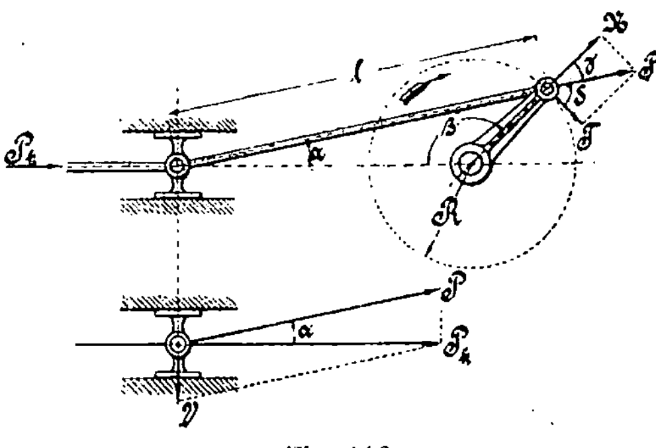

Fig. 116.

Ebenso müßten auch für die verschiedenen Kolbenstellungen die zugehörigen Kolbendrücke berücksichtigt werden, auf die man aber in der Regel verzichtet. Man rechnet fast immer nur mit dem größten Kolbendruck, der als konstant angesehen wird.

Bezeichnet

V den Normaldruck des Kreuzkopfes auf die Gleitbahn,

P_k den Kolbendruck,

P die Schubstangenkraft oder den Kurbelzapfendruck,

N die Normalbeanspruchung

und T die Tangentialkraft der Kurbel, so erhält man mit bezug auf die in der Figur 116 angegebenen Neigungswinkel

$$\beta = 180 - \alpha - \gamma,$$
$$\gamma = 180 - (\alpha + \beta)$$

und
$$\delta = 90 - \gamma = \alpha + \beta - 90,$$

1. den Normaldruck auf die Gleitbahn

$$V = P_k . \operatorname{tg} \alpha,$$

2. den Kurbelzapfendruck

$$P = \frac{P_k}{\cos \alpha},$$

3. die Normalkraft der Kurbel

$$N = P . \cos \gamma = \frac{P_k}{\cos \alpha} . \cos \gamma = P_k . \frac{\cos \gamma}{\cos \alpha}$$

und

4. die Tangentialkraft der Kurbel

$$T = P . \cos \delta = \frac{P_k}{\cos \alpha} . \cos \delta = P_k . \frac{\cos \delta}{\cos \alpha}.$$

Trägt man nun die Normal- und die Tangentialkraft N und T, wie aus Fig. 117 ersichtlich ist, im Mittelpunkte beliebiger Armquerschnitte als positive und negative Hilfskräfte an, wodurch bekanntlich am Gleichgewichtszustand der Kurbel infolge der gegenseitigen Aufhebung dieser Kräfte nichts geändert wird, so läßt die genannte Figur folgende Beanspruchungen der Kurbel erkennen:

I. Durch die Normalkraft N hervorgerufen.

1. Die Normalspannung

$$\sigma = \frac{N}{f} = \frac{N}{b\,h},$$

2. die Biegungsspannung

$$\sigma_{b1} = \frac{M_1}{W_1} = \frac{N\lambda}{\dfrac{h\,b^2}{6}} = \frac{6\,N\lambda}{h\,b^2},$$

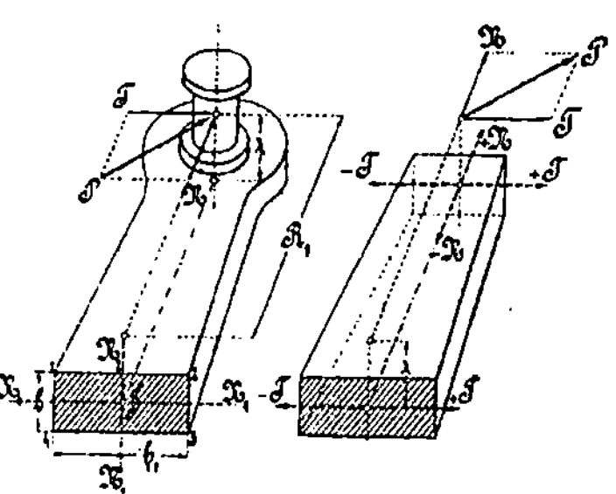

Fig. 117.

wofür die in die Höhenrichtung der Armquerschnitte fallende Schwerpunktsachse $N_1 N_1$ die neutrale Achse des Querschnittes ist.

II. Durch die Tangentialkraft T veranlaßt.

3. die Schubspannung

$$\tau_1 = \frac{3}{2} \cdot \frac{T}{f} = \frac{3}{2} \cdot \frac{T}{b\,h},$$

bei der auf § 12 Abs. a oder c, 1 hingewiesen wird,

4. die Biegungsspannung

$$\sigma_{b2} = \frac{M_{b2}}{W_2} = \frac{T\,R}{\dfrac{b\,h^2}{6}} = \frac{6\,T\,R}{b\,h^2},$$

wo $N_2 N_2$ die in die Richtung der Breite fallende neutrale Schwerpunktsachse darstellt, und

5. die Torsionsspannung

$$\tau_2 = \frac{M_t}{W_p} = \frac{T\lambda}{\omega W} = \frac{T\lambda}{\dfrac{4}{3}\dfrac{b^2 h}{6}} = \frac{9}{2} \cdot \frac{T\lambda}{b^2 h},$$

bei der auf die im § 26 Abs. 3 b der Einführung aufgeführte Gleichung 151 hingewiesen wird.

Diese fünf Spannungsarten sind in den Figuren 118 und 119 graphisch dargestellt, von denen die unter Abs. I, 1 und 2 genannten Normalspannungen aus Fig. 118 a und b, die unter Abs. II, 3 bis 5 angegebenen Normal- und Schubspannungen aber aus den Figuren 118 c und 119 e und f zu ersehen sind.

Die Fig. 118d gibt eine Zusammenstellung der drei, den rechteckigen Armquerschnitt gleichzeitig beanspruchenden Normalspannungen nebst der Richtung der neutralen Achse NN. Das Bild läßt erkennen, daß die Ecke 1 des Querschnittes am meisten beansprucht wird.

Die Fig. 119g zeigt die Zusammenstellung der beiden Schubspannungen, die in der Mitte der Querschnittsseite $\overline{12}$ ihren größten Wert haben.

Ein Vergleich der beiden zusammengesetzten Spannungsbilder lehrt, daß die größte Beanspruchung des Armquerschnittes zwischen der Ecke 1 und der Mitte der Seite $\overline{12}$ auftritt.

Teilt man sich diese Strecke in eine Anzahl gleiche Teile, z. B. in 8 gleiche Teile, und setzt man für die

Fig. 118.

Fig. 119.

einzelnen Teilpunkte die daselbst auftretenden Spannungswerte nach der allgemeinen Gleichung 15

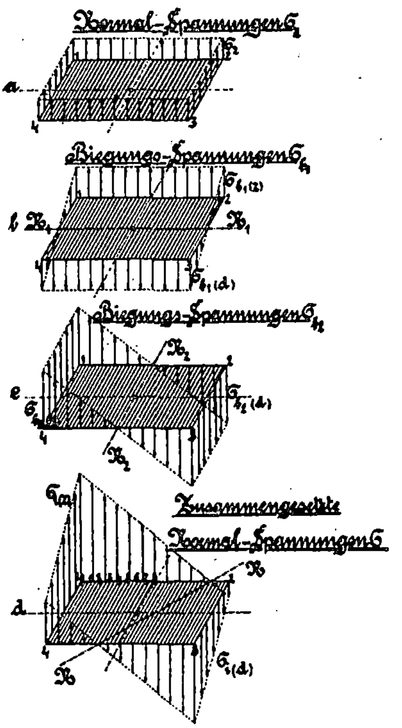

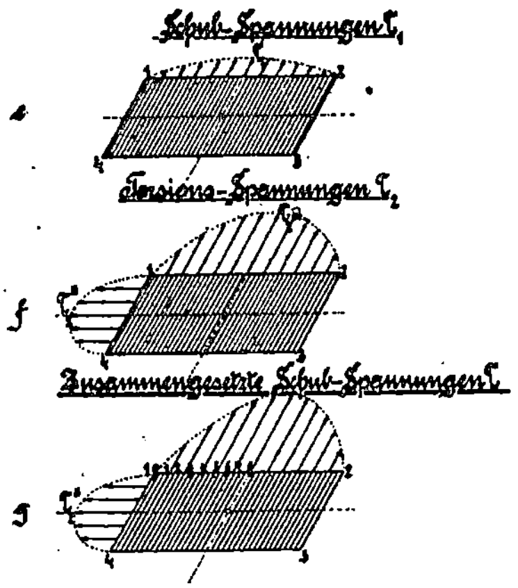

$$\sigma_i = 0{,}35\,\sigma + 0{,}65\,\sqrt{\sigma^2 + 4\,(\alpha_0\,\tau)^2}$$

zusammen, so wird man finden, daß in den meisten Fällen die größte Anstrengung des Querschnittes in der Nähe der Mitte von $\overline{12}$ liegt. Nur bei verhältnismäßig langen Kurbeln kann es möglich werden, daß die größte Spannung an der Ecke auftritt.

In der Regel handelt es sich bei der Querschnittsberechnung der Arme nur um die aus Fig. 115 ersichtlichen beiden Querschnitte a ∿ b und c ∿ d, wo bei letzterem noch besonders auf die Todpunktlage, in der $N = P = P_k$ und $T = 0$ wird, zu achten ist. (Vergl. Lösung 5, β).

Für das vorliegende Verhältnis zwischen Pleuelstange und Kurbel-halbmesser, nämlich $1 : R = 5 : 1$, erhält die Kurbel bei etwa $\beta = 105^0$ ihre größte Beanspruchung.

43. Aufgabe. Es soll untersucht werden, ob die in vorhergehender Aufgabe unter Abschnitt a gefundenen Abmessungen der Kurbelarmquer-schnitte $a \backsim b$ und $c \backsim d$ auch den unter Abschnitt b zugrunde liegenden Bedingungen genügen.

Lösung:

Unter bezugnahme auf die im Abschnitt b der Aufgabe 42 ange-gebenen Ausführungen und Figuren erhält man folgendes:

1. Die in Fig. 116 genannten Winkel

$$\sin \alpha : \sin \beta = R : l,$$

$$\sin \alpha = \frac{R \sin \beta}{l} = \frac{R \sin 105^0}{l} = \frac{R \sin (90^0 + 15^0)}{l}$$

$$,, \quad = \frac{R \cos 15^0}{5 R} = \frac{0{,}96593}{5} = 0{,}19318,$$

$$\alpha = 11^0 8{,}4^l \backsim 11^0 8^l,$$

$$\gamma = 180 - (\alpha + \beta) = 180 - (11^0 8^l + 105^0)$$

$$,, \quad = 180 - 116^0 8^l = \underline{63^0 52^l}$$

und
$$\delta = 90 - \gamma = 90 - 63^0 52^l = \underline{26^0 8^l}.$$

2. Der Kurbelzapfendruck P.

$$P = \frac{P_k}{\cos \alpha} = \frac{4000}{\cos 11^0 8^l} = \underline{4077 \text{ kg.}}$$

3. Die Normal- oder Zugkraft N.

$$N = P_k \frac{\cos \gamma}{\cos \alpha} = 4000 \frac{\cos 63^0 52^l}{\cos 11^0 8^l} = 1795{,}6$$

$$,, \quad = \underline{\backsim 1796 \text{ kg.}}$$

4. Die Tangentialkraft T.

$$T = P_k \frac{\cos \delta}{\cos \alpha} = 4000 \frac{\cos 26^0 8^l}{\cos 11^0 8^l} = \underline{3660 \text{ kg.}}$$

I. Für den Querschnitt $a \backsim b$.

a) Die Einzelspannungen.

1. Die Zugspannung σ_z.

$$\sigma_z = \frac{N}{b h_1} = \frac{1796}{50 . 210} = \underline{0{,}171 \text{ kg.}}$$

2. Die Biegungsspannung σ_{b1}.

$$\sigma_{b1} = \frac{6 N \lambda}{b^2 h_1} = \frac{6 . 1796 . 84}{50^2 . 210} = \underline{1{,}724 \text{ kg.}}$$

3. Die Schubspannung τ_1.

$$\tau_1 = \frac{3}{2} \cdot \frac{T}{b\,h_1} = \frac{3}{2} \cdot \frac{3660}{50 \cdot 210} = \frac{183}{350} = 0{,}523 \text{ kg.}$$

4. Die Biegungsspannung σ_{b2}.

$$\sigma_{b2} = \frac{6\,T\,R_1}{b\,h_1{}^2} = \frac{6 \cdot 3660 \cdot 255}{50 \cdot 210^2} = 2{,}539 \text{ kg.}$$

5. Die Torsionsspannungen $\tau_2{}'$ und $\tau_2{}''$.

$$\tau_2{}' = \frac{9}{2} \cdot \frac{T\lambda}{b^2 h_1} = \frac{9}{2} \cdot \frac{3660 \cdot 84}{50^2 \cdot 210} = 2{,}635 \text{ kg,}$$

$$\tau_2{}'' = \frac{9}{2} \cdot \frac{T\lambda}{b\,h_1{}^2} = \frac{9}{2} \cdot \frac{3660 \cdot 84}{50 \cdot 210^2} = 0{,}627 \text{ kg.}$$

b) Die zusammengesetzten Spannungen.

1. Für die Querschnittsstelle 1.

Mit bezug auf Fig. 118d und 119g erhält man

$$\sigma_{i(z)} = \sigma_z + \sigma_{b1(z)} + \sigma_{b2(z)}$$
$$\text{,,} \quad = 0{,}171 + 1{,}724 + 2{,}539 = 4{,}434 \text{ kg} \sim 4{,}5 \text{ kg,}$$
$$\tau_i = 0.$$

2. Für die Querschnittsstelle 8.

$$\sigma_{i(z)} = \sigma_z + \sigma_{b1(z)} = 0{,}171 + 1{,}724 = 1{,}895 \text{ kg,}$$

$$\tau_i = \tau_1 + \tau_2{}' = 0{,}523 + 2{,}635 = 3{,}158 \text{ kg.}$$

Mit diesen Werten erhält man eine zusammengesetzte Spannung

$$\sigma_i = 0{,}35\,\sigma_{i(z)} + 0{,}65\,\sqrt{\sigma_{i(z)}{}^2 + 4\,(\alpha_0\,\tau_i)^2}$$
$$\text{,,} \quad = 0{,}35 \cdot 1{,}895 + 0{,}65\,\sqrt{1{,}895^2 + 4\,(1 \cdot 3{,}158)^2}$$
$$\text{,,} \quad = 0{,}6632 + 0{,}65\,\sqrt{3{,}591 + 39{,}892}$$
$$\text{,,} \quad = 0{,}6632 + 0{,}65\,\sqrt{43{,}483}$$
$$\text{,,} \quad = 0{,}6632 + 4{,}286 = 4{,}9492 \sim 5 \text{ kg.}$$

Wie aus den genannten Figuren zu erkennen ist, wird der Querschnitt längs der Kante von 1 bis 8 am meisten beansprucht, und zwar ist die Beanspruchung nach letzter Rechnung an der Stelle 1 rd. 4,5 kg, an der Mittelstelle 8 dagegen rd. 5 kg, welcher Wert noch innerhalb der in der Aufgabe gegebenen Spannung liegt.

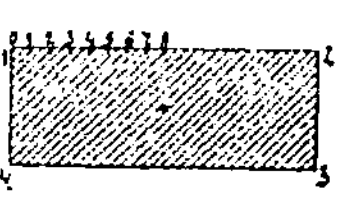

Es ist allerdings möglich, daß innerhalb der Strecke 1 bis 8 und zwar mehr nach 8 zu gelegen, noch eine etwas höhere Spannung auftreten kann, deren Wert voraussichtlich die vorgeschriebenen 6 kg nicht überschreiten wird.

Fig. 120.

Nötigenfalls kann man auch noch für die Stellen 2 bis 7 die zusammengesetzten Spannungswerte bestimmen, wozu die Figuren 118 und 119 eine zweckmäßige Übersicht geben.

II. Für den Querschnitt $c \sim d$.

a) Die Einzelspannungen.

1. Die Zugspannung σ_z.

$$\sigma_z = \frac{N}{bh_2} = \frac{1796}{50 \cdot 148} = 0{,}243 \ \text{kg}.$$

2. Die Biegungsspannung σ_{b1}.

$$\sigma_{b1} = \frac{6\,N\lambda}{b^2 h_2} = \frac{6 \cdot 1796 \cdot 84}{50^2 \cdot 148} = 2{,}446 \ \text{kg}.$$

3. Die Schubspannung τ_1.

$$\tau_1 = \frac{3}{2}\,\frac{T}{bh_2} = \frac{3}{2}\,\frac{3660}{50 \cdot 148} = 0{,}742 \ \text{kg}.$$

4. Die Biegungsspannung σ_{b2}.

$$\sigma_{b2} = \frac{6\,T R_2}{b h_2{}^2} = \frac{6 \cdot 3660 \cdot 76}{50 \cdot 148^2} = 1{,}524 \ \text{kg}.$$

5. Die Torsionsspannung τ_2' und τ_2''.

$$\tau_2' = \frac{9}{2} \cdot \frac{T\lambda}{b^2 h_2} = \frac{9}{2} \cdot \frac{3660 \cdot 84}{50^2 \cdot 148} = 3{,}739 \ \text{kg},$$

$$\tau_2'' = \frac{9}{2} \cdot \frac{T\lambda}{b h_2{}^2} = \frac{9}{2} \cdot \frac{3660 \cdot 84}{50 \cdot 148^2} = 1{,}263 \ \text{kg}.$$

b) Die zusammengesetzten Spannungen.

1. Für die Querschnittsstelle 1.

Mit bezug auf die Figuren 118d und 119g erhält man

$$\sigma_{i(z)} = \sigma_z + \sigma_{b1(z)} + \sigma_{b2(z)}$$
$$\text{''} = 0{,}243 + 2{,}446 + 1{,}524 = 4{,}213 \ \text{kg},$$
$$\tau_i = 0.$$

2. Für die Querschnittsstelle 8.

$$\sigma_{i(z)} = \sigma_z + \sigma_{b1(z)} = 0{,}243 + 2{,}446 = 2{,}689 \ \text{kg},$$
$$\tau_i = \tau_1 + \tau_2' = 0{,}742 + 3{,}739 = 4{,}481 \ \text{kg}.$$

Diese Werte liefern eine zusammengesetzte Spannung von

$$\sigma_i = 0{,}35\,\sigma_{i(z)} + 0{,}65\,\sqrt{\sigma_{i(z)}{}^2 + 4\,(\alpha_0\,\tau_i)^2}$$
$$\text{''} = 0{,}35 \cdot 2{,}689 + 0{,}65\,\sqrt{2{,}689^2 + 4\,(1 \cdot 4{,}481)^2}$$
$$\text{''} = 0{,}941 + 0{,}65\,\sqrt{7{,}231 + 80{,}316}$$
$$\text{''} = 0{,}941 + 0{,}65\,\sqrt{87{,}547}$$
$$\text{''} = 0{,}941 + 6{,}082 = 7{,}023 \ \text{kg}.$$

Während der Querschnitt an der Stelle 1 nur mit 4,213 kg beansprucht wird, erreicht die Spannung bei 8 einen Wert von rd 7 kg, der die vorgeschriebene Spannung von 6 kg überschreitet. Es könnte die Höhe h_2 bis zum Nabendurchmesser $D_2 = 152$ mm vergrößert werden, falls eine Reduktion der Spannung eintreten soll.

c) Die zusammengesetzte Spannung in der Todlage der Kurbel.

Da in dieser Lage die Tangentialkraft

$$T = 0$$

ist, womit die im letzten Beispiéle unter Abs. b, II aufgeführten 3 Spannungen wegfallen, so erhält man die zusammengesetzte Spannung als die Summe der unter Abs. b, I genannten Beanspruchungen, nämlich

$$\sigma_i = \sigma_z + \sigma_{b1} = \frac{N}{f} + \frac{M_1}{W_1} = \frac{N}{b\,h_2} + \frac{6\,N\lambda}{b^2 h_2}$$

$$\text{„} = \frac{N}{b^2 h_2}(b + 6\,\lambda),$$

worin $N = P_k$ zu setzen ist.

Damit wird

$$\sigma_i = \frac{4000}{50^2 \cdot 148}(50 + 6 \cdot 84)$$

$$\text{„} = \frac{2}{185} \cdot 554 = \frac{1108}{185} = 5,9 \sim \underline{6\ \text{kg}}.$$

Dieser Wert würde den gestellten Bedingungen genügen.

44. Aufgabe. Für eine liegende Dampfmaschine von 350 mm Zylinderdurchmesser und 600 mm Hub soll an Hand der beistehenden Skizze eine Kurbelwelle aus Stahl mit 6 kg Beanspruchung hergestellt und deren Durchmesser an den Stellen der Auflagen und des als Riemen-

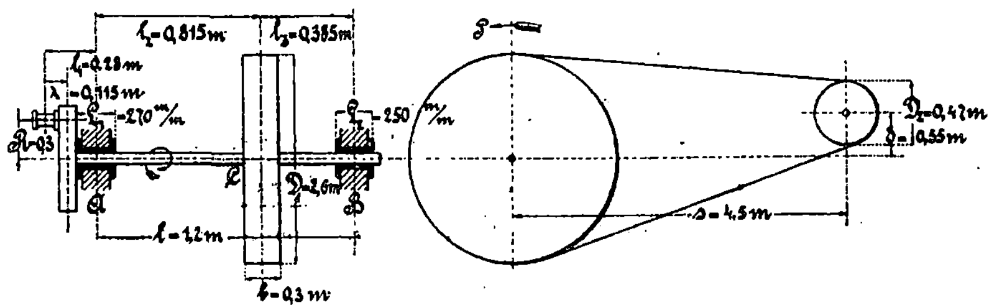

Fig. 121.

scheibe dienenden Schwungrades, das ein Gewicht von 3800 kg hat, berechnet werden.

Die mit Kondensation, bei konstanter Füllung von 0,25, arbeitende Maschine wirke mit einer Dampfspannung von 8 Atm. Überdruck. Die Zahl der Umdrehungen pro Minute sei 120. Der Wirkungsgrad der Maschine sei mit 0,8 gegeben. Die Länge der Pleuelstange sei gleich der

5 fachen Kurbellänge. Die Kolbenstange ist nach rückwärts nicht ver-
längert. Bezüglich der Dimensionierung der Kurbel, die hier als Scheibe
ausgebildet sein soll, sei auf den, in vorhergehender Aufgabe angegebenen Rechnungsgang verwiesen.

Lösung.

*I. Berechnung des Kolben- und Kurbelzapfendruckes, des größten
Drehmomentes und der Umfangskraft des Schwungrades.*

1. Der Kolbendruck P_k.

Da beim Vorwärtsgange des Kolbens der Dampf auf die ganze
Kolbenfläche drückt, ist dieser Druck der folgenden Rechnung zugrunde
zu legen.

$$P_k = F \cdot p = \frac{D^2 \pi}{4} \cdot p = \frac{35^2 \pi}{4} \cdot 8 = 962,113 \cdot 8$$

$$\text{„} = 7696,904 \sim 7700 \text{ kg.}$$

2. Der größte Kurbelzapfendruck P.

Den größten Wert erreicht
der Kurbelzapfendruck P für den
größten Ausschlagswinkel α der
Pleuelstange, welcher in der, in
Fig. 122 gezeichneten Kurbel-
zapfenstellung, vorliegt.

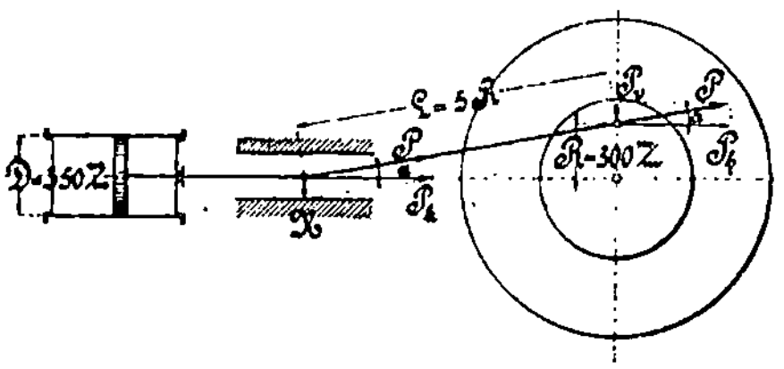

Dieser Winkel beträgt

Fig. 122.

$$\sin \alpha = \frac{R}{L} = \frac{R}{5\,R} = \frac{1}{5} = 0,2,$$

$$\alpha = \sim 11^0\,30^!.$$

Damit erhält man

$$P = \frac{P_k}{\cos \alpha} = \frac{7700}{\cos 11^0\,30^!} = 7858 \sim 7860 \text{ kg.}$$

Die Horizontal- und Vertikalkomponente P_h und P_v erhält man zu

$$P_h = P \cos \alpha = P_k = 7700 \text{ kg,}$$

$$P_v = P \sin \alpha = 7860 \sin 11^0\,30^! = 7860 \cdot 0,2$$

$$\text{„} = 1572 \text{ kg.}$$

3. Das größte Drehmoment $M_{t(\max)}$ der Kurbel.

Das veränderliche Drehmoment wird seinen größten Wert erreichen,
wenn die Pleuelstange mit der Kurbel einen rechten Winkel einschließt.
Da in dieser Stellung der Winkel α den Wert

$$\operatorname{tg} \alpha = \frac{R}{L} = \frac{R}{5\,R} = 0,2,$$

$$\alpha = 11^0\,20^!$$

hat, der mit dem größten Winkel beinahe übereinstimmt, so kann man auch hier den größten Zapfendruck in Rechnung setzen. Damit erhält man das größte Drehmoment

$$M_{t(max)} = P R = 7860 . 300 = \underline{2\,358\,000 \text{ kgmm,}}$$

4. Die Anzahl N_n der Pferdestärken.

Die Anzahl der nutzbaren Pferdestärken erhält man nach folgender, der Mechanik bezw. Maschinenlehre entnommenen Gleichung:

$$N_n = N_i \eta$$
$$\text{„} = \frac{F p_m . 2 R 2 . n}{60 . 75} . \eta$$
$$\text{„} = \frac{F p_m R n \eta}{15 . 75}, \text{ worin } p_m \sim 5 \text{ Atm. nach Tabelle,}$$
$$F = \frac{D^2 \pi}{4} = \frac{35^2 \pi}{4}$$
$$\text{„} = 962{,}11 \text{ qcm,}$$
$$R = 0{,}3 \text{ m,}$$
$$n = 120$$
$$\text{und} \quad \eta = 0{,}8 \text{ ist.}$$

Damit wird

$$N_n = \frac{962{,}11 . 5 . 0{,}3 . 120 . 0{,}8}{15 . 75} = 123{,}15$$
$$\text{„} = \sim 120 \text{ PS.}$$

5. Die Kraft P_1 am Umfange des Schwungrades.

Während das unter 3 für die Kurbel berechnete Drehmoment $M_{t(max)}$, als das größte auftretende Moment, nur zur Berechnung der Beanspruchungen der Kurbel und Welle dient, hat man zur Bestimmung der Umfangskraft P_1 das bedeutend kleinere Durchschnittsmoment M_t zu benutzen, wie es die im § 26 der Einführung angegebene Arbeitsgleichung liefert.

Man erhält

$$M_t = 716\,200 \frac{N}{n}, \text{ worin } M_t = P_1 R_1 \text{ ist,}$$
$$P_1 R_1 = 716\,200 \frac{N}{n},$$
$$P_1 = \frac{716\,200 \frac{N}{n}}{R_1} = \frac{716\,200 \, N}{R_1 \, n}$$
$$\text{„} = \frac{716\,200 . 120}{1300 . 120} = \frac{7162}{13} = \underline{550{,}9 \sim 550 \text{ kg.}}$$

II. Ermittlung des Kurbellagerdruckes A.

Dieser Druck bildet sich als Resultante aus den Horizontal- und Vertikalkomponenten der vom Kurbelzapfendruck und Riemenzug hervorgerufenen Lagerdrücke unter weiterer Berücksichtigung des nur vertikal wirkenden Schwungradgewichtes.

1. Der vom Kurbelzapfendruck P herrührende Lagerdruck A_P, nebst dessen Horizontal- und Vertikalkomponente $A_{P(h)}$ und $A_{P(v)}$.

a) Der Lagerdruck A_P.

Den· vorher unter Abs. I, 2 bestimmten größten Kurbelzapfendruck P denke man sich mit bezug auf Fig. 123 als parallele Hilfskräfte $+$ P und $-$ P am Fuße der Kurbel angebracht, so bildet der gegebene Zapfendruck P mit der Hilfskraft $-$ P ein Kräftepaar, welches das Drehmoment veranlaßt, während die andere Hilfskraft $+$ P ein Moment $P\cdot(l_1+l)$ liefert, falls an der Lagerstelle B ein Drehpunkt gedacht wird.

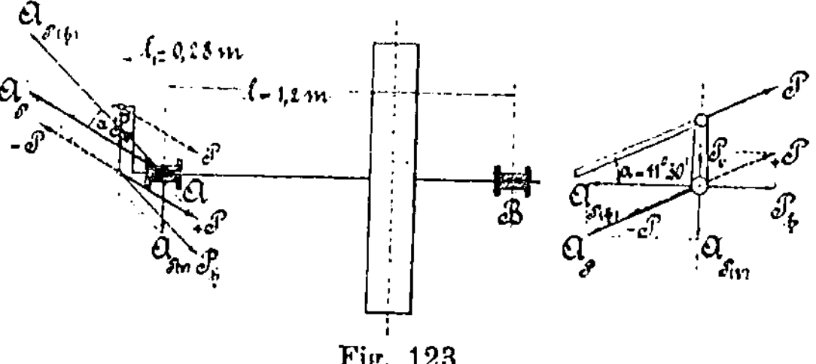

Fig. 123.

Diesem rechts aufwärts wirkenden Momente muß nun aber ein links abwärts gerichtetes Gegenmoment vom Werte $A_P\cdot l$ das Gleichgewicht halten.

Die Gleichgewichtsbedingung lautet daher

$$A_P\cdot l = P\cdot(l_1+l),$$

woraus sich die Größe des Lagerdruckes

$$A_P = \frac{P(l_1+l)}{l} = \frac{7860(0,28+1,2)}{1,2} = \frac{7860\cdot1,48}{1,2}$$

$$\text{„} = 9694 \text{ kg}$$

ergibt.

b) Die Horizontal- und Vertikalkomponente $A_{P(h)}$ und $A_{P(v)}$.

$$A_{P(h)} = A_P \cos\alpha = 9694\cdot\cos 11^0 30^l$$

$$\text{„} = 9499 \sim 9500 \text{ kg,}$$

$$A_{P(v)} = P\sin\alpha = 9694\cdot\sin 11^0 30^l$$

$$\text{„} = 9694\cdot0,2 = 1938,8 \sim 1939 \text{ kg.}$$

NB. Die Horizontalkomponente $A_{P(h)}$ kann man auch direkt aus den beiden Todstellungen der Kurbel ermitteln, in welchen der Kolbendruck mit der Pleuelstangenrichtung zusammenfällt.

In diesem Falle erhält man

$$A_{P(h)} \cdot 1 = P_k \cdot (l_1 + l),$$

$$A_{P(h)} = \frac{P_k (l_1 + l)}{l}$$

$$„ = \frac{7700 \cdot 1,48}{1,2}$$

$$„ = 9497 \sim 9500 \text{ kg.}$$

2. Berechnung des Riemenzuges R, nebst dessen Horizontal- und Vertikalkomponente R_h und R_v und der zugehörigen Lagerdrücke $A_{R(h)}$ und $A_{R(v)}$.

a) Der Riemenzug R.

1. Ermittlung der Riemenspannungen T und t.

Der Abstand m der Schwungradmitte von der Mitte der Riemenscheibe beträgt

$$m = \sqrt{\delta^2 + s^2} = \sqrt{0,55^2 + 4,5^2}$$

$$„ = \sqrt{0,3025 + 20,25} = \sqrt{20,5525}$$

$$„ = 4,533 \text{ m.}$$

Der vom Riemen überspannte Zentriwinkel ω der kleinen Scheibe ergibt sich zu

$$\cos \frac{\omega}{2} = \frac{R_1 - R_2}{m} = \frac{1,3 - 0,235}{4,533} = \frac{1,065}{4,533} = 0,2349,$$

$$\frac{\omega}{2} = 76^0 25^l,$$

$$\omega = 152^0 50^l.$$

Die Riemenspannung T erhält man unter bezugnahme auf das in der Einführung auf Seite 232—235 angegebene Beispiel 75 Abs. 3 mit

$$T = \frac{e^{\mu\omega}}{e^{\mu\omega} - 1} \cdot P.$$

Der Wert für $e^{\mu\omega}$ ergibt sich für das hier vorliegende Verhältnis zwischen

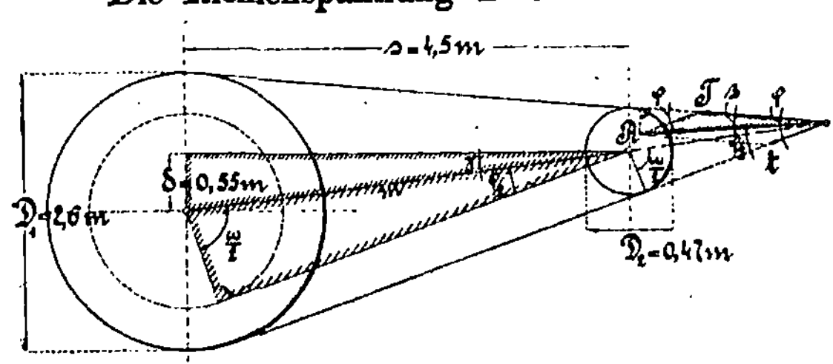

Fig. 124.

dem überspannten Bogen und Umfang oder, was dasselbe ist, für das Verhältnis zwischen dem überspannten Zentriwinkel ω und Vollwinkel 360^0, d. i.

$$\frac{\alpha}{360} = \frac{152^0 50^l}{360} = \frac{9170^l}{21\,600^l} = 0,4246 \sim 0,425,$$

nach der in der Hütte (18. Aufl.) Seite 219 aufgeführten Tabelle, für einen zwischen der gußeisernen Riemenscheibe und dem Lederriemen gültigen Reibungskoeffizienten $\mu = 0{,}28$ zu

$$e^{\mu \omega} = 2{,}11.$$

Mit diesem Werte und der im Abs. I, 5 angegebenen Umfangskraft P_1 erhält man

$$T = \frac{2{,}11}{2{,}11 - 1} \cdot P_1 = \frac{2{,}11}{1{,}11} \cdot P_1$$

$$\text{\„} = 1{,}901 \, P_1 = 1{,}901 \cdot 550 = 1045{,}55$$

$$\text{\„} = \sim 1046 \text{ kg.}$$

Die Kraft t im gezogenen Riementeile beträgt dann

$$T - t = P_1,$$

$$t = T - P_1 = 1{,}901 \, P_1 - P_1 = 0{,}901 \, P_1$$

$$\text{\„} = 0{,}901 \cdot 550 = 495{,}55$$

$$\text{\„} = \sim 496 \text{ kg.}$$

2. Bestimmung des von den offenen Riementeilen eingeschlossenen Winkels φ.

Mit bezug auf Fig. 124 ist der Winkel zwischen der Verbindungslinie der beiden Scheibenmittel und der Horizontalen

$$\operatorname{tg} \gamma = \frac{\delta}{s} = \frac{0{,}55}{4{,}5} = 0{,}1222,$$

$$\gamma = 6^{0} 58^{\text{l}}.$$

Der gesuchte Winkel φ folgt aus

$$\sin \frac{\varphi}{2} = \frac{R_1 - R_2}{m} = \frac{1{,}3 - 0{,}235}{4{,}533} = \frac{1{,}065}{4{,}533} = 0{,}23494,$$

$$\frac{\varphi}{2} = 13^{0} 35^{\text{l}},$$

$$\varphi = 2 \cdot 13^{0} 35^{\text{l}} = 27^{0} 10^{\text{l}}.$$

3. Der Riemenzug R.

Aus dem in Fig. 124 angegebenen Kräftedreieck erhält man mit Hilfe des erweiterten Pythagoras

$$R = \sqrt{T^2 + t^2 + 2 \, T t \cos \varphi}$$

$$\text{\„} = \sqrt{(1{,}901 \, P_1)^2 + (0{,}901 \, P_1)^2 + 2 \cdot 1{,}901 \cdot P_1 \cdot 0{,}901 \, P_1 \cdot \cos \varphi}$$

$$\text{\„} = P_1 \sqrt{1{,}901^2 + 0{,}901^2 + 2 \cdot 1{,}901 \cdot 0{,}901 \cdot \cos 27^{0} 10^{\text{l}}}$$

$$\text{\„} = P_1 \sqrt{3{,}613801 + 0{,}811801 + 3{,}0476}$$

$$\text{\„} = P_1 \sqrt{7{,}473202} = 2{,}7337 \, P_1$$

$$\text{\„} = 2{,}7337 \cdot 550 = 1503{,}53 \sim 1504 \text{ kg.}$$

b) Die Horizontal- und Vertikalkomponente R_h und R_v.

Da nach Fig. 125 die gesuchten Komponenten von dem Neigungswinkel δ abhängig sind, der wiederum die Kenntnis des Winkels β
voraussetzt, so sind in erster Linie diese Winkel zu bestimmen.

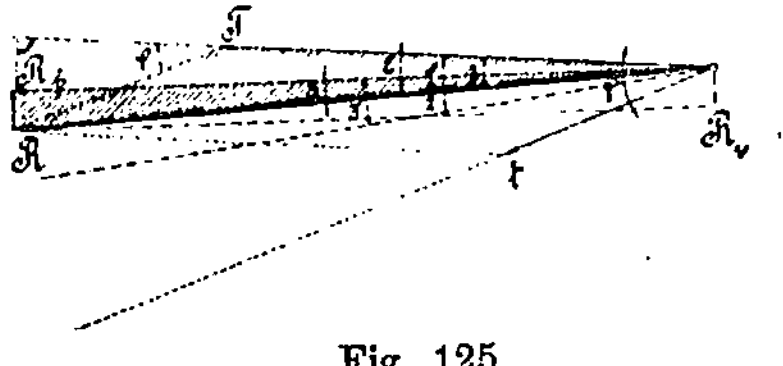
Fig. 125.

1. Bestimmung der Winkel β und δ.

Den Winkel β erhält man mit Hilfe des erweiterten Pythagoras aus dem, aus Fig. 125 zu ersehenden stumpfwinkligen Kräftedreiecke zu

$$t : R = \sin \beta : \sin(180 - \varphi),$$

$$\sin \beta = \frac{t \sin(180 - \varphi)}{R} = \frac{t \sin \varphi}{R}$$

$$\text{''} = \frac{0{,}901\,P_1 \sin\varphi}{2{,}7337\,P_1} = \frac{0{,}901 \cdot \sin 27^0\,10^{\text{l}}}{2{,}7337},$$

$$\beta = 8^0\,39^{\text{l}}.$$

Der Winkel δ beträgt

$$\delta = \beta - \varepsilon, \quad \text{wo} \quad \varepsilon = \frac{\varphi}{2} - \gamma$$

$$\text{''} = 13^0\,35^{\text{l}} - 6^0\,58^{\text{l}}$$

$$\text{''} = 6^0\,37^{\text{l}} \text{ beträgt,}$$

$$\text{''} = 8^0\,39^{\text{l}} - 6^0\,37^{\text{l}} = 2^0\,2^{\text{l}}.$$

2. Die Komponenten R_h und R_v

$$R_h = R \cos \delta = 1504 \cdot \cos 2^0\,2^{\text{l}}$$

$$\text{''} = 1503 \text{ kg,}$$

$$R_v = R \sin \delta = 1504 \sin 2^0\,2^{\text{l}}$$

$$\text{''} = 53{,}36 \sim 53{,}4 \text{ kg.}$$

c) Der Horizontal- und Vertikal-Lagerdruck $A_{R(h)}$ und $A_{R(v)}$.

Denkt man sich in Fig. 126 die Welle bei B drehbar gelagert, so ist

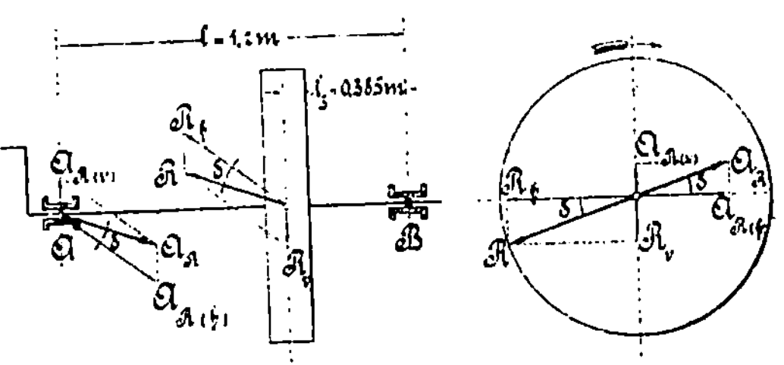
Fig. 126.

$$A_{R(h)} \cdot 1 = R_h \cdot l_3,$$

$$A_{R(h)} = \frac{R_h \cdot l_3}{1} = \frac{1503 \cdot 0,385}{1,2} = 482,2 \text{ kg,}$$

$$A_{R(v)} \cdot 1 = R_v \cdot l_3,$$

$$A_{R(v)} = \frac{R_v \cdot l_3}{1} = \frac{53,4 \cdot 0,385}{1,2} = 17,13 \sim 17,2 \text{ kg.}$$

1. Der vom Schwungrad herrührende vertikale Lagerdruck $A_{S(v)}$.

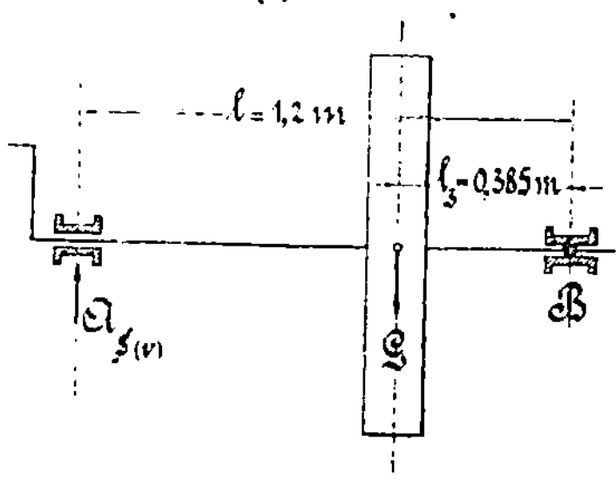

Fig. 127

Stellt man sich wieder die Welle bei B drehbar gelagert vor, so ist mit bezug auf Fig. 127

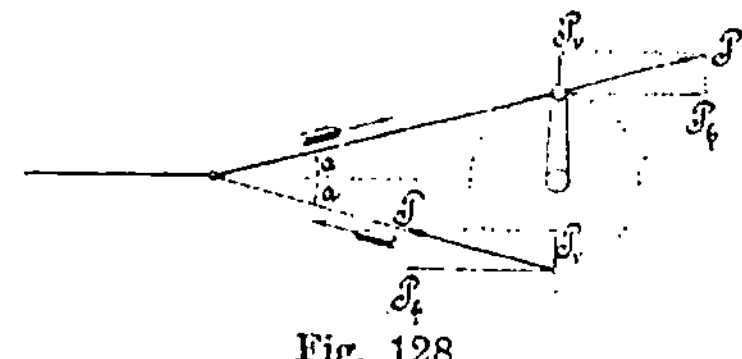

Fig. 128.

$$A_{S(v)} \cdot 1 = G \cdot l_3,$$

$$A_{S(v)} = \frac{G \cdot l_3}{1} = \frac{3800 \cdot 0,385}{1,2}$$

$$\text{\textquotedbl} \quad = 1219,1 \text{ kg.}$$

2. Der resultierende Lagerdruck A.

Wie die Fig. 128 erkennen läßt, ist bei der vorliegenden Frage der Hin- und Rückgang des Kolbens bezw. der Pleuelstange zu berücksichtigen.

Während in der höchsten und tiefsten Stellung des Kurbelzapfens die Kraft P_v nach oben gerichtet bleibt, ändert die Kraft P_h ihren Richtungssinn, was bei Feststellung des Lagerdruckes A zu beachten ist.

a) Bewegt sich die Pleuelstange vorwärts, so erhält man den Lagerdruck A nach Fig. 129a mit Hilfe des pythagoreischen Lehrsatzes zu

$$A = \sqrt{(A_{P(h)} - A_{R(h)})^2 + (- A_{P(v)} + A_{R(v)} + A_{S(v)})^2},$$

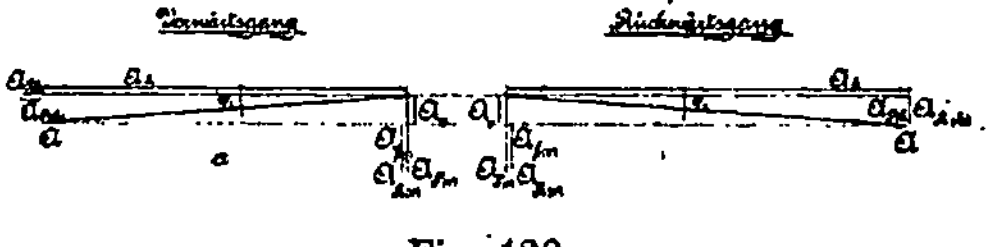

Fig. 129.

welcher Ausdruck jedoch nicht näher ausgerechnet zu werden braucht, da er nicht den größten Wert liefert.

b) **Bewegt sich die Pleuelstange zurück**, so bildet sich der Lagerdruck A mit bezug auf Fig. 129b zu

$$A = \sqrt{(A_{(Ph)} + A_{(Rh)})^2 + (-A_{P(v)} + A_{R(v)} + A_{S(v)})^2}$$
$$„ = \sqrt{(9500 + 482,2)^2 + (-1939 + 17,2 + 1219,1)^2}$$
$$„ = \sqrt{9982,2^2 + (-702,7)^2}$$
$$„ = \sqrt{99\,648\,000 + 493\,800} = \sqrt{100\,141\,800}$$
$$„ = 10\,006,9 \sim 10\,007 \ \text{kg.}$$

3. **Der Neigungswinkel** ϱ_2.

$$\cos\varrho_2 = \frac{A_{P(h)} + A_{R(h)}}{A} = \frac{9500 + 482,2}{10\,007} = \frac{9982,2}{10\,007},$$

$$\varrho_2 = 3^0\ 29^| \sim 3,5^0.$$

III. Ermittlung des Kurbellagerdruckes B.

Auch dieser Druck bildet sich, wie bei der Lagerstelle A, als Resultante aus den Horizontal- und Vertikalkomponenten der vom Kurbelzapfendruck und Riemenzug veranlaßten Kurbellagerdrücke, sowie des vom Schwungradgewichte herrührenden vertikalen Lagerdruckes.

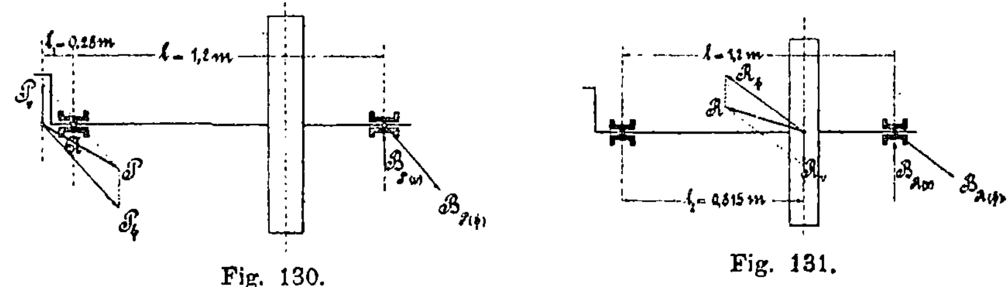

Fig. 130.　　　　　　　　　Fig. 131.

1. **Der vom Kurbelzapfendruck P hervorgerufene horizontale und vertikale Lagerdruck** $B_{P(h)}$ **und** $B_{P(v)}$.

Denkt man sich in Fig. 130 die Welle in A drehbar gelagert, so folgt:

$$P_h . l_1 = B_{P(h)} . l,$$
$$B_{P(h)} = \frac{P_h . l_1}{l} = \frac{7700 . 0,28}{1,2} = 1796.7 \ \text{kg.}$$
$$P_v . l_1 = B_{P(v)} . l,$$
$$B_{P(v)} = \frac{P_v . l_1}{l} = \frac{1572 . 0,28}{1,2} = 366,8 \ \text{kg.}$$

2. **Der vom Riemenzug herrührende horizontale und vertikale Lagerdruck** $B_{R(h)}$ **und** $B_{R(v)}$.

Nach Fig. 131 ist

$$B_{R(v)} . l = R_v . l_2,$$

$$B_{R(v)} = \frac{R_v \cdot l_2}{l} = \frac{53,4 \cdot 0,815}{1,2} = 36,3 \text{ kg},$$

$$B_{R(h)} \cdot l = R_h \cdot l_2,$$

$$B_{R(h)} = \frac{R_h \cdot l_2}{l} = \frac{1503 \cdot 0,815}{1,2} = 1020,8 \text{ kg}.$$

3. Der vom Schwungradgewicht herrührende Lagerdruck $B_{S(v)}$.

Nach Fig. 132 erhält man

$$B_{S(v)} \cdot l = G \cdot l_2,$$

$$B_{S(v)} = \frac{G \cdot l_2}{l} = \frac{3800 \cdot 0,815}{1,2}$$

$$= 2580,8 \text{ kg.}$$

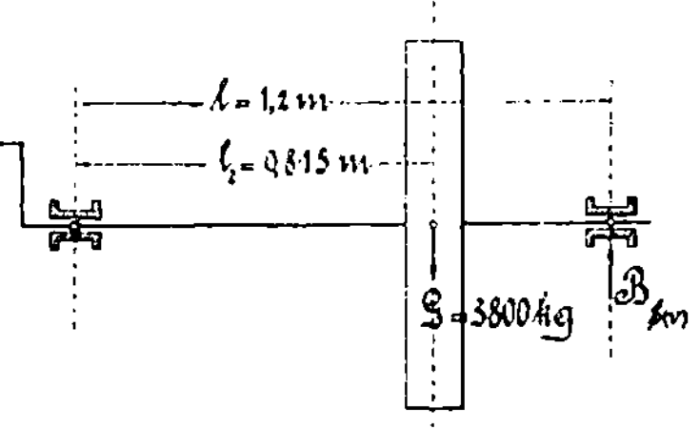

Fig. 132.

4. Der resultierende Lagerdruck B.

Auch in diesem Falle ist, wie beim Lagerdrucke A (vergl. Abs. II, 4), der Vor- und Rückwärtsgang der Pleuelstange zu beachten.

a) Bewegt sich diese Stange **rückwärts**, so beträgt der **Lagerdruck B** nach Fig. 133a

$$B = \sqrt{(B_{R(h)} - B_{P(h)})^2 + (B_{P(v)} + B_{R(v)} + B_{S(v)})^2},$$

welchen Ausdruck man nicht weiter auszurechnen braucht, da beim Vorwärtsgang der Pleuelstange ein größerer Wert zustande kommt.

b) Bei der **Vorwärtsbewegung** der Pleuelstange erhält man nach Fig. 133b einen Lagerdruck

$$B =$$

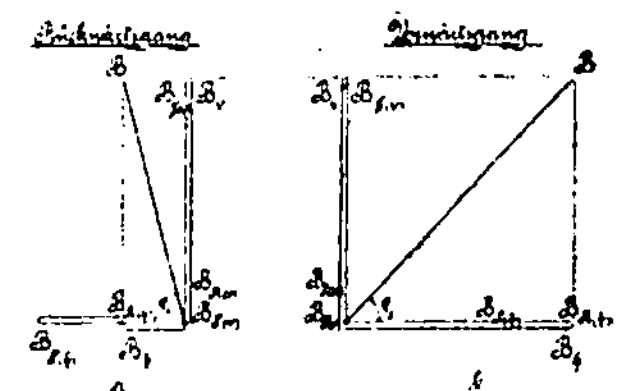

Fig. 133.

$$\sqrt{(B_{P(h)} + B_{R(h)})^2 + (B_{P(v)} + B_{R(v)} + B_{S(v)})^2}$$

$$B = \sqrt{(1796,7 + 1020,8)^2 + (366,8 + 36,3 + 2580,8)^2}$$

$$„ = \sqrt{2817,5^2 + 2983,9^2}$$

$$„ = \sqrt{7\,938\,400 + 8\,903\,600}$$

$$„ = \sqrt{16\,842\,000} = 4103,9 \sim 4104 \text{ kg.}$$

5. Der Steigungswinkel ϱ_2.

Nach Fig. 133b ist

$$\cos \varrho_2 = \frac{B_{P(h)} + B_{R(h)}}{B} = \frac{1796,7 + 1020,8}{4104}$$

$$\cos \varrho_2 = \frac{2817,5}{4104},$$

$$\varrho_2 = 46^0\,39^!.$$

IV. Berechnung der Biegungsmomente nebst der graphischen Darstellung der Momentenflächen.

a) Berechnung der Biegungsmomente.

Die für die Querschnittsstellen A und C vorliegenden einzelnen, wie auch zusammengesetzten Biegungsmomente ergeben sich in folgender Weise:

1. Die für die Lagerstelle A geltenden Biegungsmomente $M_{A(Pv)}$ und $M_{A(Ph)}$ für den im Abs. II, 1 behandelten und in Fig. 123 dargestellten Belastungsfall, bei dem nur der Kurbelzapfendruck auf die Welle einwirkt, betragen

$$M_{A(Pv)} = P_v \cdot l_1 = 1572 \cdot 0,28 = 440,16 \text{ mkg},$$

$$M_{A(Ph)} = P_h \cdot l_1 = 7700 \cdot 0,28 = 2156 \text{ mkg}.$$

Das resultierende Biegungsmoment M_b erhält man entweder aus

$$M_b = \sqrt{M_{A(Pv)}^2 + M_{A(Ph)}^2}$$

oder einfacher zu

$$M_b = P\,l_1 = 7860 \cdot 0,28$$
$$„ = 2200,8 \text{ mkg}.$$

Diese Werte gelten also für die Querschnittsstelle A der Welle.

2. Die für die Querschnittsstelle C geltenden Biegungsmomente $M_{A(Rv)}$ und $M_{A(Rh)}$ für den im Abs. II, 2c behandelten und in Fig. 126 dargestellten Belastungsfall, bei dem nur der Riemenzug auf die Welle einwirkt, betragen

$$M_{A(Rv)} = A_{R(v)} \cdot l_2 = 17,2 \cdot 0,815 = 14,018 \sim 14,02 \text{ mkg},$$

$$M_{A(Rh)} = A_{R(h)} \cdot l_2 = 482,2 \cdot 0,815 = 392,993 \sim 393 \text{ mkg}.$$

3. Das ebenfalls für die Querschnittsstelle C gültige Biegungsmoment $M_{A(Sv)}$ für den im Abs. II, 3 aufgeführten und in Fig. 127 dargestellten Belastungsfall, bei dem nur das Schwungradgewicht auf die Welle einwirkt, beträgt

$$M_{A(Sv)} = A_{S(v)} \cdot l_2 = 1219,1 \cdot 0,815 = 993,5665$$
$$„ = \sim 993,57 \text{ mkg}.$$

4. Die für die Querschnittsstelle C geltenden zusammengesetzten Biegungsmomente M_v und M_h erhält man mit bezug auf Fig. 134a aus: Links von C als Drehpunkt,

$$M_v = P_v\,(l_1 + l_2) + A_v \cdot l_2$$
$$„ = P_v\,(l_1 + l_2) + (- A_{P(v)} + A_{R(v)} + A_{S(v)}) \cdot l_2$$

$$M = 1572\,(0,28 + 0,815) + (-1939 + 17.2 + 1219.1)\,.\,0,815$$
$$\text{\textasciitilde} = 1572\,.\,1,095 + (-702,7)\,0,815$$
$$\text{\textasciitilde} = 1721,34 - 572,7$$
$$\text{\textasciitilde} = 1148,64 \sim 1148,7 \ \text{mkg.}$$

Rechts von C als Drehpunkt,

$$M_v = B_v\,.\,l_3$$
$$\text{\textasciitilde} = (B_{P(v)} + B_{R(v)} + B_{S(v)})\,.\,l_3$$
$$\text{\textasciitilde} = (366,8 + 36,3 + 2580,8)\,.\,0,385$$
$$\text{\textasciitilde} = 2983,9\,.\,0,385 = 1148,8 \sim 1148,7 \ \text{mkg.}$$

Bei dem Biegungsmomente M_h ist der Vor- und Rückwärtsgang zu unterscheiden.

a) beim Vorwärtsgang.

Links von C als. Drehpunkt,

$$M_h = -P_h\,(l_1 + l_2) + A_h\,.\,l_2$$
$$\text{\textasciitilde} = -P_h\,(l_1 + l_2) + (A_{P(h)} - A_{R(h)})\,.\,l_2$$
$$\text{\textasciitilde} = -7700\,(0,28 + 0,815) + (9500 - 482,2)\,.\,0,815$$
$$\text{\textasciitilde} = -7700\,.\,1,095 + 9017,8\,.\,0,815$$
$$\text{\textasciitilde} = -8431,5 + 7349,507$$
$$\text{\textasciitilde} = -1081,993 \sim -1082 \ \text{mkg.}$$

Rechts von C als Drehpunkt,

$$M_h = -B_h\,.\,l_3$$
$$\text{\textasciitilde} = -(B_{P(h)} + B_{R(h)})\,.\,l_3$$
$$\text{\textasciitilde} = -(1796,7 + 1020,8)\,.\,0,385$$
$$\text{\textasciitilde} = -2817,5\,.\,0,385$$
$$\text{\textasciitilde} = -1084,7 \sim -1084 \ \text{mkg.}$$

Die kleine Differenz zwischen den letzten beiden Resultaten ist auf kleine Abrundungen der in Frage kommenden Werte zurückzuführen.

b) Beim Rückwärtsgange.

Links von C als Drehpunkt,

$$M_h = P_h\,(l_1 + l_2) - A_h\,.\,l_2$$
$$\text{\textasciitilde} = P_h\,(l_1 + l_2) - (A_{P(h)} + A_{R(h)})\,l_2$$
$$\text{\textasciitilde} = 7700\,(0,28 + 0,815) - (9500 + 482,2)\,.\,0,815$$
$$\text{\textasciitilde} = 7700\,.\,1,095 - 9982,2\,.\,0,815$$
$$\text{\textasciitilde} = 8431,5 - 8135,493$$
$$\text{\textasciitilde} = 296,007 \sim 296 \ \text{mkg}$$

Rechts von C als Drehpunkt

$$M_h = -B_h\,.\,l_3$$
$$\text{\textasciitilde} = -(-B_{P(h)} + B_{R(h)})\,l_3$$

$$M_h = -(-1796,7 + 1020,8)\,0,385$$
$$\text{„} = -(-775,9)\,0,385.$$
$$\text{„} = 298,7 \sim 298 \text{ mkg.}$$

Auch hier ist die kleine Differenz auf die verschiedenen Abrundungen zurückzuführen.

Im übrigen kommt dieses Moment nicht weiter in Frage, da es viel kleiner als das beim Vorwärtsgange ist.

5. Das resultierende Biegungsmoment M_b an der Schwungradstelle C.

Dieses Moment erhält man entweder indirekt nach Fig. 135 zu

$$M_b = \sqrt{M_v^2 + M_h^2}$$
$$\text{„} = \sqrt{1148,8^2 + (-1084)^2}$$
$$\text{„} = \sqrt{1\,319\,700 + 1\,175\,056} = \sqrt{2\,494\,756} = 1579,5 = \sim 1580 \text{ mkg}$$

oder direkt mit Hilfe der im Abs. II, 4 und III, 4 bestimmten resultierenden Lagerdrücke A oder B.

Mit B folgt

$$M_b = Bl_3 = 4104 \cdot 0,385 = 1580 \text{ mkg,}$$

wo die kleine Differenz zwischen den beiden Resultaten wiederum auf die Abrundungen zurückzuführen ist.

b) Die graphische Darstellung der Biegungsmomente.

1. Man trage in Fig. 134a unterhalb der Welle AB die unter Abschnitt a von 1 bis 3 festgestellten **vertikalen Biegungsmomente**
$$M_{A(Pv)},\ M_{A(Rv)}\ \text{und}\ M_{A(Sv)}$$

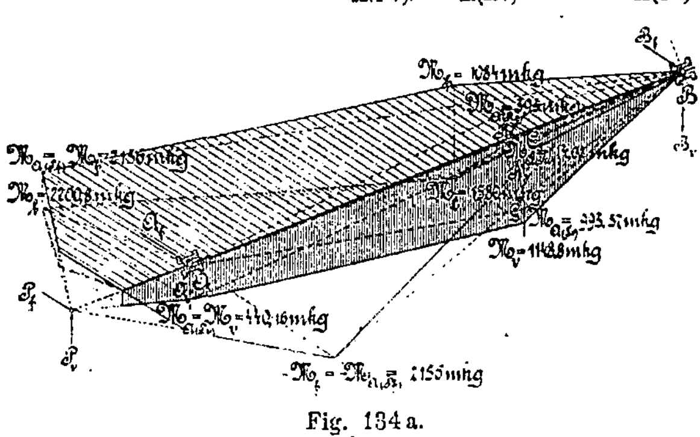

Fig. 134a.

so an, daß das erste Moment an die Stelle A kommt, die beiden anderen dagegen an die Stelle C zu liegen kommen. Die drei punktierten Dreiecksflächen bilden dann die zugehörigen Biegungsmomentenflächen für die vertikalen Kräfte.

Addiert man diese Flächen, so erhält man die ganze Biegungsmomentenfläche der vertikalen Kräfte, die beispielsweise an der Stelle C den bereits unter Abschnitt a, 4 berechneten Wert, nämlich $M_v = 1148,7$ mkg ergeben muß.

2. Für den Vorwärtsgang der Pleuelstange gültig trage man die im Abschnitt a unter 1 und 2 berechneten **horizontalen Biegungsmomente** $M_{A(Ph)}$ und $M_{A(Rh)}$ oberhalb der Welle AB auf, womit man die beiden in Fig. 134a punktierten, dreieckigen Momentenflächen erhält, deren Summe die ganze Biegungsmomentenfläche der horizontalen Kräfte ergibt. So liefert diese Fläche beispielsweise an der Stelle C den Wert $M_h = -1084$ mkg, der bereits unter Abs. 4a berechnet worden ist.

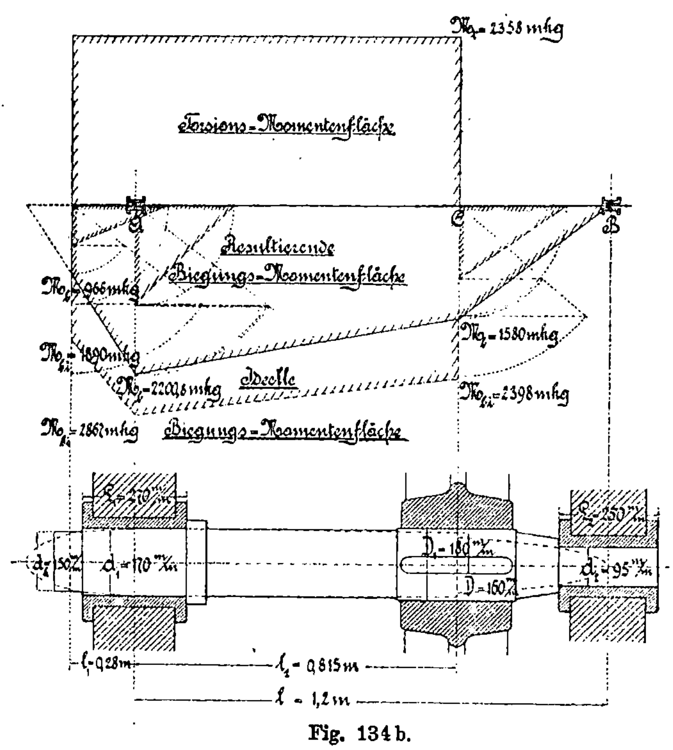

Fig. 134b.

Beim Rückwärtsgange der Pleuelstange wäre das erstere Moment $M_{A(Ph)}$ unterhalb der Welle anzutragen, was ebenfalls in Fig. 134a dargestellt ist. Damit reduziert sich nun aber die oberhalb der Welle angetragene Momentenfläche, z. B. an der Stelle C, bis auf den Wert $M_h = 296$ mkg, der bereits im Abs. 4, b berechnet worden ist. Da also die letzte punktiert angegebene Fläche kleinere Momente liefert, als die vorgenannte, für den Vorwärtsgang gültige Momentenfläche, so kommt sie hier nicht weiter in Betracht.

3. Aus den senkrecht und horizontal gerichteten Biegungsmomenten kann man nun für die einzelnen Querschnittsstellen der Welle ohne große

Mühe die resultierenden Biegungsmomente M_b graphisch oder analytisch feststellen.

Graphisch hat man, wie es in Fig. 134a geschehen ist, für jede Querschnittsstelle das daselbst wirkende horizontale und vertikale Biegungsmoment zu einem Parallelogramm zu vereinigen, in dem dann die Diagonale das gesuchte **resultierende Biegungsmoment** darstellt.

Analytisch führt der pythagoreische Lehrsatz zum Ziele, wie Fig. 135 erkennen läßt. Hiernach erhält man die einzelnen resultierenden Biegungsmomente aus

$$M_b = \sqrt{M_v{}^2 + M_h{}^2}.$$

4. Das bereits im Abs. I, 3 bestimmte **größte Drehmoment** M_t hat man ferner, wie Fig. 134b zeigt, als ein vom linken Wellenende ausgehendes und bis zur Schwungradstelle C reichendes Rechteck aufzutragen, welches dann an jeder Querschnittsstelle mit dem zugehörigen resultierenden Biegungsmomente M_b zu einem ideellen Biegungsmomente M_{bi} zu vereinigen ist, wie es in Fig. 134b nach Maßgabe des folgenden Absatzes 5 ausgeführt worden ist.

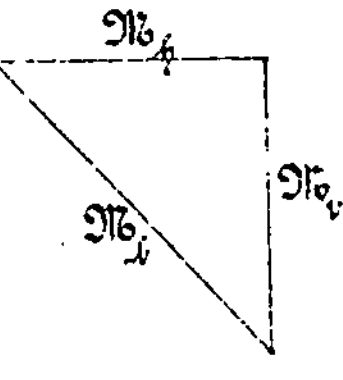

Fig. 135.

5. Die Konstruktion des **ideellen Biegungsmomentes** M_{bi} nach der in § 15 Abs. 4 aufgeführten Gleichung 75 geschieht auf folgende Weise:

a) **Das resultierende Biegungsmoment** M_b.

Man trage das vorher unter 3 gefundene und in Fig. 135 dargestellte resultierende Biegungsmoment M_b als die in Fig. 136 angegebene Strecke $\overline{AB}$ auf, die im Punkte C so geteilt ist, daß der obere Abstand $AC = 0{,}65$ und die untere Entfernung $BC = 0{,}35$ ist.

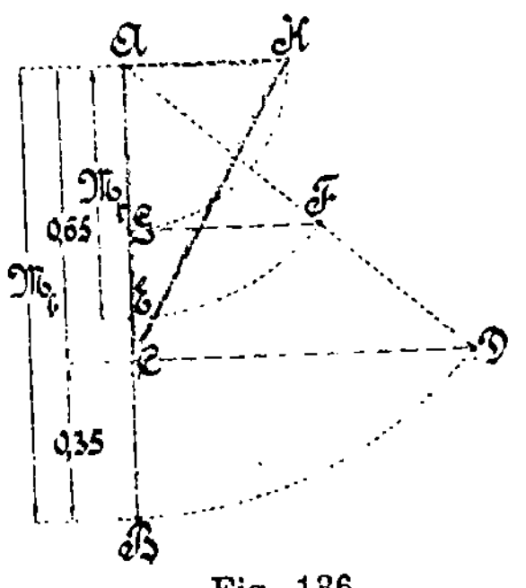

Fig. 136.

Mit der Strecke $\overline{AB}$ beschreibe man von A aus einen Kreisbogen, der von dem in C errichteten Lote im Punkte D geschnitten wird. Die Verbindungslinie $\overline{AD}$ ist dann wieder M_b, von der $\overline{AC}$ das 0,65 fache darstellt.

b) **Das Drehmoment** M_t.

Auf der Strecke $\overline{AB}$ trage man in gleichem Maßstabe das Drehmoment M_t als Strecke $\overline{AE}$ auf, beschreibe damit von A aus einen Kreisbogen, der die Linie $\overline{AD}$ in F schneidet. Fällt man nun noch vom Punkte F aus das Lot $\overline{GF}$, so ist infolge der Ähnlichkeit der Dreiecke AGF und ACD, die Strecke $\overline{AG}$ d 0,65 fache von der Strecke $\overline{AF}$, die gleich M_t ist.

c) Das ideelle Biegungsmoment M_{bi}.

Trägt man nun in Fig. 136 die Strecke $\overline{AG} = \overline{AH}$ senkrecht zu $\overline{AB}$ auf und verbindet die Punkte C und H miteinander, so erhält man nach dem pythagoreischen Lehrsatz

$$\overline{CH}^2 = \overline{AC}^2 + \overline{AH}^2$$
$$\text{„} = (0,65\,M_b)^2 + (0,65\,M_t)^2$$
$$\text{„} = 0,65^2\,(M_b{}^2 + M_t{}^2),$$
$$\overline{CH} = \sqrt{0,65^2(M_b{}^2 + M_t{}^2)}$$
$$\text{„} = 0,65\,\sqrt{M_b{}^2 + M_t{}^2}.$$

Addiert man zu diesem Werte noch die Strecke $\overline{BC} = 0,35\,M_b$, so ist

$$M_{bi} = \overline{BC} + \overline{CH}$$
$$\text{„} = 0,35\,M_b + 0,65\,\sqrt{M_b{}^2 + M_t{}^2}.$$

Dieses Verfahren kann für jede Querschnittsstelle sehr schnell durchgeführt werden, wie es auch in Fig. 134 b für die Kurbelsitzstelle und die beiden Lagerstellen A und B sichtbar geschehen ist.

V. Die Durchmesser d_1, d_2 und D an den Lager- und Schwungradstellen A, B und C.

1. Die Zapfenabmessungen an der Lagerstelle A.

a) Das ideelle Biegungsmoment M_{bi}.

Nach § 15 Abs. 4, Gleichung 99 unter weiterer bezugnahme auf Abs. I, 3 und Abs. IV, 1 erhält man

$$M_{bi} = 0,35\,M_b + 0,65\,\sqrt{M_b{}^2 + M_t{}^2}$$
$$\text{„} = 0,35 \cdot 2200,8 + 0,65\,\sqrt{2200,8^2 + 2358^2}$$
$$\text{„} = 770,28 + 0,65\,\sqrt{4\,843\,520,64 + 5\,560\,164}$$
$$\text{„} = 770,28 + 0,65\,\sqrt{10\,403\,684,64}$$
$$\text{„} = 770,28 + 2096,5$$
$$\text{„} = 2866,78 \sim 2867 \text{ mkg.}$$

b) Der Durchmesser d_1 des Halszapfens.

Mit Hilfe der in § 14 der Einführung unter Gleichung 58 aufgeführten Biegungsgleichung, in die man das ideelle Biegungsmoment einführt, folgt

$$M_{bi} = W\,k_b = \frac{d_1{}^3\pi}{32}\,k \sim 0,1\,d_1{}^3\,k_b,$$
$$d_1 = \sqrt[3]{\frac{M_{bi}}{0,1\,k_b}} = \sqrt[3]{\frac{286\,700}{0,1 \cdot 600}}$$
$$\text{„} = \sqrt[3]{\frac{28\,670}{6}} = 16,85 \text{ cm} = \sim 170 \text{ mm.}$$

Damit wird das Verhältnis zwischen Zapfenlänge L_1 und Durchmesser d_1

$$\alpha = \frac{L_1}{d_1} = \frac{270}{170} = 1{,}59.$$

c) Kontrolle gegen spez. Flächendruck und Reibungsarbeit.

Den spez. Flächendruck erhält man unter Benutzung des in Abs. II, 4 ermittelten resultierenden Lagerdruckes A zu

$$A = f_1 p_1 = L_1 d_1 \cdot p_1,$$
$$p_1 = \frac{A}{L_1 \cdot d_1} = \frac{10007}{270 \cdot 170} = 0{,}218 \text{ kg/qmm.}$$

Gegen Reibungsarbeit bezw. Erwärmung erhält man

$$A n = L_1 w_1,$$
$$w_1 = \frac{A n}{L_1} = \frac{10007 \cdot 120}{270} = 4447.$$

Dieser Wert ist zwar etwas hoch, jedoch noch zulässig, wenn der Zapfen auf Weißmetall läuft.

2. Die Zapfenabmessungen an der Lagerstelle B.

a) Der Durchmesser d_2 des Stirnzapfens.

Mit bezug auf § 14 der Einführung, Gleichung 58 und Abs. III, 4 des vorliegenden Beispieles erhält man

$$M_b = W k_b, \quad \text{worin} \quad M_b = B \cdot \frac{L_2}{2}$$

$$\text{und } W = 0{,}1\, d_2{}^3 \text{ ist.}$$

Diese Werte eingesetzt, liefern

$$B \cdot \frac{L_2}{2} = 0{,}1\, d_2{}^3 \cdot k_b,$$

$$d_2 = \sqrt[3]{\frac{B L_2}{2 \cdot 0{,}1 \cdot k_b}} = \sqrt[3]{\frac{4104 \cdot 250}{0{,}2 \cdot 6}} = \sqrt[3]{684 \cdot 1250}$$

$$\text{,,} = 94{,}9 \sim 95 \text{ mm.}$$

b) Kontrolle gegen spez. Flächendruck und Reibungsarbeit.

Der spez. Flächendruck beträgt

$$B = f_2 \cdot p_2 = L_2 d_2 \cdot p_2,$$
$$p_2 = \frac{B}{L_2 d_2} = \frac{4104}{250 \cdot 95} = 0{,}173 \text{ kg/qmm.}$$

Gegen Reibungsarbeit bezw. Erwärmung erhält man

$$B \cdot n = L_2 \cdot w_2,$$
$$w_2 = \frac{B \cdot n}{L_2} = \frac{4104 \cdot 120}{250} = 1969{,}9.$$

3. Der Wellendurchmesser D an der Schwungradstelle.

a) Das ideelle Biegungsmoment M_{bi}.

Nach der im § 15 Abs. 4 genannten Gleichung 99 erhält man unter Benutzung der in Abs. I, 3 und IV a, 5 gefundenen Momente

$$M_{bi} = 0,35\, M_b + 0,65\, \sqrt{M_b{}^2 + M_t{}^2}$$
$$\text{„} \quad = 0,35 \cdot 1580 + 0,65\, \sqrt{1580^2 + 2358^2}$$
$$\text{„} \quad = 553 + 0,65\, \sqrt{2\,496\,400 + 5\,560\,164}$$
$$\text{„} \quad = 553 + 0,65\, \sqrt{8\,056\,564}$$
$$\text{„} \quad = 553 + 1844,9$$
$$\text{„} \quad = 2397,9 \sim 2398 \text{ mkg.}$$

b) Der Durchmesser D.

Das gefundene ideelle Biegungsmoment in die in § 14 der Einführung aufgeführte Biegungsgleichung 58 eingesetzt, liefert

$$M_{bi} = W k_b \sim 0,1\, D^3 k_b,$$
$$D = \sqrt[3]{\frac{M_{bi}}{0,1\, k_b}} = \sqrt[3]{\frac{239\,800}{0,1 \cdot 600}}$$
$$\text{„} \quad = \sqrt[3]{3996,66} = 15,87 \text{ cm} \infty 160 \text{ mm.}$$

c) Der Wellendurchmesser D_1 mit Keilnute.

Der Keilzuschlag berechnet sich nach der Erfahrungsgleichung

$$h = 0,5\, b = 0,5\, (0,2\, D + 6),$$

worin h die Keilhöhe, b die Keilbreite und D den vorher gefundenen, ungeschwächt bleibenden Wellendurchmesser bedeutet.

Damit erhält man den auszuführenden Wellendurchmesser

$$D_1 = D + h$$
$$\text{„} \quad = D + 0,5\, (0,2\, D + 6)$$
$$\text{„} \quad = D + 0,1\, D + 3$$
$$\text{„} \quad = 1,1\, D + 3 = 1,1 \cdot 160 + 3 = 176 + 3$$
$$\text{„} \quad = 179 \sim 180 \text{ mm.}$$

NB. Die Welle könnte nun mit gleichbleibendem Durchmesser oder auch mit Achsenkopf ausgeführt werden. Es kommt ganz darauf an, ob das Gewicht der Welle möglichst gering gehalten werden soll oder nicht, und ob das Schwungrad einteilig oder mehrteilig hergestellt wird. Wie die Fig. 134 b zeigt, sind der Welle die Abmessungen zu geben, die den Rechnungswerten entsprechen. Hierbei paßt sich die Wellenform möglichst dem punktiert angegebenen theoretischen Grundkörper an.

45. Aufgabe. Für eine stehende Dampfmaschine, die einen Zylinderdurchmesser von 25 cm hat, soll nach beistehenden Abmessungen eine gekröpfte Kurbelwelle aus Stahl hergestellt werden, deren Materialbeanspruchung 5 kg gegen Biegung und 3 kg gegen Abscherung betragen soll.

Die Maschine arbeite mit einer Dampfspannung von 5 Atm Überdruck und leiste bei 120 Umdrehungen pro Minute und bei 2,5 m mittlerer Kolbengeschwindigkeit 25 Pferdestärken. Die rückwärts verlängerte Kolbenstange habe einen Durchmesser von 4 cm.

Das am freien Ende aufgezogene Schwungrad von 1600 kg Gewicht und 1,3 m Halbmesser soll als Riemenscheibe benutzt werden, hierbei sei angenommen, daß der resultierende Riemenzug von rd. der dreifachen Umfangskraft horizontal gerichtet ist. Der spez. Lagerdruck soll 0,2 kg pro qmm nicht überschreiten.

Lösung:

1. Berechnung des Kurbelradius, des Kolbendruckes, des Drehmomentes der Welle, des zu übertragenden Momentes, der Umfangskraft und des resultierenden Riemenzuges.

1. Der Kurbelradius R.

Die der Mechanik entnommene Gleichung der Umfangsgeschwindigkeit liefert

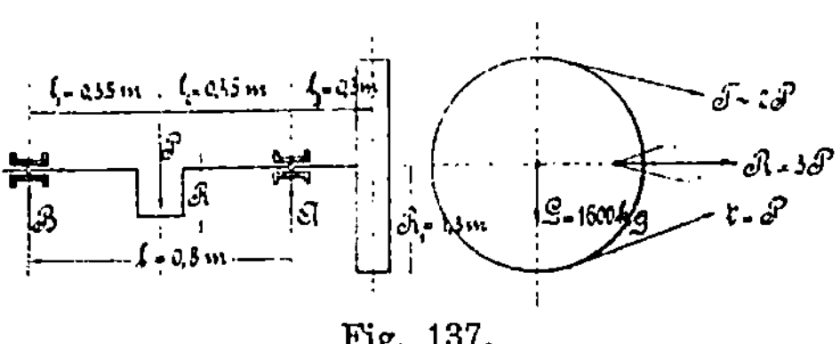

Fig. 137.

$$v = \frac{2\,R\pi.n}{60} = \frac{R\pi n}{30},$$

$$R = \frac{30\,v}{\pi n} = \frac{30.2,5}{\pi.120} = 0,19 \sim 0,2 \ \text{m.}$$

2. Der Kolbendruck P.

Bezeichnet F den Zylinderquerschnitt, f den Querschnitt der durch beide Deckel gehenden Kolbenstange und p die größte Überdruckdampfspannung, so erhält man den Kolbendruck

$$P = (F - f).p = \left(\frac{D^2\pi}{4} - \frac{d^2\pi}{4}\right).p = (D^2 - d^2)\frac{\pi}{4}.p$$

$$\text{,,} = (25^2 - 4^2)\frac{\pi}{4}.5 = (625 - 16)\frac{5\pi}{4}$$

$$\text{,,} = 609.\frac{5\pi}{4} = 2391 \sim 2390 \ \text{kg.}$$

3. Das größte Drehmoment $M_{t(max)}$ der Welle.

Bei genauer Berechnung des größten Drehmomentes ist nach Abs. I, 3 der vorangegangenen Aufgabe zu verfahren. Hier gelte jedoch der in der Praxis als genügend genau gerechnete Wert

$$M_{t(max)} = PR = 2390 \cdot 0{,}2 = 478 \ \text{mkg}.$$

4. Das zu übertragende Moment M_t.

Da das Drehmoment der Welle, samt dem damit fest verbundenen Schwungrad, zwischen Null und dem vorgenannten Maximalwerte wechselt, so ist daraus zu erkennen, daß als konstantes Übertragungsmoment M_t nur ein Mittelwert in Frage kommen kann, den man mit Hilfe der im § 26 der Einführung angegebenen Arbeitsgleichung erhält.

Dieses Durchschnittsmoment M_t beträgt

$$M_t = 716{,}200 \ \frac{N}{n} = 716{,}2 \cdot \frac{30}{120} = 179{,}05 \sim 179 \ \text{mkg}.$$

5. Die Umfangskraft P_1 des Schwungrades.

Das als Riemenscheibe dienende Schwungrad hat eine Umfangskraft

$$M_t = PR_1,$$

$$P_1 = \frac{M_t}{R_1} = \frac{179}{1{,}3} = 137{,}9 \sim 138 \ \text{kg}.$$

6. Der resultierende Riemenzug R.

Nach der aus der gestellten Aufgabe ersichtlichen Annahme erhält man den horizontal gerichteten, resultierenden Riemenzug

$$R = T + t = 2P + P = 3P$$
$$„ = 3 \cdot 138 = 414 \ \text{kg}.$$

II. *Ermittlung der Lagerdrücke A und B.*

a) Bei aufwärts gerichtetem Kurbelzapfendruck.

1. Der vom Kurbelzapfendruck und Schwungradgewicht herrührende vertikale Lagerdruck A_v.

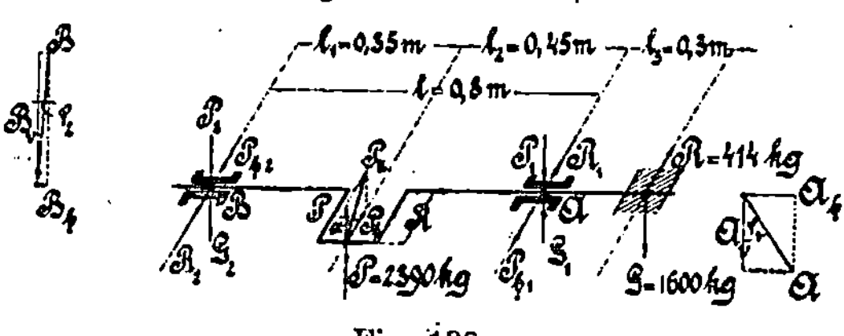

Fig. 138.

Nach der beistehenden Fig. 138 erhält man, den Drehpunkt der Welle an der Lagerstelle B gedacht,

$$A_v = G_1 - P_1, \ \text{wo} \ G_1 l = G(1 + l_3),$$

$$G_1 = \frac{G(1 + l_3)}{1}$$

$$\text{und } P_1 \cdot 1 = P l_1,$$

$$P_1 = \frac{P l_1}{1} \text{ ist.}$$

Damit erhält man

$$A_v = \frac{G(1 + l_3)}{1} - \frac{P l_1}{1} = \frac{G(1 + l_3) - P l_1}{1}$$

$$\text{„} = \frac{1600\,(0,8 + 0,3) - 2390 \cdot 0,35}{0,8}$$

$$\text{„} = \frac{1600 \cdot 1,1 - 2390 \cdot 0,35}{0,8}$$

$$\text{„} = \frac{1760 - 836,5}{0,8} = \frac{923,5}{0,8}$$

$$\text{„} = 1154,37 \sim \underline{1154,4 \text{ kg.}}$$

2. Der vom Riemenzug und Kurbelzapfendruck herrührende horizontale Lagerdruck A_h.

Denkt man sich auch hier die Welle an der Lagerstelle B drehbar
gelagert, so folgt

$$A_h = R_1 + P_{h1}, \text{ worin } R_1 \cdot 1 = R(1 + l_3),$$

$$R_1 = \frac{R(1 + l_3)}{1}$$

$$\text{und } P \cdot 1 = P_h l_1,$$

$$P_{h1} = \frac{P_h l_1}{1} \text{ ist.}$$

Mit diesen Werten erhält man

$$A_h = \frac{R(1 + l_3)}{1} + \frac{P_h l_1}{1}$$

$$\text{„} = \frac{R(1 + l_3) + P_h l_1}{1}.$$

Um den horizontalen Kurbelzapfendruck P_h bestimmen zu können,
sei die Pleuelstangenlänge gleich der 5 fachen Kurbellänge angenommen,
wofür nach Aufgabe 44 Abs. I, 2 ein Neigungswinkel der Pleuelstange
gegenüber der Mittelachse der Maschine von $11^0 30'$ in Frage kommt.

Damit erhält der Kurbelzapfendruck P_h einen Wert von

$$\operatorname{tg} \alpha = \frac{P_h}{P},$$

$$P_h = P \operatorname{tg} \alpha = 2390 \cdot \operatorname{tg} 11^0 30$$

$$\text{„} = 2390 \cdot 0,20345 = 486,24 \sim 486,3 \text{ kg,}$$

mit dem sich nun der gesuchte Lagerdruck A_h zu

$$A_h = \frac{414\,(0,8 + 0,3) + 486,3 \cdot 0,35}{0,8}$$

$$„ = \frac{455,4 + 170,20}{0,8} = \frac{625,6}{0,8} = \underline{782\ \text{kg}}$$

ergibt.

3. Der resultierende Lagerdruck A.

Wie die rechte Seite der Fig. 138 erkennen läßt, ergibt sich der gesuchte Lagerdruck A mit Hilfe des pythagoreischen Lehrsatzes zu

$$A = \sqrt{A_v{}^2 + A_h{}^2} = \sqrt{1154,4^2 + 782^2}$$

$$„ = \sqrt{1\,332\,639,36 + 611\,524} = \sqrt{1\,944\,163,36}$$

$$„ = \underline{1394,3\ \text{kg.}}$$

4. Der Neigungswinkel φ_1.

Der Lagerdruck A ist gegenüber dem Vertikaldrucke A_v um den Winkel

$$\text{tg}\,\varphi_1 = \frac{A_h}{A_v} = \frac{782}{1154,4},$$

$$\varphi_1 = 34^0\ 7^{\text{l}}$$

geneigt.

5. Der vom Kurbelzapfendruck und Schwungradgewicht herrührende vertikale Lagerdruck B_v.

Denkt man sich in Fig. 138 den Drehpunkt an die Lagerstelle A gelegt, so folgt

$$B_v = G_2 + P_2,\ \text{worin}\ G_2 l = G l_3,$$

$$G_2 = \frac{G l_3}{l}$$

$$\text{und}\quad P_2 l = P l_2,$$

$$P_2 = \frac{P l_2}{l}\ \text{ist.}$$

Diese Werte eingeführt, liefert

$$B_v = \frac{G l_3}{l} + \frac{P l_2}{l} = \frac{G l_3 + P l_2}{l}$$

$$„ = \frac{1600 \cdot 0,3 + 2390 \cdot 0,45}{0,8} = \frac{480 + 1075,5}{0,8}$$

$$„ = \frac{1555,5}{0,8} = 1944,37 \sim \underline{1944,4\ \text{kg.}}$$

6. Der vom Riemenzug und Kurbelzapfendruck herrührende horizontale Lagerdruck B_h.

Den Drehpunkt an der Lagerstelle A gedacht, gibt

$$B_h = R_2 - P_{h_2}, \text{ worin } R_2 l = R l_3,$$

$$R_2 = \frac{R l_3}{l}$$

$$\text{und } P_{h_2} l = P_h l_2,$$

$$P_{h_2} = \frac{P_h l_2}{l} \text{ ist.}$$

Mit diesen Werten erhält man

$$B_h = \frac{R l_3}{l} - \frac{P_h l_2}{l} = \frac{R l_3 - P_h l_2}{l}$$

$$\text{„} = \frac{414 \cdot 0,3 - 486,3 \cdot 0,45}{0,8} = \frac{124,2 - 218,835}{0,8}$$

$$\text{„} = -\frac{94,635}{0,8} = -\underline{118,5 \text{ kg.}}$$

7. Der resultierende Lagerdruck B.

Den in Fig. 138 links dargestellten Lagerdruck B findet man zu

$$B = \sqrt{B_v^2 + B_h^2} = \sqrt{1944,4^2 + (-118,5)^2}$$

$$\text{„} = \sqrt{3\,780\,691,36 + 14\,042,25} = \sqrt{3\,794\,733,61}$$

$$\text{„} = \underline{1948 \text{ kg.}}$$

8. Der Neigungswinkel φ_2.

Der Lagerdruck B ist gegenüber dem Vertikaldrucke B_v um den Winkel

$$\operatorname{tg}\varphi_2 = \frac{B_h}{B_v} = \frac{118,5}{1944,4},$$

$$\varphi_2 = 3^0\,29$$

geneigt.

b) Bei abwärts gerichtetem Kurbelzapfendruck.

1. Der vom Kurbelzapfendruck und Schwungradgewicht herrührende vertikale Lagerdruck A_v.

Legt man in Fig. 139 den Drehpunkt an die Lagerstelle B, so erhält man mit bezug auf Abs. a, 1 den Lagerdruck

$$A_v = G_1 + P_1$$

$$\text{„} = \frac{G(l + l_3)}{l} + \frac{P l_1}{l}$$

$$\text{„} = \frac{G(l + l_3) + P l_1}{l} = \frac{1760 + 836,5}{0,8}$$

$$\text{„} = \frac{2596,5}{0,8} = \underline{3245,6 \text{ kg.}}$$

2. Der vom Riemenzug und Kurbelzapfendruck herrührende horizontale Lagerdruck A_h.

Hier gilt dasselbe, wie es im Abs. a, 2 bereits festgestellt worden ist.
Also

$$A_h = 782 \ \text{kg}.$$

3. Der resultierende Lagerdruck A.
Mit bezug auf die Fig. 139 rechts ist

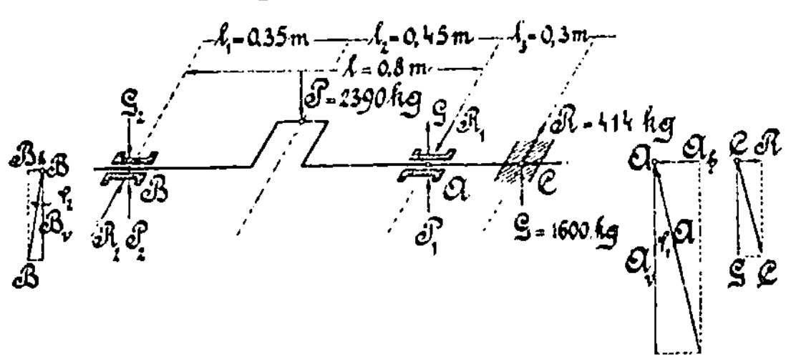

Fig. 139.

$$A = \sqrt{A_v{}^2 + A_h{}^2}$$
$$\text{„} = \sqrt{3245,6^2 + 782^2}$$
$$\text{„} = \sqrt{10533919,36 + 611524}$$
$$\text{„} = \sqrt{11145443,36}$$
$$\text{„} = 3338,4 \ \text{kg}.$$

4. Der Neigungswinkel φ_1.
Der vom Lagerdruck A und dem Vertikaldruck A_v eingeschlossene
Winkel φ_1 ergibt sich aus

$$\operatorname{tg} \varphi_1 = \frac{A_h}{A_v} = \frac{782}{3245,6},$$
$$\text{zu} \quad \varphi_1 = 13^0\,32.$$

**5. Der vom Kurbelzapfendruck und Schwungradgewicht
herrührende vertikale Lagerdruck B_v.**
Denkt man sich in Fig. 139 den Drehpunkt an die Lagerstelle A
gelegt, so erhält man mit bezug auf Abs. a, 5

$$B_v = -G_2 + P_2$$
$$\text{„} = -\frac{Gl_3}{l} + \frac{Pl_2}{l}$$
$$\text{„} = -\frac{Gl_3 - Pl_2}{l}$$
$$\text{„} = -\frac{480 - 1075,5}{0,8} = -\frac{-595,5}{0,8} = \frac{5955}{8}$$
$$\text{„} = 744,37 = \sim 744,4 \ \text{kg}.$$

6. Der vom Riemenzug und Kurbelzapfendruck herrührende horizontale Lagerdruck B_h.

Auch hier gilt der bereits im Abs. a, 6 bestimmte Wert

$$B_h = -118,5 \text{ kg.}$$

7. Der resultierende Lagerdruck B.

Nach Fig. 139 links erhält man

$$B = \sqrt{B_v{}^2 + B_h{}^2} = \sqrt{744,4^2 + (-118,5)^2}$$
$$\text{„} = \sqrt{554\,131,36 + 14\,042,25}$$
$$\text{„} = \sqrt{568\,173,61} = 753,8 \text{ kg.}$$

8. Der Neigungswinkel φ_2.

Mit bezug auf Fig. 139 links findet sich der zwischen B_h und B_v liegende Winkel φ_2 zu

$$\operatorname{tg}\varphi_2 = \frac{B_h}{B_v} = \frac{118,5}{744,4},$$
$$\varphi_2 = 9^0\,3^{\text{l}}.$$

III. Berechnung des Halszapfens A und des Stirnzapfens B.

a) Die Abmessungen des Halszapfens A.

1. Die resultierende Biegungskraft C an der Schwungradstelle.

Mit bezug auf die Fig. 139 rechts erhält man

$$C = \sqrt{G^2 + R^2}$$
$$\text{„} = \sqrt{1600^2 + 414^2} = \sqrt{2\,560\,000 + 171\,396}$$
$$\text{„} = \sqrt{2\,731\,396} = 1652,6 \text{ kg.}$$

2. Das Biegungsmoment M_b für die Lagerstelle A.

$$M_b = Cl_3 = 1652,6 \cdot 0,3 = 495,78 \text{ mkg.}$$

3. Das ideelle Biegungsmoment M_{bi}.

Mit der im § 15 Abs. 4 angegebenen Gleichung 98 erhält man

$$M_{bi} = 0,35\,M_b + 0,65\,\sqrt{M_b{}^2 + (\alpha_0\,M_{t(max)})^2},$$

worin nach § 4 Gleichung 16 das Anstrengungsverhältnis

$$\alpha_0 = \frac{k_b}{\dfrac{m+1}{m}\cdot k_s} = \frac{k_b}{1,3\,k_s}$$
$$\text{„} = \frac{5}{1,3\cdot 3} = \frac{5}{39} = 1,29 \text{ ist.}$$

Führt man nun die im Abs. I, 3 und Abs. III, 2 genannten Werte in die zusammengesetzte Gleichung ein, so folgt:

$$M_{bi} = 0,35 . 495,78 + 0,65 \sqrt{495,78^2 + (1,29 . 478)^2}$$
$$\text{,,}\ = 173,523 + 0,65 \sqrt{245\,800 + 380\,220}$$
$$\text{,,}\ = 173,523 + 0,65 \sqrt{626\,020}$$
$$\text{,,}\ = 173,523 + 514,3 = 687,823 \text{ mkg.}$$

4. Der Halszapfendurchmesser d_1.

Setzt man das ideelle Biegungsmoment M_{bi} in die Biegungsgleichung ein, so erhält man

$$M_{bi} = W k_b = \frac{d_1^3 \pi}{32} k_b \backsim 0,1\, d_1^3 k_b,$$

$$d_1 = \sqrt[3]{\frac{M_{bi}}{0,1\, k_b}} = \sqrt[3]{10\, \frac{M_{bi}}{k_b}}$$

$$\text{,,}\ = \sqrt[3]{10\, \frac{687\,823}{5}} = \sqrt[3]{1\,375\,646}$$

$$\text{,,}\ = 111,2 \backsim 112 \text{ mm.}$$

5. Die Zapfenlänge l_1.

„Da hier der Flächendruck p vorgeschrieben ist, so ergibt sich die Zapfenlänge l_1 aus

$$A = f_1 . p = d_1 l_1 . p,$$

wo für den Lagerdruck A der im Abs. II b, 3 für abwärts gerichteten Kurbelzapfendruck ermittelte größte Wert einzusetzen ist.

$$l_1 = \frac{A}{d_1 p} = \frac{3338,4}{112 . 0,2} = 149,1$$

$$\text{,,}\ = \backsim 150 \text{ mm.}$$

6. Kontrolle gegenüber Reibungsarbeit.

$$A . n = l_1 . w,$$

$$w = \frac{A . n}{l_1} = \frac{3338,4 . 120}{150}$$

$$\text{,,}\ = 2670,7.$$

Dieser weit unter der zulässigen Erfahrungsgrenze liegende Wert läßt erkennen, daß die in den Lösungen 4 und 5 berechneten Zapfenabmessungen zur Ausführung gelangen können.

b) Die Abmessungen des Stirnzapfens B.

1. Der Durchmesser d_2 und die Länge l_2.

Da dieser Zapfen keinen Torsionswiderstand zu leisten hat, braucht er auch nur auf Biegung berechnet zu werden. Zu beachten ist hier, daß für den Lagerdruck B der im Abs. II a, 7 für aufwärts gerichteten Kurbelzapfendruck ermittelte größte Wert einzusetzen ist.

Nach der Biegungsgleichung folgt:

$$M_b = Wk_b, \text{ worin } M_b = \frac{B\,l_2}{2}$$

$$\text{und } W = 0,1\,d_2{}^3 \text{ ist.}$$

Damit erhält man

$$\frac{B\,l_2}{2} = 0,1\,d_2{}^3\,k_b$$

$$\text{oder } \frac{B\,l_2}{2\,d_2} = 0,1\,d_2{}^2\,k_b,$$

$$d_2 = \sqrt{\frac{B\,l_2}{2\,d_2\,0,1\,k_b}} = \sqrt{5\frac{B}{k_b}\frac{l_2}{d_2}}.$$

Das Verhältnis zwischen l_2 und d_2 beträgt nach der im 47. Beispiele der Einführung gegebenen Entwicklung

$$\frac{l_2}{d_2} = \sqrt{0,2\frac{k_b}{p}} = \sqrt{0,2\frac{5}{0,2}} = \sqrt{5} = 2,24,$$

das, in die vorstehende Gleichung eingesetzt, den Stirnzapfendurchmesser

$$d_2 = \sqrt{5\frac{1948}{5} \cdot 2,24} = \sqrt{1948 \cdot 2,24} = 66,06$$

$$\text{„} = \sim 66 \text{ mm}$$

liefert.

Die Zapfenlänge wird dann

$$l_2 = 2,24\,d_2 = 2,24 \cdot 66 = 147,8 \sim 148 \text{ mm.}$$

2. Kontrolle gegenüber Reibungsarbeit.

$$B \cdot n = l_2 \cdot w,$$

$$w = \frac{B \cdot n}{l_2} = \frac{1948 \cdot 120}{148} = 1580,$$

welcher Wert sehr gering ist.

Es können also auch hier die berechneten Abmessungen ausgeführt werden.

IV. Berechnung des Kurbelzapfens D und der Kurbelarme.

a) Die Abmessungen des Kurbelzapfens.

1. Das Biegungsmoment M_b und Drehmoment M_t.

Denkt man sich nach beistehender Fig. 140 beispielsweise die rechte Hälfte der Welle am Kurbelzapfen D eingespannt, so läßt die Skizze ohne weiteres erkennen, daß der Kurbelzapfen

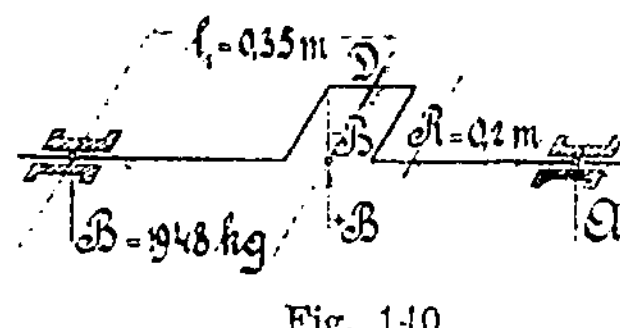

Fig. 140.

1. dem Biegungsmomente $M_b = B \cdot l_1$ und

2. dem Drehmomente $M_t = B \cdot R$

ausgesetzt ist.

Das Biegungsmoment erhält man mit bezug auf Abs. III b, 1 zu
$$M_b = B \cdot l_1 = 1948 \cdot 0{,}35 = 681{,}8 \text{ mkg.}$$
Das Drehmoment hat den Wert
$$M_t = B \cdot R = 1948 \cdot 0{,}2 = 389{,}6 \text{ mkg.}$$

2. Das ideelle Biegungsmoment M_{bi}.

Unter bezugnahme auf Abs. IIIa, 3 erhält man nach der im § 15 Abs. 4 angegebenen Gleichung 98

$$M_{bi} = 0{,}35\,M_b + 0{,}65\,\sqrt{M_b{}^2 + (\alpha_0 M_t)^2}$$
$$\text{„} = 0{,}35 \cdot 681{,}8 + 0{,}65\,\sqrt{681{,}8^2 + (1{,}29 \cdot 389{,}6)^2}$$
$$\text{„} = 238{,}63 + 0{,}65\,\sqrt{464\,860 + 252\,600}$$
$$\text{„} = 238{,}63 + 0{,}65\,\sqrt{717\,460}$$
$$\text{„} = 238{,}63 + 550{,}56$$
$$\text{„} = 789{,}19 \text{ mkg.}$$

3. Der Durchmesser D und die Länge L des Kurbelzapfens.

Das letzte Moment, in die einfache Biegungsgleichung eingesetzt, liefert

$$M_{bi} = W\,k_b \sim 0{,}1\,D^3\,k_b,$$
$$D = \sqrt[3]{\frac{M_{bi}}{0{,}1\,k_b}} = \sqrt[3]{10\,\frac{M_{bi}}{k_b}} = \sqrt[3]{10\,\frac{789\,190}{5}}$$
$$\text{„} = \sqrt[3]{1\,578\,380} = 125{,}4 \sim 125 \text{ mm.}$$

Die Zapfenlänge L folgt dann aus
$$P = F \cdot p = D\,L \cdot p,$$
$$L = \frac{P}{D\,p} = \frac{2390}{125 \cdot 0{,}2} = 95{,}6 \text{ mm.}$$

Mit Rücksicht auf die Konstruktion der Pleuelstange sei der letzte Wert auf 130 mm erhöht.

4. Kontrolle gegen Reibungsarbeit.
$$P \cdot n = L \cdot w,$$
$$w = \frac{P \cdot n}{L} = \frac{2390 \cdot 120}{130} = 2208.$$

Dieser Wert liegt innerhalb der praktisch zulässigen Grenze.

b) Die Abmessungen der Kurbelarme.

Hier ist von vornherein zu beachten, daß der linke Kurbelarm andere Beanspruchungen erfährt, als der rechte Arm.

Bei praktischen Ausführungen werden in der Regel die Abmessungen beider Arme gleich gehalten, wobei noch besonders darauf hingewiesen sei, daß die Armbreite, wie aus Fig. 141 zu erkennen ist, größer als der

Wellendurchmesser sein soll, damit das Drehmoment nicht nur auf den halben Wellenumfang übertragen wird.

1. Berechnung des linken Kurbelarmes.

Für die Abmessungen dieses Armes ist der größte Lagerdruck B maßgebend (vergl. Abs. III, b, 1 und IVa, 1), der für alle Armquerschnitte das konstante Drehmoment

$$M_t = B \cdot (l_1 - \lambda)$$

und das veränderliche Biegungsmoment

$$M_x = B \cdot R_x$$

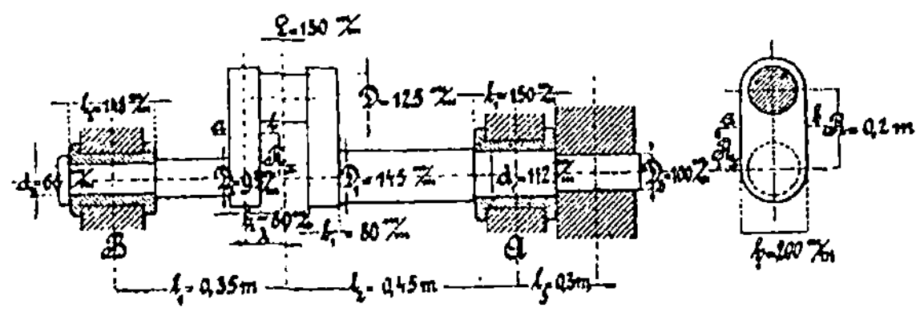

Fig. 141.

veranlaßt. Der Abstand R_x wechselt zwischen 0 und R. Die genannten Momente würden also zur Berechnung einer beliebigen Querschnittsstelle a $\sim$ b dienen können. Nach den in der Figur 141 dargestellten Verhältnissen interessiert aber nur das größte Biegungsmoment

$$M_{b(max)} = B \cdot R,$$

mit dem man, unter der Annahme einer Armhöhe gleich der 2,5 fachen Armdicke, folgende Werte erhält:

Nach der im § 15 Abs. 4, 4 entwickelten Gleichung 103 ist

$$\sigma_l = \frac{6}{b^2 h} \left(0,35\, M_{b(max)} + 0,65\, \sqrt{M_{b(max)}^2 + (1,5\,\alpha_0\, M_t)^2} \right).$$

Führt man in dieser Gleichung das gegebene Verhältnis „h = 2,5 b" und für λ den Schätzungswert $\lambda = 100$ mm ein, so liefert sie die Breite b zu

$$\sigma_i = \frac{6}{b^2 \cdot 2,5\, b} \left(0,35 \cdot BR + 0,65\, \sqrt{(BR)^2 + \left(1,5 \cdot 1,29 \cdot B(l_1 - \lambda)\right)^2} \right),$$

$$b = \sqrt[3]{\frac{6}{2,5\,\sigma_i} \left(0,35\, BR + 0,65\, B\, \sqrt{R^2 + \{1,5 \cdot 1,29\,(l_1 - \lambda)\}^2}\right)}$$

$$\text{„} = \sqrt[3]{\frac{6\, B\, 0,5}{2,5\,\sigma_i} \left(0,7\, R + 1,3\, \sqrt{R^2 + \{1,935\,(l_1 - \lambda)\}^2}\right)}$$

$$\text{„} = \sqrt[3]{\frac{6 \cdot 1948}{5 \cdot 500} \left(0,7 \cdot 20 + 1,3\, \sqrt{20^2 + \{1,935\,(35 - 10)\}^2}\right)}$$

$$\text{„} = \sqrt[3]{\frac{11688}{2500} \left(14 + 1,3\, \sqrt{400 + (1,935 \cdot 25)^2}\right)}$$

$$\text{„} = \sqrt[3]{4,6752 \left(14 + 1,3\, \sqrt{400 + 2340,2}\right)}$$

$$b = \sqrt[3]{4{,}6752\,(14 + 1{,}3\,\sqrt{2740{,}2}\,)}$$
$$„ = \sqrt[3]{4{,}6752\,(14 + 68{,}05)}$$
$$„ = \sqrt[3]{4{,}6752 \cdot 82{,}05} = 7{,}266 \ \text{cm} \curvearrowright 73 \ \text{mm.}$$

Damit ergibt sich die Armhöhe
$$h = 2{,}5 \cdot 73 = 182{,}5 \curvearrowright 183 \ \text{mm.}$$

2. Berechnung des rechten Kurbelarmes.

Da in diesem Falle das Biegungs- und Drehmoment nicht nur allein vom Lagerdruck B abhängig ist, wie es beim linken Kurbelarm der Fall war, so ist zunächst festzustellen, ob die größte Beanspruchung beim Aufwärts- oder Abwärtsgange vorliegt.

Für einen beliebigen Querschnitt $a \curvearrowright b$ erhält man

a) beim Aufwärtsgange: (vergl. Fig. 142 und 138).

1. Das Biegungsmoment M_b.
$$M_b = B R_x + P (R - R_x)$$
$$„ \ = 1948 R_x + 2390 (R - R_x).$$

2. Das Drehmoment M_t.
$$M_t = B (l_1 + \lambda) - P \lambda$$
$$„ \ = 1948 (l_1 + \lambda) - 2390\,\lambda.$$

b) beim Abwärtsgange: (vergl. Fig. 139.)

1. Das Biegungsmoment M_b.
$$M_b = B R_x + P (R - R_x)$$
$$„ \ = 753{,}8 R_x + 2390 (R - R_x).$$

2. Das Drehmoment M_t.
$$M_t = B (l_1 + \lambda) - P \lambda$$
$$„ \ = 753{,}8 (l_1 + \lambda) - 2390\,\lambda.$$

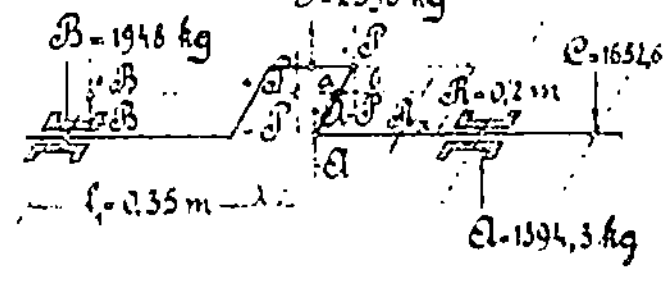

Fig. 142.

Die Resultate lassen erkennen, daß beim Aufwärtsgange die größten Momente auftreten, die deshalb auch nur allein für die Querschnittsberechnung maßgebend sind.

Während das Drehmoment für alle Querschnitte des Kurbelarmes konstant ist, wechselt das Biegungsmoment mit dem veränderlichen Hebelarm R_x seinen Wert.

Für $R_x = 0$ erhält man das größte Biegungsmoment
$$M_{b(max)} = P R = 2390 R,$$
das zur Berechnung des am meist beanspruchten Querschnittes zu benutzen ist.

Die Abmessungen dieses Querschnittes erhält man in gleicher Weise, wie unter 1 für den linken Arm angegeben ist, zu

$$\sigma_i = \frac{6}{b^2 h}\left(0{,}35\,M_{b(max)} + 0{,}65\,\sqrt{M_{b(max)}^2 + (1{,}5\,\alpha_0\,M_t)^2}\right),$$

worin $M_{b(max)} = 2390\,R = 2390 \cdot 20$

$$\text{„} \qquad = 47\,800 \;\text{cmkg},$$
$$M_t = 1948\,(l_1 + \lambda) - 2390\,\lambda$$
$$\text{„} \qquad = 1948\,(35 + 10) - 2390 \cdot 10$$
$$\text{„} \qquad = 87\,660 - 23\,900$$
$$\text{„} \qquad = 63\,760 \;\text{cmkg ist.}$$

Damit folgt

$$\sigma_i = \frac{6}{b^2 \cdot 2{,}5\,b}\left(0{,}35 \cdot 47\,800 + 0{,}65\,\sqrt{47\,800^2 + (1{,}5 \cdot 1{,}29 \cdot 63\,760)^2}\right)$$

$$\text{„} = \frac{6 \cdot 0{,}5 \cdot 100}{2{,}5 \cdot b^3}\left(0{,}7 \cdot 478 + 1{,}3\,\sqrt{478^2 + (1{,}935 \cdot 637{,}6)^2}\right)$$

$$\text{„} = \frac{120}{b^3}\left(334{,}6 + 1{,}3\,\sqrt{228\,484 + 1\,522\,200}\right)$$

$$\text{„} = \frac{120}{b^3}\left(334{,}6 + 1{,}3\,\sqrt{1\,750\,684}\right)$$

$$\text{„} = \frac{120}{b^3}\left(334{,}6 + 1720\right),$$

$$b = \sqrt[3]{\frac{120}{500} \cdot 2054{,}6} = \sqrt[3]{0{,}24 \cdot 2054{,}6} = 7{,}9 \;\text{cm}$$

$$\text{„} = \sim 80 \;\text{mm}.$$

Die Armhöhe beträgt dann
$$h = 2{,}5\,b = 2{,}5 \cdot 80 = 200 \;\text{mm}.$$

NB. Sollen beide Kurbelarme gleiche Abmessungen erhalten, wie es praktisch zumeist geschieht, so sind die letzteren Abmessungen zu wählen.

V. Berechnung der Wellendurchmesser D_1 und D_2 an den Kurbelarmen und des Durchmessers D_3 an der Schwungradstelle.

1. Der Durchmesser D_2 am linken Kurbelarm.

Wie die Fig. 141 erkennen läßt, wird die links der Kurbel gelegene Welle nur auf Biegung beansprucht. Das Biegungsmoment für den Querschnitt, mit dem sich die Welle an den linken Kurbelarm anlegt, beträgt mit bezug auf das im Abs. IV, b unter 1 und 2 für den Aufwärtsgang der Kurbel Gesagte,

$$M_b = B\left(l_1 - \frac{L}{2} - b_2\right)$$

$$\text{„} = 1948\left(350 - \frac{130}{2} - 80\right)$$

$$M_b = 1948\,(350 - 145) = 1848\,.\,205$$
$$\text{,,} \;\; = 399\,340 \;\; \text{mmkg.}$$

Diesen Wert in die einfache Biegungsgleichung eingesetzt, liefert den Durchmesser D_2

$$M_b = W\,k_b \sim 0,1\,D_2{}^3\,k_b,$$

$$D_2 = \sqrt[3]{\frac{M_b}{0,1\,k_b}} = \sqrt[3]{10\,\frac{M_b}{k_b}} = \sqrt[3]{10\,\frac{399\,340}{5}}$$

$$\text{,,} \;\; = \sqrt[3]{798\,680} = 92,78 \sim 93 \;\; \text{mm.}$$

2. Der Durchmesser D_1 am rechten Kurbelarm.

Der rechts der Kurbel gelegene Wellenteil wird auf Biegung und Drehung beansprucht.

Da nun auch hier der Aufwärtsgang maßgebend ist, so erhält man für den am rechten Kurbelarm anstoßenden Wellenquerschnitt, unter bezugnahme auf Fig. 141 und 142 und Abs. III a, 1:

das Biegungsmoment

$$M_b = C\left(l_2 + l_3 - \frac{L}{2} - b_1\right) - A\left(l_2 - \frac{L}{2} - b_1\right)$$

$$\text{,,} \;\; = 1652,6\left(450 + 300 - \frac{130}{2} - 80\right) - 1394,3\left(450 - \frac{130}{2} - 80\right)$$

$$\text{,,} \;\; = 1652,6\,(750 - 145) - 1394,3\,(450 - 145)$$

$$\text{,,} \;\; = 1652,6\,.\,605 - 1394,3\,.\,305$$

$$\text{,,} \;\; = 999\,823 - 425\,261,5$$

$$\text{,,} \;\; = 1\,425\,084,5 \;\; \text{mmkg.}$$

das Drehmoment

$$M_t = P\,R = 2390\,.\,200$$
$$\text{,,} \;\; = 478\,000 \;\; \text{mmkg.}$$

Das ideelle Biegungsmoment wird dann nach der im § 15 Abs. 4 genannten Gleichung 98 mit

$$M_{bi} = 0,35\,M_b + 0,65\,\sqrt{M_b{}^2 + (\alpha_0\,M_t)^2}$$

$$\text{,,} \;\; = 0,35\,.\,1\,425\,084,5 + 0,65\,\sqrt{1\,425\,084,5^2 + (1,29\,.\,478\,000)^2}$$

$$\text{,,} \;\; = 498\,779,575 + 0,65\,\sqrt{2\,030\,900\,000\,000 + 380\,230\,000\,000}$$

$$\text{,,} \;\; = 498\,779,575 + 6500\,\sqrt{24\,111,3}$$

$$\text{,,} \;\; = 498\,779,575 + 1\,009\,300$$

$$\text{,,} \;\; = 1\,508\,079,575 \sim 1\,508\,080 \;\; \text{mmkg}$$

erhalten.

Damit liefert die Biegungsgleichung den Durchmesser D_1 zu

$$M_{bi} = W\,k_b \sim 0,1\,D_1{}^3\,k_b,$$

$$D_1 = \sqrt[3]{\frac{M_{bi}}{0{,}1\,k_b}} = \sqrt[3]{10\,\frac{1\,508\,080}{5}} = \sqrt[3]{3\,016\,160}$$

$$\text{„} = 144{,}5 \sim 145 \text{ mm.}$$

3. Der Durchmesser D_3 an der Schwungradstelle.

Der Durchmesser D_3 der Welle an der Schwungradstelle C ist wie ein Stirnzapfen zu berechnen, wozu die Nabenlänge des Schwungrades bekannt sein muß. Zumeist kann man sich aber diese Rechnung sparen, da man von vorherein weiß, daß der Rechnungswert etwas kleiner ist, als der nebenliegende Halszapfendurchmesser.

Im vorliegenden Falle sei der Durchmesser D_3 zu 100 mm angenommen.

Vielfach behält man auch den Zapfendurchmesser bei oder man dreht den letzteren ein und gibt dem Durchmesser D_3 den Wert von D_1.

NB. Bei den Berechnungen im Abs. IV und V ist wegen des unbedeutenden Einflusses am Endresultate auf die kleinen Neigungswinkel zwischen den Lagerdrücken A und B gegenüber der senkrechten Richtung keine Rücksicht genommen worden.

Die graphische Darstellung der Momente ist bei der gekröpften Kurbelwelle genau so durchzuführen, wie es bei der vorhergehenden Aufgabe 44 bereits geschehen ist, auf die hier verwiesen wird.